"十二五"职业教育国家规划教材

经全国职业教育教材审定委员会审

定高等职业技术教育机电类专业教材

机 械 制 图

（机械类专业）

第 5 版

金大鹰　主编

机 械 工 业 出 版 社

本书是根据教育部职业教育与成人教育司编发的《高等职业学校专业教学标准》的基本要求，在"十二五"职业教育国家规划教材《机械制图（机械类专业）》第4版的基础上，总结近年来制图教学改革经验，广泛征求读者意见，采用现行机械制图国家标准编写而成的。

　　本书突出看图能力的培养。全书共分11章，内容包括制图的基本知识和技能、正投影基础、轴测图、立体的表面交线、组合体、机件的表达方法、常用零件的特殊表示法、零件图、装配图、计算机绘图和钣金展开图。

　　本书适用于高等职业学校、高等工程专科学校以及成人高等院校机械类各专业的制图教学，也可供近机械类专业使用和工程技术人员参考。与本书配套使用的《机械制图习题集》也同时出版。

图书在版编目（CIP）数据

机械制图：机械类专业/金大鹰主编. —5 版. —北京：机械工业出版社，2019.8（2024.8 重印）

"十二五"职业教育国家规划教材　高等职业技术教育机电类专业教材

ISBN 978-7-111-63584-0

Ⅰ.①机…　Ⅱ.①金…　Ⅲ.①机械制图—高等职业教育—教材　Ⅳ.①TH126

中国版本图书馆 CIP 数据核字（2019）第 188950 号

机械工业出版社（北京市百万庄大街 22 号　邮政编码 100037）
策划编辑：张　萍　责任编辑：张　萍　安桂芳　张亚秋
责任校对：王　延　封面设计：马精明
责任印制：常天培
北京铭成印刷有限公司印刷
2024 年 8 月第 5 版第 17 次印刷
184mm×260mm · 20.75 印张 · 515 千字
标准书号：ISBN 978-7-111-63584-0
定价：49.00 元

电话服务　　　　　　　　　网络服务
客服电话：010-88361066　　机　工　官　网：www.cmpbook.com
　　　　　010-88379833　　机　工　官　博：weibo.com/cmp1952
　　　　　010-68326294　　金　书　网：www.golden-book.com
封底无防伪标均为盗版　　机工教育服务网：www.cmpedu.com

第5版前言

本书在"十二五"职业教育国家规划教材《机械制图(机械类专业)》第4版的基础上，根据教育部职业教育与成人教育司编发的《高等职业学校专业教学标准》的基本要求，采用现行机械制图国家标准，参考"制图员国家职业标准"对制图基础理论的要求修订而成。

根据高职院校培养技能型人才及就业岗位职业能力的要求，本书确定以看图为主、画图为辅的编写主线，并突出对学生看图能力的培养。

这次修订，适当降低了理论要求，更换了部分较难的图例，调整优化了某些章节的结构和内容；删减了附录中的部分图表，新增一章选学内容——钣金展开图。本书具有如下特点：

1. 体系安排和教学内容与岗位职业能力相对接。本书以"体"开篇，揭示画图实质，随后将看图与画图相结合，阐明"物""图"之间相互转化的规律。为突破看图难关，特设一节"识读一面视图"，将其置于几何体之后，以强化投影的逆向思维训练，提高构形能力，丰富基本体形象储备，引导学生走上正确的看图之路，把住打开画图、看图之门的两把钥匙。

2. 组合体及其之前的部分重在打基础，理论知识较多，但不能枯燥地讲述，而是"以实用为目的，以必需、够用为度"的原则和"以例代理"的方法融于教学实例的讲授之中。组合体之后的部分全面介绍生产图样应具备的内容，与未来就业岗位能力对接，培养学生综合实践技能和动手能力，加强画图、零部件测绘和徒手画草图的训练，增强学生就业的竞争力。

3. 提高学生的看图能力关键在练。本书从投影作图起，每一章都编写有与教学进程相匹配的看图材料。尤其组合体是强化看图训练的重要阶段，例题、习题较多，应采用讲练结合的办法，教师先讲例题，学生随即做习题，学生边做教师边指导，师生互动，促使学生主动学习。从而达到"教中做、做中学、学中练"的目的，全面提升学生解决问题的实战经验和能力。

4. 习题集与教材内容交融互补，题型多、角度新。有巩固知识的基础题、开发智力的趣题，还有问答、填空、改错题和"一补二""二补三"的补图、补线题。此外，为指导学生学习和做题，习题集中编写了"章首寄语"和"做题前必读"等内容。通过做各种类型的习题，使学生得到及时有效的练习和提高。

为实现立体化教学，我们完善了本书的配套资源，通过 AR、二维动画、微课等手段，打造全新机械制图立体化教材。本书的配套资源包括："优视"APP、70个二维动画、8节微课、翔实版 PPT 课件(含丰富动画)、习题集答案和教学建议等。选用本书作为教材的教师，可在机械工业出版社教育服务网(http://www.cmpedu.com/)免费注册下载本书的相关配套资源。

➢ 打开"优视"APP，使用移动设备扫描书中零部件图片，即可通过交互的形式，实现零部件的自由旋转、拆分及组合，使零部件的结构一目了然。

➢ 使用智能手机扫描书中的二维码，可直接观看书中相关知识点和关键操作步骤的动画，方便学生学习和理解课程内容。

➢8 节微课对机械制图课程中的重点、难点进行了详细讲解。

➢翔实版 PPT 课件，通过丰富的动画，生动地演示了绘图的过程。

本书适用于高等职业学校、高等工程专科学校以及成人高等院校机械类各专业的制图教学，也可供近机械类专业使用和工程技术人员参考。

参加本书修订工作的有金大鹰、张鑫、杜庆斌、拓晓华、高俊芳、林春江、高航怡，由金大鹰任主编。

由于编者水平有限，书中的缺点在所难免，恳请读者批评指正。

编　者

目　录

第 5 版前言

绪论 ………………………………………… 1

第一章　制图的基本知识和技能 ………… 4

第一节　国家标准关于制图的基本规定 …… 4

第二节　尺寸注法 ………………………… 11

第三节　制图工具及用品的使用 ………… 16

第四节　几何作图 ………………………… 20

第五节　平面图形的画法 ………………… 27

第六节　徒手画图的方法 ………………… 29

第二章　正投影基础 ……………………… 32

第一节　投影法的基本概念 ……………… 32

第二节　三面视图 ………………………… 34

第三节　点的投影 ………………………… 37

第四节　直线的投影 ……………………… 42

第五节　平面的投影 ……………………… 47

第六节　几何体的投影 …………………… 52

第七节　识读一面视图 …………………… 62

第三章　轴测图 …………………………… 68

第一节　轴测图的基本知识 ……………… 68

第二节　几何体的轴测图 ………………… 69

第三节　组合体的轴测图 ………………… 76

第四节　轴测剖视图 ……………………… 79

第四章　立体的表面交线 ………………… 83

第一节　截交线 …………………………… 83

第二节　相贯线 …………………………… 95

第五章　组合体 …………………………… 103

第一节　组合体的形体分析 ……………… 103

第二节　组合体视图的画法 ……………… 105

第三节　组合体的尺寸标注 ……………… 107

第四节　看组合体视图的方法 …………… 111

第六章　机件的表达方法 ………………… 121

第一节　视图 ……………………………… 121

第二节　剖视图 …………………………… 127

第三节　断面图 …………………………… 139

第四节　其他表达方法 …………………… 142

第五节　画、看剖视图举例 ……………… 148

第六节　第三角画法简介 ………………… 152

第七章　常用零件的特殊表示法 ………… 157

第一节　螺纹 ……………………………… 157

第二节　螺纹紧固件 ……………………… 164

第三节　齿轮 ……………………………… 169

第四节　键联结、销联接 ………………… 175

第五节　滚动轴承 ………………………… 180

第六节　弹簧 ……………………………… 183

第八章　零件图 …………………………… 190

第一节　零件图的作用与内容 …………… 190

第二节　零件图的视图选择 ……………… 191

第三节　零件图的尺寸标注 ……………… 198

第四节　表面结构的表示法 ……………… 202

第五节　极限与配合 ……………………… 208

第六节　几何公差 ………………………… 218

第七节　零件上常见的工艺结构 ………… 222

第八节　零件测绘 ………………………… 227

第九节　看零件图 ………………………… 232

第九章　装配图 …………………………… 238

第一节　装配图的作用与内容 …………… 238

第二节　装配图的表达方法 ……………… 240

第三节　装配图的尺寸标注和技术要求 … 242

第四节　装配图上的零件序号和明细栏 … 243

第五节　装配结构简介 …………………… 244

第六节　部件测绘 ………………………… 246

第七节　装配图的画法 …………………… 249

第八节　看装配图 ………………………… 252

第十章　计算机绘图 ……………………… 261

第一节　AutoCAD 2014 的基本操作 …… 261

第二节　AutoCAD 2014 的基本图形绘制 … 268

第三节　AutoCAD 2014 的基本编辑命令 … 275

第四节　AutoCAD 2014 的注释图形 …… 280

第五节　AutoCAD 2014 的尺寸标注 ……… 284

第六节　AutoCAD 2014 的图层、块和面域 … 286

第七节　AutoCAD 2014 的图形打印 ……… 288

第八节　AutoCAD 2014 的绘图实例 ……… 289

第十一章　钣金展开图 …………… 298

第一节　求作实长、实形的方法 ………… 299

第二节　平面立体的表面展开 ………… 301

第三节　可展曲面的展开 …………… 302

第四节　不可展曲面的近似展开 ………… 307

附录 ………………………………… 309

参考文献 …………………………… 326

绪　　论

根据投影原理、标准及有关规定，表示工程对象，并有必要的技术说明的图，称为图样。

本课程所研究的图样主要是机械图，用它来准确地表达机件的形状和尺寸，以及制造和检验该机件时所需要的技术要求，如图0-1所示。图中给出了拆卸器和横梁的立体图，这种图看起来很直观，但是它还不能把机件的真实形状、大小和各部分的相对位置确切地表示出来，因此生产中一般不采用这种图样。实际生产中使用的图样是用相互联系着的一组视图（平面图），如图0-1所示的装配图和零件图，它们就是用两个视图表达的。这种图虽然立体感不强，但却能够准确地表达零件的结构形状和装配体的构造，满足生产、加工零件和装配机器的所有要求，因此在机械行业中被广泛地采用。

在现代化的生产活动中，无论是机器的设计、制造、维修，还是船舶、桥梁等工程的设计与施工，都必须依据图样才能进行（图0-1下部的直观图即表示依据图样在车床上加工轴零件的情形）。图样已成为人们表达设计意图、交流技术思想的工具和指导生产的技术文件。因此，作为高等技术人才，必须具有看、画机械图的本领。

机械制图就是研究机械图样的绘制（画图）和识读（看图）规律的一门学科。

一、本课程的性质、任务和要求

"机械制图"是工科高等职业学院最重要的一门技术基础课。其主要任务是培养学生具有看图能力和画图能力，具体要求如下：

1）掌握正投影法的基本理论和作图方法。

2）能够正确执行制图国家标准及其有关规定。

3）能够绘制和识读中等复杂程度的零件图和装配图。

4）能够使用常用的绘图工具和计算机绘制机械图样，并具有绘制草图的技能。

5）培养创新精神和实践能力、团队合作与交流能力和良好的职业道德，以及严谨、敬业的工作作风。

二、本课程的学习方法

1. 要注重形象思维

制图课主要是研究怎样将空间物体用平面图形表示出来，怎样根据平面图形将空间物体的形状想象出来的一门学科，其思维方法独特（注重形象思维），故学习时一定要抓住"物""图"之间相互转化的方法和规律，注意培养自己的空间想象能力和思维能力。不注意这一点，即便学习很努力，也很难取得好的效果。

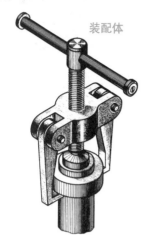

装配体

机器(装配体)都是由零件组合而成的。制造机器时，首先要根据零件图制造零件，再根据装配图把零件装配成机器。因此，图样是工程界的技术语言，是指导生产的技术文件。

零件

拆卸器的工作原理

顺时针转动把手 2(见装配图)，压紧螺杆 1 随之转动。由于螺纹的作用，横梁 5 即同时沿螺杆上升，通过横梁两端的销轴 6，带动两个抓子 7 上升，被抓子勾住的零件(套)也一起上升，直到将其从轴上拆下。

拆卸器立体图

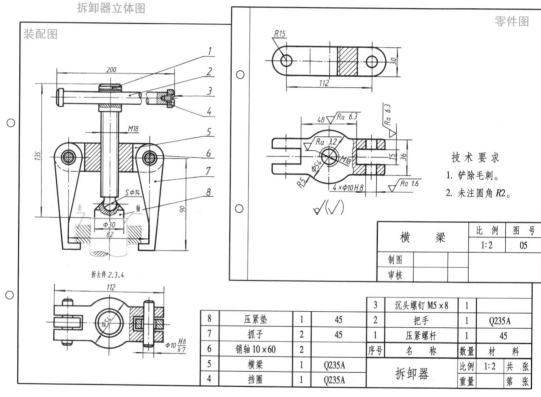

装配图

零件图

技术要求
1. 铲除毛刺。
2. 未注圆角 R2。

横　　梁		比　例	图　号
		1:2	05
制图			
审核			

拆去件 2,3,4

8	压紧垫	1	45	3	沉头螺钉 M5×8	1	
7	抓子	2	45	2	把手	1	Q235A
6	销轴10×60	2		1	压紧螺杆	1	45
5	横梁	1	Q235A	序号	名　称	数量	材　料
4	挡圈	1	Q235A	拆卸器		比例 1:2	共　张
						重量	第　张

在车床上加工轴零件

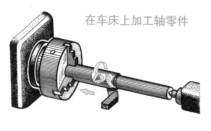

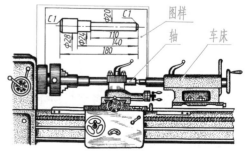

图样　轴　车床

图 0-1　装配体、装配图，零件、零件图及依据图样加工零件的示例

2. 要注重基础知识

制图的基础知识主要来自于本课自身，即从投影概念开始，到点、直线、平面、几何体的投影……一阶一阶地砌垒而成。基础打好了，才能为进入"组合体"的学习搭好铺垫。

组合体在整个制图教学中具有重要地位，是训练画图、标注尺寸，尤其是看图的关键阶段。可以说，能够读懂、绘制组合体视图，看、画零件图就不会有问题了，故应特别注意组合体及其前段知识的学习，掌握看图、画图、标注尺寸的方法。否则，此后的学习将会严重受阻，甚至很难完成本课的学习任务。

3. 要注重作图实践

制图课的实践性很强，"每课必练"是本课的又一突出特点。也就是说，若想学好这门课，使自己具有看图、画图的本领，只有完成一系列作业，认认真真、反反复复地"练"才能奏效。

综上所述，本课以形象思维为主，学习时切勿采用背记的方法；注意打好知识基础；只有通过大量的作图实践，才能不断提高看图和画图能力，达到本课最终的学习目标，圆满地完成"看、画零件图和装配图"的学习任务，为毕业后的工作创造一个有利的条件。

制图的基本知识和技能

工程图样是现代生产中不可缺少的技术资料，因此每个工程技术人员都必须熟悉和掌握有关制图的基本知识和技能。本章将重点介绍国家标准《机械制图》中关于制图的基本规定。同时，还将介绍几何图形的作图方法，并进行手工绘图的基本训练。

第一节　国家标准关于制图的基本规定

国家标准《技术制图》是一项基础技术标准，是工程界各种专业技术图样的通则性规定；国家标准《机械制图》是一项机械专业制图标准。我们必须认真学习和遵守其有关规定。

现以"GB/T 4458.1—2002《机械制图　图样画法　视图》"为例，说明标准的构成。

国家标准由标准编号和标准名称两部分构成。其书写规定如下：

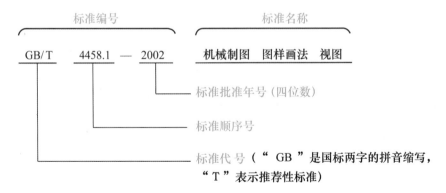

本节将介绍现行制图国家标准中的图纸幅面和格式、比例、字体、图线等基本规定中的主要内容。

一、图纸幅面和格式（GB/T 14689—2008）

1. 图纸幅面

1）应优先采用基本幅面（表1-1）。基本幅面共有五种，其尺寸关系如图1-1所示。

表 1-1 图纸基本幅面尺寸

（单位：mm）

幅面代号	$B×L$	a	c	e
A0	841×1189	25	10	20
A1	594×841	25	10	20
A2	420×594	25	10	10
A3	297×420	25	5	10
A4	210×297	25	5	10

注：a、c、e 为留边宽度，参见图 1-2、图 1-3。

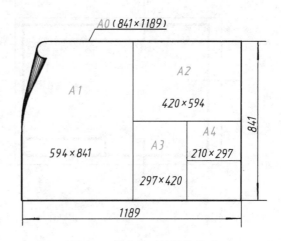

图 1-1 基本幅面的尺寸关系

2）必要时，也允许选用加长幅面。但加长后幅面的尺寸必须是由基本幅面的短边成整数倍增加后得出。

2. 图框格式

1）在图纸上必须用粗实线画出图框，其格式分为不留装订边和留有装订边两种，但同一产品的图样只能采用一种格式。

2）不留装订边的图纸，其图框格式如图 1-2 所示，尺寸按表 1-1 的规定。

3）留有装订边的图纸，其图框格式如图 1-3 所示，尺寸按表 1-1 的规定。

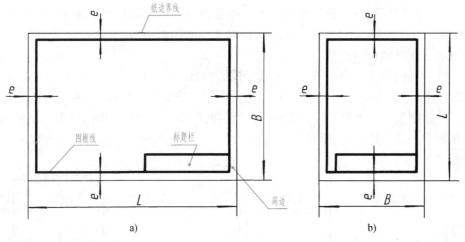

a)   b)

图 1-2 不留装订边的图框格式

3. 标题栏的方位与看图方向

1）每张图纸都必须画出标题栏。标题栏的格式和尺寸应按 GB/T 10609.1—2008 的规定绘制（标题栏的长度为 180mm）。在制图作业中建议采用图 1-4 所示的格式。标题栏的位置一般应位于图纸的右下角，如图 1-2、图 1-3 所示。

2）标题栏的方位与看图方向。看图方向与标题栏的方位密切相联，共有两种情况：

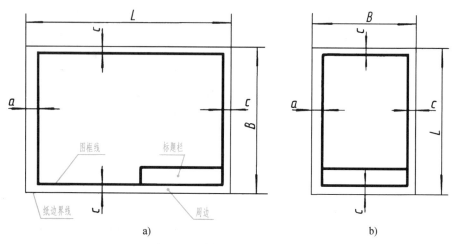

图 1-3 留有装订边的图框格式

		比 例	材 料	图 号	
（图名）					7
制图	（姓名）	（学号）	（校名、班级）		4×7（=28）
审核					

图 1-4 制图作业标题栏的格式

第一种(正常)情况——按看标题栏的方向看图,即以标题栏中的文字方向为看图方向(图 1-2、图 1-3)。这是当 A4 图纸竖放,其他基本幅面图纸横放(标题栏位于图纸右下角,其长边均为水平方向)时的看图方向。

第二种(特殊)情况——按方向符号指示的方向看图(图 1-5、图1-6),即令画在对中符号上的等边三角形(即方向符号)位于图纸下边后看图。这是当 A4 图纸横放,其他基本幅面图纸竖放,其标题栏均位于图纸右上角时所绘图样的看图方向。这种情况是为利用预先印制的图纸而规定的。但当将 A4 图纸横放,其他图纸竖放画新图时,其标题栏的方位和看图方向也应与上述规定相一致。

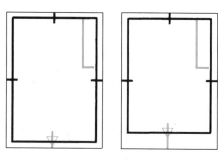

图 1-5 大于 A4 的图纸竖放

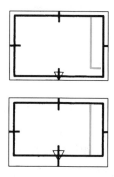

图 1-6 A4 图纸横放

对中符号位于图纸各边中点处，为粗实线短画，线宽不小于 0.5mm，长度为从纸边界开始至伸入图框内约 5mm。这是为了使复制图样和缩微摄影时定位方便而画出的。各号图纸（含加长幅面）均应画出对中符号。当对中符号处在标题栏范围内时，则伸入标题栏部分可省略不画，如图 1-6 所示。

方向符号是用细实线绘制的等边三角形，其大小和所处的位置如图 1-7 所示。

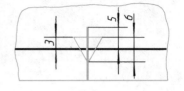

图 1-7　方向符号大小和位置

二、比例（GB/T 14690—1993）

1. 术语

（1）比例　图中图形与其实物相应要素的线性尺寸之比。

（2）原值比例　比值为 1 的比例，即 1：1。

（3）放大比例　比值大于 1 的比例，如 2：1 等。

（4）缩小比例　比值小于 1 的比例，如 1：2 等。

2. 比例系列

1）需要按比例绘制图样时，应由表 1-2 "优先选择系列"中选取适当的比例。

2）必要时，也允许从表 1-2 "允许选择系列"中选取。

为了从图样上直接反映出实物的大小，绘图时应尽量采用原值比例。因各种实物的大小与结构千差万别，绘图时，应根据实际需要选取放大比例或缩小比例。

表 1-2　比例系列

种　　类	优先选择系列	允许选择系列
原值比例	1：1	—
放大比例	5：1　　　2：1 5×10^n：1　2×10^n：1　1×10^n：1	4：1　　2.5：1 4×10^n：1　2.5×10^n：1
缩小比例	1：2　　　1：5　　　1：10 $1：2\times10^n$　$1：5\times10^n$　$1：1\times10^n$	1：1.5　　1：2.5　　1：3 $1：1.5\times10^n$　$1：2.5\times10^n$　$1：3\times10^n$ 1：4　　　　1：6 $1：4\times10^n$　　$1：6\times10^n$

注：n 为正整数。

3. 标注方法

1）比例符号应以"："表示。比例的表示方法如 1：1、1：2、5：1 等。

2）比例一般应标注在标题栏中的比例栏内。

不论采用何种比例，图形中所标注的尺寸数值必须是实物的实际大小，与图形的比例无关，如图 1-8 所示。

三、字体（GB/T 14691—1993）

1. 基本要求

1）在图样中书写的汉字、数字和字母，都必须做到"字体工整、笔画清楚、间隔均匀、排列整齐"。

2）字体高度（用 h 表示）的公称尺寸系列为 1.8mm、2.5mm、3.5mm、5mm，7mm、10mm、14mm、20mm。如需要书写更大的字，其字体高度应按 $\sqrt{2}$ 的比率递增。字体高度代

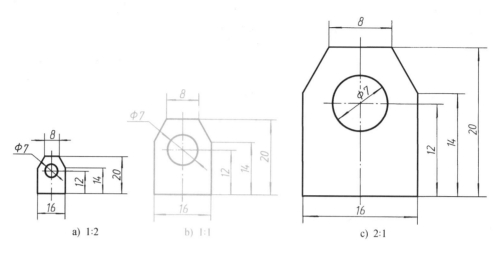

图 1-8　图形比例与尺寸数字

表字体的号数。

3）汉字应写成长仿宋体字，并应采用国家正式公布的简化字。汉字的高度 h 不应小于 3.5mm，其字宽一般为 $h/\sqrt{2}$ 。

书写长仿宋体字的要领是横平竖直、注意起落、结构匀称、填满方格。初学者应打格子书写。书写时，笔画应一笔写成，不要勾描。另外，由于字型特征不同，切忌一律追求满格，对笔画少的字尤应注意，如"月"字不可写得与格子同宽；"工"字不要写得与格子同高；"图"字不能写得与格子同大。

4）字母和数字可写成斜体和正体。斜体字字头向右倾斜，与水平基准线成 75°。

2. 字体示例

汉字、数字和字母的示例见表 1-3。

表 1-3　字体示例

字 体		示　　例
长仿宋体汉字	10 号	字体工整、笔画清楚、间隔均匀、排列整齐
	7 号	横平竖直　注意起落　结构均匀　填满方格
	5 号	技术制图石油化工机械电子汽车航空船舶土木建筑矿山井坑港口纺织焊接设备工艺
	3.5 号	螺纹齿轮端子接线飞行指导驾驶舱位挖填施工引水通风闸阀坝棉麻化纤
拉丁字母	大写斜体	ABCDEFGHIJKLMNOPQRSTUVWXYZ
	小写斜体	abcdefghijklmnopqrstuvwxyz

字　体		示　例	
阿拉伯数字	斜体	*0123456789*	字体的应用
	正体	0123456789	
罗马数字	斜体	*ⅠⅡⅢⅣ ⅤⅥⅦⅧⅨⅩ*	
	正体	ⅠⅡⅢⅣⅤⅥⅦⅧⅨⅩ	

示例栏内容：

$\phi 20^{+0.010}_{-0.023}$　$7°^{+1°}_{-2°}$　$\dfrac{3}{5}$

$10JS5(\pm 0.003)$　$M24-6h$

$\phi 25\dfrac{H6}{m5}$　$\dfrac{\text{Ⅱ}}{2:1}$　$\dfrac{A}{5:1}$

$\sqrt{}\ Ra\ 6.3$　5%　$\overline{\underline{3.500}}$

四、图线

1. 线型及图线尺寸

现行有效的《图线》国家标准有以下两项：

GB/T 17450—1998《技术制图　图线》。

GB/T 4457.4—2002《机械制图　图样画法　图线》。

后一项标准主要规定了机械图样中采用的9种图线，其名称、线型、宽度和一般应用见表1-4。

表 1-4　机械制图的线型及其应用（摘自 GB/T 4457.4—2002）

图线名称	线　型	图线宽度	一般应用
粗实线	———————	d	1）可见轮廓线 2）可见棱边线 3）相贯线
细实线	———————	$d/2$	1）尺寸线及尺寸界线 2）剖面线 3）过渡线
细虚线	— — — — —	$d/2$	1）不可见轮廓线 2）不可见棱边线
细点画线	— · — · —	$d/2$	1）轴线 2）对称中心线 3）剖切线
波浪线	∿∿∿	$d/2$	1）断裂处的边界线 2）视图与剖视图的分界线
双折线	—/\—/\—	$d/2$	1）断裂处的边界线 2）视图与剖视图的分界线
细双点画线	— ·· — ·· —	$d/2$	1）相邻辅助零件的轮廓线 2）可动零件的极限位置的轮廓线 3）成形前的轮廓线 4）轨迹线
粗点画线	━ · ━ · ━	d	限定范围的表示线
粗虚线	━ ━ ━ ━	d	允许表面处理的表示线

粗线、细线的宽度比例为 2 : 1(粗线为 d,细线为 $d/2$)。图线的宽度应根据图纸幅面的大小和所表达对象的复杂程度,在 0.13mm、0.18mm、0.25mm、0.35mm、0.5mm、0.7mm、1mm、1.4mm、2mm 数系中选取(常用的为 0.25mm、0.35mm、0.5mm、0.7mm、1mm)。在同一图样中,同类图线的宽度应一致。

2. 图线的应用

图线的应用示例如图 1-9 所示。

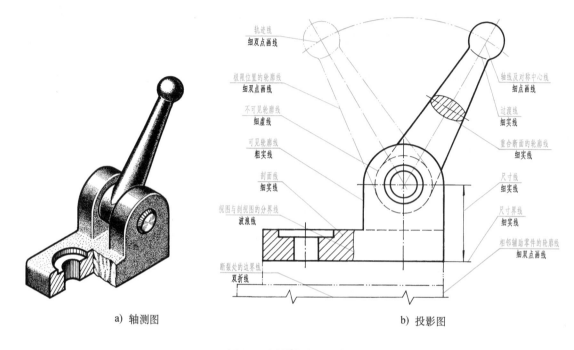

a) 轴测图   b) 投影图

图 1-9 图线的应用示例

3. 图线的画法

(1) 图线的平行、相交画法 见表 1-5。

(2) 基本线型重合绘制的优先顺序 当有两种或更多种的图线重合时,通常应按照图线所表达对象的重要程度,优先选择绘制顺序:可见轮廓线→不可见轮廓线→尺寸线→各种用途的细实线→轴线和对称线(中心线)→假想线。

表 1-5 图线的画法

要 求	图 例	
	正 确	错 误
为保证图样的清晰度,两条平行线之间的最小间隙不得小于 0.7mm	≥0.7	
细点画线、细双点画线的首末两端应是画,而不应是点		

要　　求	图　　例	
	正　　确	错　　误
各种线型相交时，都应以画相交，而不应该是点或间隔		
各种线型应恰当地相交于画线处： ——图线起始于相交处 ——画线形成完全的相交 ——画线形成部分的相交		
细虚线直线在粗实线的延长线上相接时，细虚线应留出间隔 细虚线圆弧与粗实线相切时，细虚线圆弧应留出间隔		
画圆的中心线时，圆心应是画的交点，细点画线的两端应超出轮廓线 $2\sim5\mathrm{mm}$ 当圆的图形较小时，允许用细实线代替细点画线		

第二节　尺　寸　注　法

　　尺寸（包括线性尺寸和角度尺寸）是图样中的重要内容之一，是制造机件的直接依据，也是图样中指令性最强的部分。因此，制图标准（GB/T 4458.4—2003、GB/T 19096—2003）对其标注做了专门规定，这是在绘制、识读图样时必须遵守的，否则会引起混乱，甚至给生产带来损失。

一、标注尺寸的基本规则

　　1）机件的真实大小应以图样上所注的尺寸数值为依据，与图形的大小及绘图的准确度无关。

2）图样中的尺寸以毫米为单位时，不需标注单位的符号或名称，如果采用其他单位，则必须注明相应的单位符号。

3）对机件的每一尺寸，一般只标注一次，并应标注在反映该结构最清晰的图形上。

4）标注尺寸的符号和缩写词，应符合表1-6的规定。

表1-6　常用的符号和缩写词

名　称	符号或缩写词	名　称	符号或缩写词
直　径	ϕ	45°倒角	C
半　径	R	深　度	⣿
球直径	$S\phi$	沉孔或锪平	⊔
球半径	SR	埋头孔	∨
厚　度	t	均　布	EQS
正方形	□	弧　长	⌒

二、尺寸的组成

一个完整的尺寸，一般应包括尺寸数字、尺寸线、尺寸界线和表示尺寸线终端的箭头或斜线(图1-10)。

1）尺寸界线和尺寸线均用细实线绘制。线性尺寸的尺寸线两端要有箭头与尺寸界线接触。尺寸线和轮廓线的距离不应小于7mm，如图1-10所示。

轮廓线或中心线可代替尺寸界线。但应记住：尺寸线不可被任何图线或其延长线代替，必须单独画出。

2）尺寸线终端可以有箭头、斜线两种形式。箭头的形式如图1-11a所示(图1-11c的画法不正确)，适用于各种类型的图样(机械图样中一般采用箭头)；斜线用细实线绘制，其方向以尺寸线为准，逆时针旋转45°，如图1-11b所示。当尺寸线的终端采用斜线形式时，尺寸线与尺寸界线必须相互垂直。同一张图样中，只能采用一种尺寸线终端形式。

3）对线性尺寸的尺寸数字，一般应填写在尺寸线的上方(也允许注在尺寸线的中断处)，如图1-10所示。

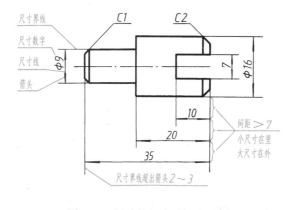

图1-10　尺寸的组成及标注示例

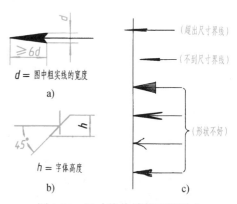

图1-11　尺寸线终端的两种形式

尺寸数字的方向，应按图1-12所示的方向填写，并应尽可能避免在图示30°范围内标注尺寸。当无法避免时，可按图1-13所示的形式标注。

尺寸数字不允许被任何图线所通过。当不可避免时，必须把图线断开。

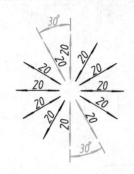

图1-12　尺寸数字的方向

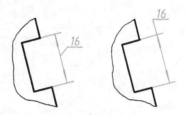

图1-13　30°范围内尺寸数字注法

三、常见尺寸的注法

1. 线性尺寸的注法

标注线性尺寸时，尺寸线必须与所标注的线段平行。尺寸界线一般应与尺寸线垂直，并超出尺寸线2~3mm。当有几条互相平行的尺寸线时，大尺寸应注在小尺寸外面，以免尺寸线与尺寸界线相交，如图1-10所示。

2. 圆、圆弧及球面尺寸的注法

圆须注出直径，且在尺寸数字前加注符号"ϕ"，注法如图1-14a所示；圆弧须注出半径，且在尺寸数字前加注符号"R"，注法如图1-14b所示；标注球面的直径或半径时，应在符号"ϕ"或"R"前加注符号"S"，注法如图1-15a、b所示。

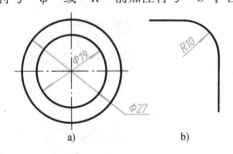

图1-14　圆及圆弧尺寸注法

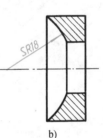

图1-15　球面尺寸注法

3. 小尺寸的注法

当标注的尺寸较小，没有足够的位置画箭头或写尺寸数字时，箭头可画在外面，或用小圆点代替两个箭头；尺寸数字也可写在外面或引出标注，注法如图1-16所示。

4. 角度、弦长、弧长尺寸的注法

标注角度尺寸时，角度的尺寸界线必须沿径向引出，尺寸线应画成圆弧，其圆心为该角的顶点；角度的数字一律写成水平方向，一般注写在尺寸线的中断处(图1-17a)，必要时允许写在外面，或引出标注(图1-17b)。图1-18为标注实例。

标注弦长的尺寸时，其尺寸界线应平行于该弦的垂直平分线(图1-19)。

标注弧长的尺寸时，其尺寸界线应平行于该弧所对圆心角的角平分线(图1-20)。

标注较大的弧长时，其尺寸界线可沿径向引出(图1-21)。

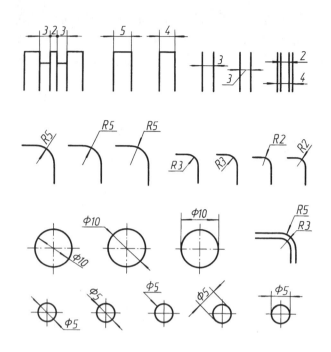

图 1-16　小尺寸的注法

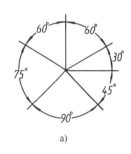

a)

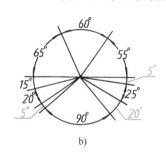

b)

图 1-17　角度尺寸的注法

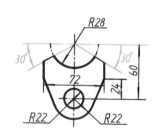

图 1-18　标注角度的实例

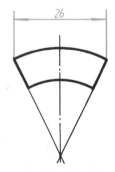

图 1-19　弦长的尺寸注法

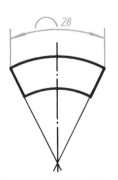

图 1-20　弧长的尺寸注法

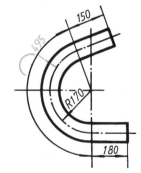

图 1-21　大弧长的尺寸注法

5. 光滑过渡处的尺寸注法

　　尺寸界线一般与尺寸线垂直，必要时才允许倾斜（图 1-22a）。当在光滑过渡处标注尺寸时，应用细实线将轮廓线延长，从它们的交点处引出尺寸界线（图 1-22b）。

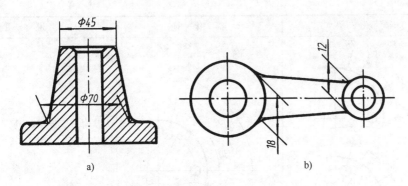

图 1-22　光滑过渡处的尺寸注法

6. 大圆弧圆心的尺寸注法

当圆弧的半径过大或在图纸范围内无法标出其圆心位置时,可按图 1-23a 的形式标注。若不需要标注其圆心位置时,可按图 1-23b 的形式标注。

7. 对称图形的尺寸注法

当对称机件的图形只画出一半或略大于一半时,尺寸线应略超过对称中心线或断裂处的边界,此时仅在尺寸线的一端画出箭头(图 1-24)。

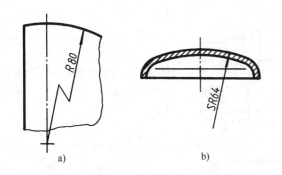

图 1-23　圆弧半径较大的尺寸注法

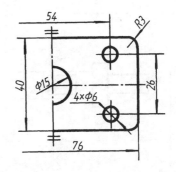

图 1-24　对称图形的尺寸注法

四、尺寸的简化注法

表 1-7 所示的尺寸简化注法摘自 GB/T 16675.2—2012《技术制图　简化表示法　第 2 部分:尺寸注法》。

表 1-7　尺寸简化注法摘录

序号	简 化 后	简 化 前	说 明
1	16×Φ2.5　Φ120　Φ100　Φ70	16—Φ2.5　Φ100　Φ120　Φ70	标注尺寸时,也可采用不带箭头的指引线

（续）

序号	简 化 后	简 化 前	说 明
2			从同一基准出发的尺寸可按左图(简化后)的形式标注
3			在同一图形中,对于尺寸相同的孔、槽等组成要素,可仅在一个要素上注出其尺寸和数量
4			标注正方形结构尺寸时,可在正方形边长尺寸数字前加注"□"符号
5			在不致引起误解时,零件图中的倒角可以省略不画,其尺寸也可简化标注

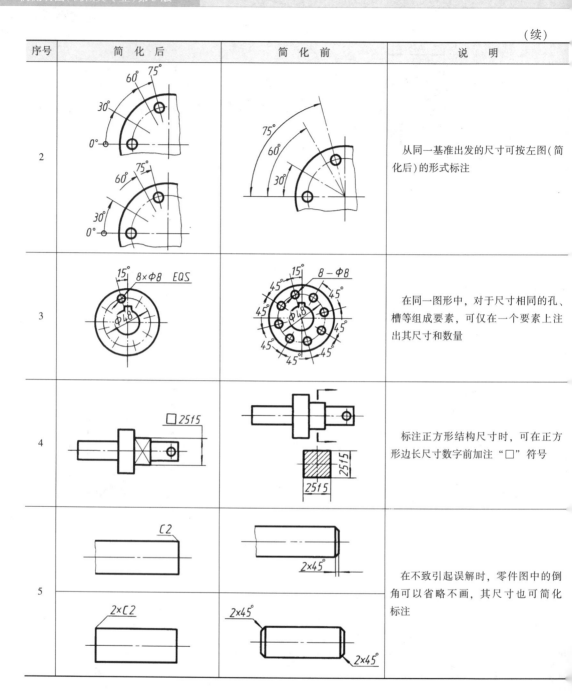

第三节 制图工具及用品的使用

"工欲善其事,必先利其器"。正确地使用和维护制图工具,是保证绘图质量和加快绘图速度的一个重要方面,因此,必须养成正确使用、维护制图工具和用品的良好习惯。

一、图板

图板是固定图纸用的矩形木板(图1-25)，板面及导边应光滑平直。

二、丁字尺

丁字尺由尺头和尺身组成(图1-25)。尺头和尺身的导边应保持互相垂直。

将尺头紧靠图板的左边，上下滑动，即可沿尺身的上边画出各种位置的水平线(图1-26)。

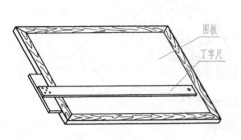

图 1-25　图板和丁字尺

图 1-26　用丁字尺画水平线

三、三角板

三角板由45°和30°-60°的两块合成为一副。将三角板和丁字尺配合使用，可画出垂直线(图1-27)、倾斜线(图1-28)和一些常用的特殊角度。

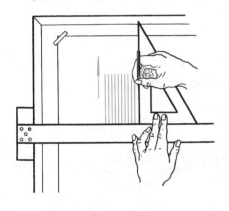

图 1-27　垂直线的画法

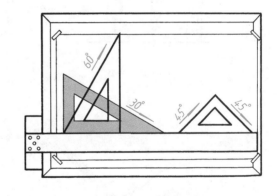

图 1-28　倾斜线的画法

如将两块三角板配合使用，还可以画出已知直线的平行线或垂直线，具体作法如图1-29、图1-30所示。

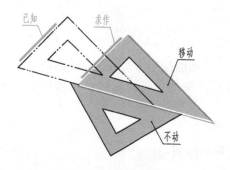

图 1-29　平行线的画法

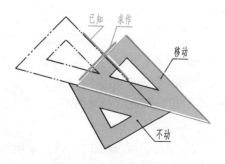

图 1-30　垂直线的画法

四、圆规

圆规主要用来画圆或圆弧。圆规的附件有钢针插脚、铅芯插脚、鸭嘴插脚和延伸插杆等。

画圆时，圆规的钢针应使用有肩台的一端，并使肩台与铅芯尖平齐。圆规的使用方法如图 1-31 所示。

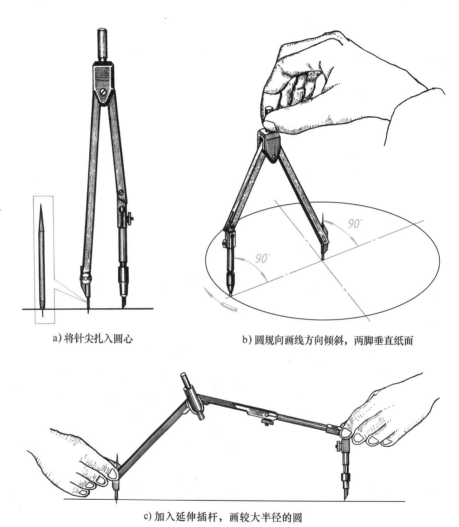

a) 将针尖扎入圆心   b) 圆规向画线方向倾斜，两脚垂直纸面

c) 加入延伸插杆，画较大半径的圆

图 1-31   圆规的使用方法

五、分规

分规是用来截取尺寸、等分线段和圆周的工具。分规的使用方法如图1-32所示。

分规的两个针尖并拢时应对齐，如图 1-33a 所示；调整分规两脚间距离的手法，如图1-34所示；用分规截取尺寸的手法，如图 1-35 所示。

六、比例尺

比例尺俗称三棱尺(图 1-36)，是供绘制不同比例的图形用的。

比例尺只用来量取尺寸，不可做直尺画线用。

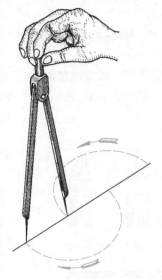

图 1-32 分规的使用方法

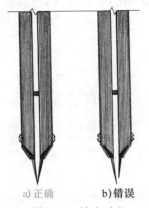

a) 正确　　b) 错误

图 1-33 针尖对齐

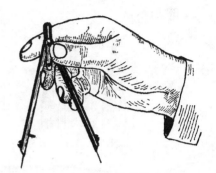

图 1-34 调整分规的手法

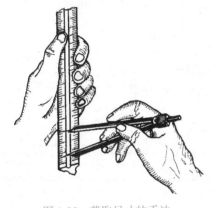

图 1-35 截取尺寸的手法

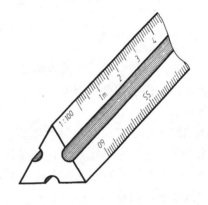

图 1-36 比例尺

七、曲线板

曲线板用于绘制不规则的非圆曲线。使用时，应先徒手将曲线上各点轻轻地依次连成光滑的曲线，然后在曲线上找出足够的点，如图 1-37 那样，至少可使画线边通过 *1*、*2*、*3* 点，在画出 *1*、*2*、*3* 点后，再移动曲线板，使其重新与 *3* 点相吻合，并画出 *3* 到 *4* 乃至 *5* 点间的曲线，依次类推，完成非圆曲线的作图。

描画对称曲线时，最好先在曲线板上标上记号，然后翻转曲线板，便能方便地按记号的位置描画对称曲线的另一半。

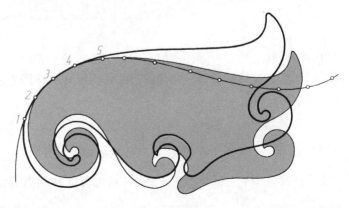

图 1-37 曲线板

八、铅笔

铅笔分硬、中、软三种。标号有 6H、5H、4H、3H、2H、H、HB、B、2B、3B、4B、5B 和 6B 等 13 种。6H 为最硬，HB 为中等硬度，6B 为最软。

绘制图形底稿时，建议采用 2H 或 3H 铅笔，并削成尖锐的圆锥形；描黑底稿时，建议采用 HB、B 或 2B 铅笔，削成扁铲形。铅笔应从无字端开始使用，以便保留软硬的标号，如图 1-38 所示。

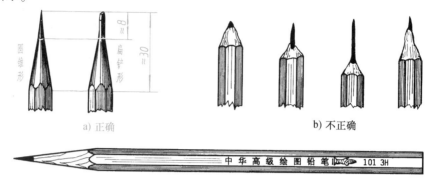

a) 正确   b) 不正确

c) 从无字端削起

图 1-38　铅笔的削法

九、绘图纸

绘图纸的质地坚实，用橡皮擦拭不易起毛。必须用图纸的正面画图。识别方法是用橡皮擦拭几下，不易起毛的一面即为正面。

画图时，将丁字尺尺头靠紧图板，以丁字尺上缘为准，将图纸摆正，然后绷紧图纸，用胶带纸将其固定在图板上。当图幅不大时，图纸宜固定在图板左下方，图纸下方应留出足够放置丁字尺的地方，如图 1-39 所示。

除上述工具和用品外，必备的绘图用品还有橡皮、小刀、砂纸、胶带纸等。

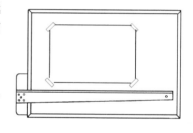

图 1-39　固定图纸的位置

第四节　几 何 作 图

机件的形状虽然多种多样，但它们都是由各种基本的几何图形所组成的。因此，绘制机械图样时，应当首先掌握常见几何图形的作图原理和作图方法。

一、等分作图

1. 等分线段

（1）试分法　如图 1-40 所示，欲将线段 MN 三等分，可先将分规的开度调整至约为 $\frac{MN}{3}$ 长，然后在线段 MN 上试分，得 F 点(F 点也可能在端点 N 之内)；然后再调整分规，使其长度缩减(或增加)$\frac{NF}{3}$，而后重新试分，通过逐步逼近，即可将线段 MN 三等分。

（2）平行线法　如图 1-41 所示，欲将线段 *AB* 五等分，可先过 *A* 点作任意直线 *AC*，并在 *AC* 上以适当长度截取五等份，得 *1′*、*2′*、*3′*、*4′*、*5′*各点；然后连接 *5′B*，并过 *AC* 线上其余各点作 *5′B* 的平行线，分别交 *AB* 于 *1*、*2*、*3*、*4*，即为所求的等分点。

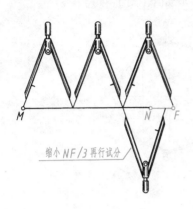

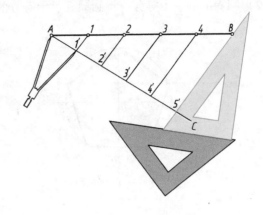

图 1-40　用试分法等分线段

图 1-41　用平行线法等分线段

2. 等分圆周及作正多边形

（1）圆周的三、六、十二等分　有两种作图方法。用圆规的作图方法，如图 1-42 所示。用 30°-60°三角板和丁字尺配合的作图方法，如图 1-43 所示。

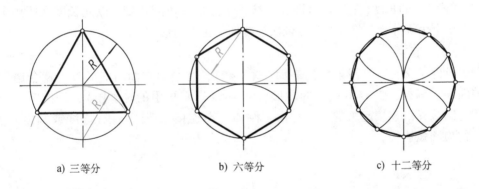

a）三等分　　　　　b）六等分　　　　　c）十二等分

图 1-42　用圆规三、六、十二等分圆周

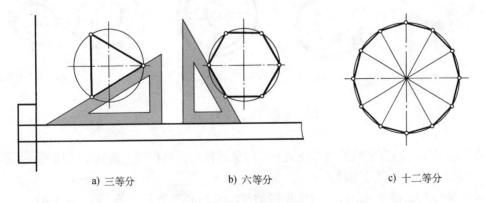

a）三等分　　　　　b）六等分　　　　　c）十二等分

图 1-43　用三角板和丁字尺配合三、六、十二等分圆周

在上述作图中，将各等分点依次连线，即可分别作出圆的内接正三角形、正六边形和正十二边形。如需改变其正三角形和正六边形的方位，可通过调整圆心的位置或三角板的放置方法来实现。

（2）圆周的五、十等分　将圆周五、十等分的作图步骤如下（图 1-44）：

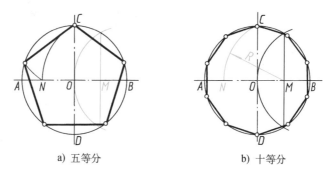

a) 五等分　　　　　　　　　　b) 十等分

图 1-44　圆周的五、十等分

1）二等分半径 OB，得点 M。

2）以点 M 为圆心，MC 长为半径画弧，与直径相交于点 N。

3）线段 CN 即为内接正五边形的一个边长，以此长度在圆周上连续截取，即得五个等分点，将各等分点依次连线即为圆的内接正五边形（图 1-44a）。

4）线段 ON 的长度（图 1-44b）即为内接正十边形一边的长度，以此长度在圆周上连续截取，即得十个等分点，将各等分点依次连线即得正十边形。

二、圆弧连接

有些机件常常具有光滑连接的表面（图 1-45），在绘制它们的图形时，就会遇到圆弧连接的问题。例如，图 1-46 所示的图形（图 1-45a 所示扳手的轮廓图）就是由圆弧与直线或圆弧与圆弧光滑连接起来的。这种由一圆弧光滑连接相邻两线段（直线或圆弧）的作图方法，称为圆弧连接。

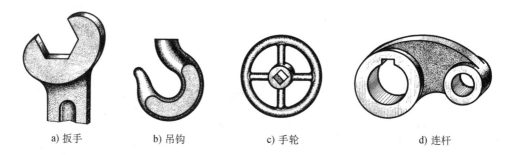

a) 扳手　　　　　　b) 吊钩　　　　　　c) 手轮　　　　　　d) 连杆

图 1-45　机件的连接形式

1. 圆弧连接的作图原理

圆弧连接实质上就是圆弧与直线或圆弧与圆弧相切，其作图关键就是求出连接弧的圆心和切点（图 1-46）。下面分别讨论。

（1）圆与直线相切　与已知直线相切的圆，其圆心轨迹是一条直线（图 1-47）。该直线与已知直线平行，间距为圆的半径 R。自圆心向已知直线作垂线，其垂足 K 即为切点。

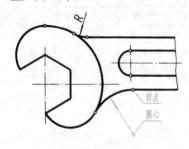

图 1-46　扳手轮廓图

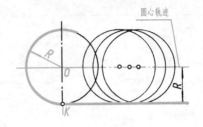

图 1-47　圆与直线相切

（2）圆与圆相切　如图 1-48 所示，与已知圆相切的圆，其圆心轨迹为已知圆的同心圆。同心圆的半径根据相切情况而定，即两圆外切时，为两圆半径之和（图 1-48a）；两圆内切时，为两圆半径之差（图 1-48b）。其切点在两圆心的连线（或其延长线）与圆周的交点处。

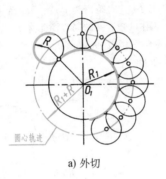

a) 外切　　　　　　　b) 内切

图 1-48　圆与圆相切

2. 两直线间的圆弧连接

两直线间的圆弧连接见表 1-8。

表 1-8　两直线间的圆弧连接

类别	用圆弧连接锐角或钝角的两边		用圆弧连接直角的两边
图例			
作图步骤	① 作与已知角两边分别相距为 R 的平行线，交点 O 即为连接弧圆心 ② 自点 O 分别向已知角两边作垂线，垂足 M、N 即为切点 ③ 以 O 为圆心，R 为半径，在两切点 M、N 之间画连接圆弧即为所求		① 以角顶为圆心，R 为半径画弧，交直角两边于 M、N ② 以 M、N 为圆心，R 为半径画弧，相交得连接弧圆心 O ③ 以 O 为圆心，R 为半径，在 M、N 之间画连接圆弧即为所求

3. 直线和圆弧及两圆弧之间的圆弧连接

直线和圆弧及两圆弧之间的圆弧连接见表 1-9。

表 1-9　直线和圆弧及两圆弧之间的圆弧连接

名　称	已知条件和作图要求	作 图 步 骤		
直线和圆弧间的圆弧连接	以已知的连接弧半径 R 画弧, 与直线 I 和 O_1 圆外切	① 作直线 II 平行于直线 I (其间距离为 R); 再作已知圆弧的同心圆 (半径为 R_1+R) 与直线 II 相交于 O	② 作 OA 垂直于直线 I; 连 OO_1 交已知圆弧于 B, A、B 即为切点	③ 以 O 为圆心, R 为半径画圆弧, 连接直线 I 和圆弧 O_1 于 A、B, 即完成作图
外连接	以已知的连接弧半径 R 画弧, 与两圆外切	① 分别以 (R_1+R) 及 (R_2+R) 为半径, O_1、O_2 为圆心, 画弧交于 O	② 连 OO_1 交已知弧于 A, 连 OO_2 交已知弧于 B, A、B 即为切点	③ 以 O 为圆心, R 为半径画圆弧, 连接两已知弧于 A、B, 即完成作图
内连接	以已知的连接弧半径 R 画弧, 与两圆内切	① 分别以 $(R-R_1)$ 和 $(R-R_2)$ 为半径, O_1 和 O_2 为圆心, 画弧交于 O	② 连 OO_1、OO_2 并延长, 分别交已知弧于 A、B, A、B 即为切点	③ 以 O 为圆心, R 为半径画圆弧, 连接两已知弧于 A、B, 即完成作图
混合连接	以已知的连接弧半径 R 画弧, 与 O_1 圆外切, 与 O_2 圆内切	① 分别以 (R_1+R) 及 (R_2-R) 为半径, O_1、O_2 为圆心, 画弧交于 O	② 连 OO_1 交已知弧于 A, 连 OO_2 并延长交已知弧于 B, A、B 即为切点	③ 以 O 为圆心, R 为半径画圆弧, 连接两已知弧于 A、B, 即完成作图

（两圆弧间的圆弧连接）

综上所述，可归纳出圆弧连接的作图步骤：

1）根据圆弧连接的作图原理，求出连接弧的圆心。

2）求出切点。

3）用连接弧半径画弧。

4）描深——为保证连接光滑，一般应先描圆弧，后描直线。当几个圆弧相连接时，应依次相连，避免同时连接两端。

三、圆弧的切线

绘图时常遇到求作圆弧的切线，作切线的关键是求切点，通常可直接利用两块三角板作出。作图步骤：先初步定出切线的位置，再比较准确地找出切点，最后确定切线。

1. 过定点作已知圆的一条切线（图1-49a）

作图可分为两步。第一步：把第一块三角板的一直角边，放在过点 A 且与已知圆相切的位置上，再把第二块三角板靠紧第一块三角板的斜边，如图1-49b所示；第二步：使第一块三角板沿第二块三角板滑动，当另一直角边通过圆心时作直线，与圆相交得切点 K，连 AK 即作出切线，如图1-49c所示。

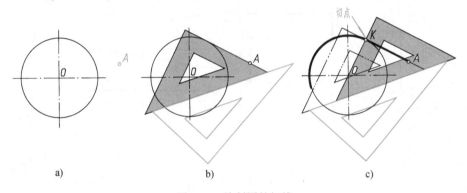

a)　　　　b)　　　　c)

图1-49　绘制圆的切线

2. 作已知两圆的一条内公切线（图1-50a）

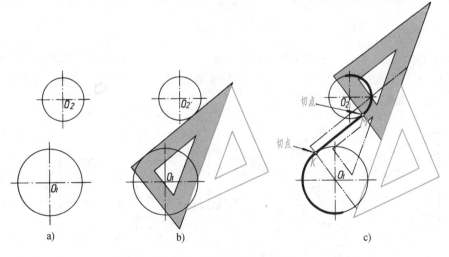

a)　　　　b)　　　　c)

图1-50　绘制圆的内公切线

作图可分为两步。第一步：把第一块三角板的一直角边放在内公切线的位置上，再把第二块三角板的斜边靠紧第一块三角板的斜边，如图 1-50b 所示；第二步：使第一块三角板沿第二块三角板滑动，当另一直角边通过圆心 O_1、O_2 时，分别作直线，与圆相交得切点 K、M，连 KM 即作出内公切线，如图 1-50c 所示。

四、斜度和锥度

1. 斜度

斜度是指一直线对另一直线或一平面对另一平面的倾斜程度，其大小用两直线或两平面间夹角的正切来表示(图 1-51)，即 $\tan\alpha = \dfrac{H}{L}$。在图样上常以 $1:n$ 的形式标注(图 1-52a)，并在其前加注斜度符号 "∠"(画法如图 1-53a 所示，h 为字体高度)，且倾斜边方向应与斜度的方向一致。

斜度 $1:6$ 的作法如图 1-52b 所示：在图形内(或图形外)按斜度的方向和比值，先用细实线作一个小直角三角形，再按 "平行线斜度相同" 的原理，在欲画斜度线的位置，作其斜边的平行线即为所求。

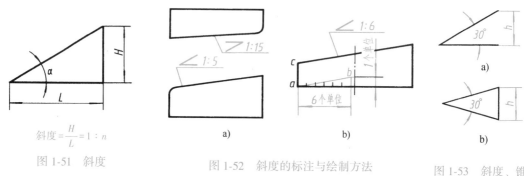

图 1-51　斜度

斜度 $= \dfrac{H}{L} = 1:n$

图 1-52　斜度的标注与绘制方法

a)　b)

图 1-53　斜度、锥度符号的画法

a)　b)

2. 锥度

锥度是指圆锥的底圆直径与圆锥高度之比。如果是锥台，则是底圆直径和顶圆直径的差与锥台高度之比(图 1-54)，即锥度 $= \dfrac{D}{L} = \dfrac{D-d}{l} = 2\tan\dfrac{\alpha}{2}$。

通常，锥度也以 $1:n$ 的形式标注(图 1-55a)，并在 $1:n$ 前加注锥度符号(画法如图 1-53b 所示)，其方向应与锥度方向一致。塞规头锥度的作法如图 1-55b 所示(注意：应先作一个 "小等腰三角形"，再作两腰的平行线)。

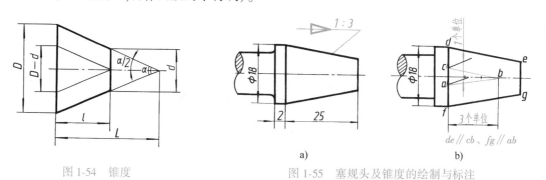

图 1-54　锥度

$de // cb$，$fg // ab$

a)　b)

图 1-55　塞规头及锥度的绘制与标注

五、椭圆的画法

椭圆为常见的平面曲线。常采用"四心法"近似地画出（即由四段圆弧连接而成，见图1-56c），其具体作图步骤如下：

第一步：画出相互垂直且平分的长轴 *AB* 和短轴 *CD*。连接 *AC*，并在 *AC* 上截取 *CF*，使其等于 *AO* 与 *CO* 之差 *CE*（图1-56a）。

第二步：作 *AF* 的垂直平分线，使其分别交 *AO* 和 *OD*（或其延长线）于点 *1* 和 *2*。以 *O* 为对称中心，找出 *1* 的对称点 *3* 及 *2* 的对称点 *4*，此 *1*、*2*、*3*、*4* 各点即为所求的四圆心。通过 *2* 和 *1*、*2* 和 *3*、*4* 和 *1*、*4* 和 *3* 各点，分别作连线（图1-56b）。

第三步：分别以 *2* 和 *4* 为圆心，*2C*（或 *4D*）为半径画两弧。再分别以 *1* 和 *3* 为圆心，*1A*（或 *3B*）为半径画两弧，使所画四弧的接点，分别位于 *21*、*23*、*41* 和 *43* 的延长线上，即得所求的椭圆（图1-56c）。

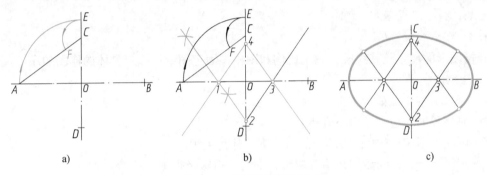

a)　　　　　　　　　　b)　　　　　　　　　　c)

图1-56　椭圆的近似画法

第五节　平面图形的画法

平面图形由许多线段连接而成，这些线段之间的相对位置和连接关系，靠给定的尺寸来确定。画图时，只有通过分析尺寸和线段间的关系，才能明确该平面图形应从何处着手，以及按什么顺序作图。

一、尺寸分析

平面图形中的尺寸，按其作用可分为两类：

（1）定形尺寸　用于确定线段的长度、圆弧的半径（或圆的直径）和角度大小等的尺寸，称为定形尺寸。如图1-57中的15、φ20、*R*10、*R*15、*R*12 等。

（2）定位尺寸　用于确定线段在平面图形中所处位置的尺寸，称为定位尺寸。如图1-57中的尺寸8，确定了 φ5 的圆心位置；75间接地确定了 *R*10 的圆心位置；45确定了 *R*50 圆心的一个坐标值。

尺寸的位置通常由图形的对称线、中心线

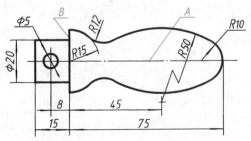

图1-57　手柄平面图

手柄
平面图

或某一轮廓线来确定，它们称为尺寸基准，如图 1-57 中的 A 和 B。

二、线段分析

平面图形中的线段(直线或圆弧)，根据其定位尺寸的完整与否，可分为三类(因为直线连接的作图比较简单，所以这里只讲圆弧连接的作图问题)。

（1）已知圆弧 具有两个定位尺寸的圆弧，如图 1-57 中的 R10。

（2）中间圆弧 具有一个定位尺寸的圆弧，如图 1-57 中的 R50。

（3）连接圆弧 没有定位尺寸的圆弧，如图 1-57 中的 R12。

在作图时，由于已知圆弧有两个定位尺寸，故可直接画出；而中间圆弧虽然缺少一个定位尺寸，但它总是和一个已知线段相连接，利用相切的条件便可画出；连接圆弧则由于缺少两个定位尺寸，因此，唯有借助于它和已经画出的两条线段的相切条件才能画出来。

画图时，应先画已知圆弧，再画中间圆弧，最后画连接圆弧。

三、绘图的方法和步骤

1. 准备工作

分析图形的尺寸及其线段；确定比例和图幅，固定图纸；拟定具体的作图顺序。

2. 绘制底稿

1）画底稿的步骤如图 1-58 所示。

2）画底稿时，应注意以下几点：

① 画底稿用 3H 铅笔，铅芯应经常修磨以保持尖锐。

② 底稿上，各种线型均暂不分粗细，并要画得很轻很细。

3. 铅笔描深底稿

1）描深底稿用 HB 或 B 铅笔。

2）先粗后细。一般应先描深全部粗实线，再描深全部细虚线、细点画线及细实线等，不同线型之间的粗细应符合比例关系。

3）先曲后直。应先描深圆弧和圆，再描深直线。

4）先水平、后垂斜。先用丁字尺自上而下画出全部相同线型的水平线，再用三角板自左向右画出全部相同线型的垂直线，最后画出倾斜的直线。

5）画箭头，填写尺寸数字、标题栏等，此步骤可将图纸从图板上取下来进行。

4. 检查底稿，修正错误

描深后的图如图 1-57 所示。

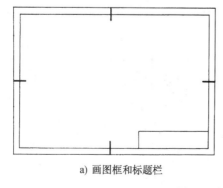
a) 画图框和标题栏

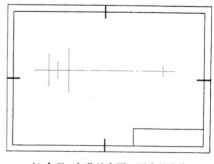
b) 合理、匀称地布图，画出基准线

图 1-58　画底稿的步骤

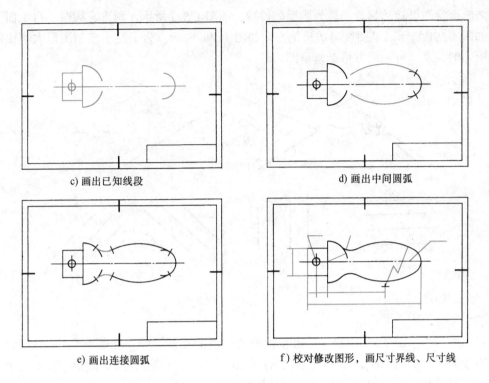

c) 画出已知线段

d) 画出中间圆弧

e) 画出连接圆弧

f) 校对修改图形，画尺寸界线、尺寸线

图 1-58　画底稿的步骤(续)

第六节　徒手画图的方法

　　徒手图也称草图。它是以目测估计图形与实物的比例，按一定画法要求徒手(或部分使用绘图仪器)绘制的图。在生产实践中，经常需要人们通过绘制草图来记录或表达技术思想，因此徒手画图是工程技术人员必备的一项基本技能。在学习本课过程中，应通过实践，逐步地提高徒手画图的速度和技巧。

　　画草图的要求：①画线要稳，图线要清晰；②目测尺寸要准(尽量符合实际)，各部分比例要匀称；③标注尺寸无误，字体工整。

　　画草图的铅笔比用仪器画图的铅笔软一号，削成圆锥形，画粗实线笔尖要秃些，画细线笔尖要尖些。

　　要画好草图，必须掌握徒手绘制各种线条的基本手法。

一、握笔的方法

　　手握笔的位置要比用仪器绘图时高些，以利于运笔和观察目标。笔杆与纸面成 45°~60° 角，执笔要稳而有力。

二、直线的画法

　　画直线时，手腕要靠着纸面。眼应注意终点方向，以便于控制图线。

　　直线的徒手画法如图 1-59 所示。画水平线时，图纸可放斜一点，不要将图纸固定住，以便随时可将图纸转动到画线最为顺手的位置，如图 1-59a 所示。画垂直线时，自上而下运笔，如图 1-59b 所示。画斜线时的运笔方向如图 1-59c 所示。为了便于控制图形大小比例和各图形间的关系，可利用方格纸画草图。

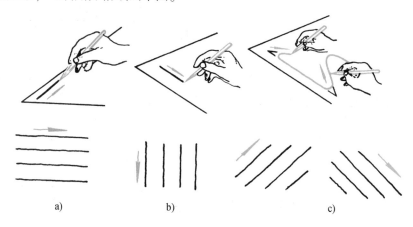

a)   b)   c)

图 1-59　直线的徒手画法

三、常用角度的画法

画 30°、45°、60°等常用角度，可根据两直角边的比例关系，在两直角边上定出几点，然后连线而成，如图 1-60a、b、c 所示。若画 10°、15°、75°等角度，可先画出 30°的角后再二等分、三等分得到，如图 1-60d 所示。

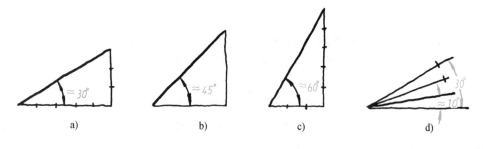

a)   b)   c)   d)

图 1-60　角度的徒手画法

四、圆的画法

画小圆时，先在中心线上定出四个点，然后分两半画出(图 1-61a)。画较大的圆时，可在增加的斜线上再定出四个点，然后分段画出(图 1-61b)。

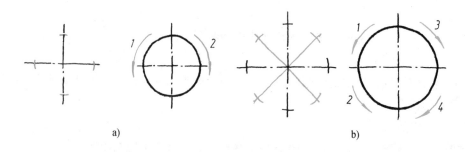

a)   b)

图 1-61　圆的徒手画法

五、圆弧的画法

画圆弧时，先将两直线画成相交，在分角线上定出圆心和一小圆点，再过圆心向两边引垂线定出圆弧的起点和终点，然后画圆弧把三点连接起来（图1-62）。

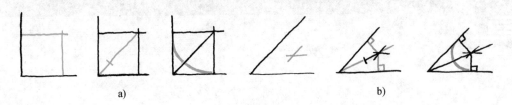

a)   b)

图 1-62 圆弧的徒手画法

六、椭圆的画法

画椭圆时，先目测定出其长、短轴上的四个端点，然后分段画出四段圆弧，画图时应注意图形的对称性（图1-63）。

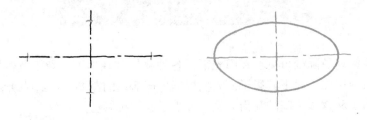

图 1-63 椭圆的徒手画法

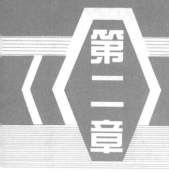

正投影基础

本章主要介绍投影法的基本知识，三视图的形成，点、直线、平面等几何元素的投影，几何体的投影及轴测投影等。这些内容是学习本课程的基础，应充分理解、掌握。

第一节　投影法的基本概念

生活中，投影现象随处可见。在阳光下，各种物体都在地面上留下其落影；在灯光下，桌椅也都在地板或墙面上投下其影子。人们根据生产活动的需要，对这种现象经过科学的抽象，总结出了影子和物体之间的几何关系，逐步形成了投影法。

所谓投影法，就是投射线通过物体，向选定的面投射，并在该面上得到图形的方法。

一、投影法的分类

投影法分为两大类，即中心投影法和平行投影法。

1. 中心投影法

要获得投影，必须具备投射线、物体和投影面这三个基本条件。如图 2-1 所示，将薄板 ABCD 平行地放在投影面 P 和投射中心 S 之间，自 S 分别向 A、B、C、D 引投射线并延长，使之与投影面 P 交于 a、b、c、d，则□abcd 即空间□ABCD 在投影面 P 上的投影。这种投射线汇交一点的投影法，称为中心投影法。

采用中心投影法绘制的图样，具有较强的立体感，因而在建筑工程的外形设计中经常使用，如图 2-2 所示。

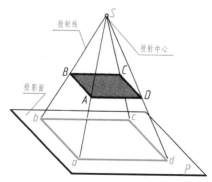

图 2-1　中心投影法

图 2-2　用中心投影法绘制的图样

分析图 2-1 可知，如果改变物体和投射中心的距离，则物体投影的大小将发生变化。由于它不能反映物体的真实形状和大小，故在机械图样中较少使用。

2. 平行投影法

若将图 2-1 中的投射中心 S 移至无限远处，则投射线都相互平行，如图 2-3 所示。这种投射线相互平行的投影法，称为平行投影法。

在平行投影法中，按投射线是否垂直于投影面，又可分为斜投影法和正投影法。

（1）斜投影法　投射线与投影面相倾斜的平行投影法。根据斜投影法所得到的图形，称为斜投影或斜投影图（图 2-3）。

（2）正投影法　投射线与投影面相垂直的平行投影法。根据正投影法所得到的图形，称为正投影或正投影图（图 2-4），可简称为投影。

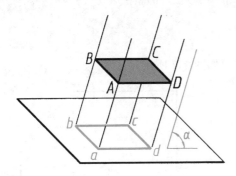

图 2-3　平行投影法——斜投影法

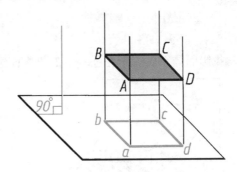

图 2-4　平行投影法——正投影法

因为正投影法的投射线相互平行且垂直于投影面，所以，当空间平面图形平行于投影面时，其投影将反映该平面图形的真实形状和大小，即使改变它与投影面之间的距离，其投影形状和大小也不会改变，而且作图简便，具有很好的度量性，因此绘制机械图样时主要采用正投影法。

二、正投影的基本性质

（1）显实性　当直线或平面与投影面平行时，其直线的投影反映实长、平面的投影反映实形的性质，称为显实性（图 2-5a）。

（2）积聚性　当直线或平面与投影面垂直时，其直线的投影积聚成一点、平面的投影积聚成一条直线的性质，称为积聚性（图 2-5b）。

（3）类似性　当直线或平面与投影面倾斜时，其直线的投影仍为直线、平面的投影仍与原来的形状相类似的性质，称为类似性（图 2-5c）。

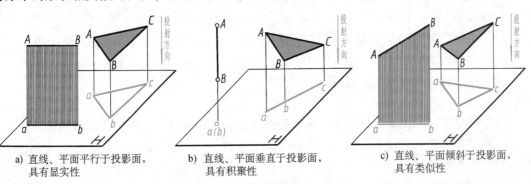

a）直线、平面平行于投影面，具有显实性　　b）直线、平面垂直于投影面，具有积聚性　　c）直线、平面倾斜于投影面，具有类似性

图 2-5　正投影的基本性质

微课：
三视图

第二节 三面视图

一、视图的基本概念

用正投影法绘制出的物体的图形，称为视图。

应当指出，视图并不是观察者看物体所得到的直觉印象，而是把物体放在观察者和投影面之间，将观察者的视线设想成一组相互平行且与投影面垂直的投射线，对物体进行投射所获得的正投影图，其投射情况如图 2-6 所示。

工程上一般需用多面视图表示物体的形状。常用的是三面视图。

二、三视图的形成过程

1. 三投影面体系的建立

三投影面体系由三个相互垂直的投影面组成，如图 2-7 所示。

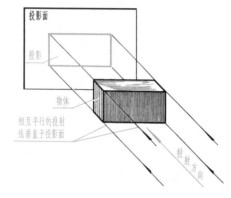

图 2-6　获得视图的投射情况

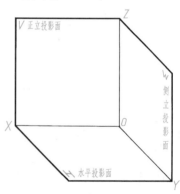

图 2-7　三投影面体系

三个投影面分别为

1）正立投影面，简称正面，用 V 表示。

2）水平投影面，简称水平面，用 H 表示。

3）侧立投影面，简称侧面，用 W 表示。

相互垂直的投影面之间的交线，称为投影轴，它们分别为

1）OX 轴（简称 X 轴），是 V 面与 H 面的交线，它代表长度方向。

2）OY 轴（简称 Y 轴），是 H 面与 W 面的交线，它代表宽度方向。

3）OZ 轴（简称 Z 轴），是 V 面与 W 面的交线，它代表高度方向。

三根投影轴相互垂直，其交点 O 称为原点。

2. 物体在三投影面体系中的投影

将物体放置在三投影面体系中，按正投影法向各投影面投射，即可分别得到物体的正面投影、水平投影和侧面投影，如图 2-8a 所示。

3. 三投影面的展开

为了画图方便，需将相互垂直的三个投影面摊平在同一个平面上。规定：正立投影面不

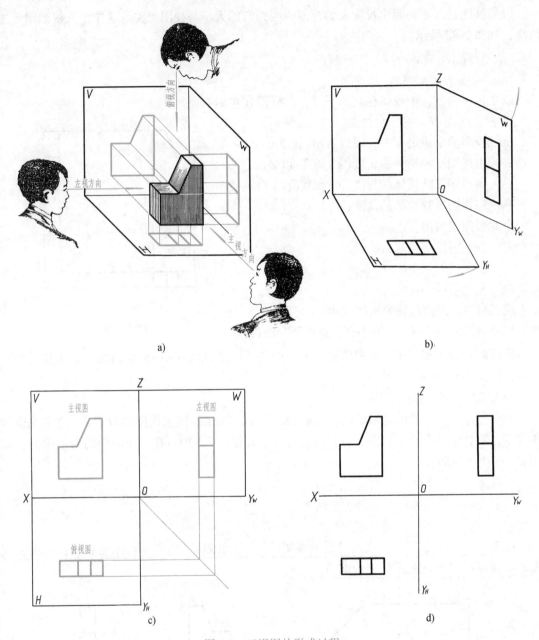

图 2-8 三视图的形成过程

动，将水平投影面绕 OX 轴向下旋转 90°，将侧立投影面绕 OZ 轴向右旋转 90°（图 2-8b），分别重合到正立投影面上（这个平面就是图纸），如图 2-8c 所示。应注意，水平投影面和侧立投影面旋转时，OY 轴被分为两处，分别用 OY_H（在 H 面上）和 OY_W（在 W 面上）表示。

在机械制图中，将用正投影法绘制出的物体的多面投影图，称为视图。

——物体在正立投影面上的投影，也就是由前向后投射所得的视图，称为主视图；

——物体在水平投影面上的投影，也就是由上向下投射所得的视图，称为俯视图；

——物体在侧立投影面上的投影，也就是由左向右投射所得的视图，称为左视图，如图 2-8c 所示。

以后画图时，不必画出投影面的范围，因为它的大小与视图无关。这样，三视图则更加清晰，如图2-8d所示。

三、三视图之间的对应关系

1. 三视图的位置关系

以主视图为准，俯视图在它的下面，左视图在它的右面。

2. 三视图间的"三等"关系

从三视图的形成过程中，可以看出(图2-9)：

——主视图反映物体的长度(X)和高度(Z)；

——俯视图反映物体的长度(X)和宽度(Y)；

——左视图反映物体的高度(Z)和宽度(Y)。

由此可归纳得出：

主、俯视图——长对正(等长)；

主、左视图——高平齐(等高)；

俯、左视图——宽相等(等宽)。

应当指出，无论是整个物体或物体的局部，其三面投影都必须符合"长对正、高平齐、宽相等"的规律。

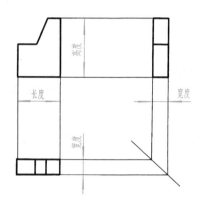

图2-9 三视图间的"三等"关系

作图时，为了实现俯、左视图宽相等，可利用自点 O 所作的45°辅助线，来求得其对应关系，如图2-8c和图2-9所示。

3. 视图与物体的方位关系

所谓方位关系，指的是以绘图者(或看图者)面对正面(即主视图的投射方向)来观察物体为准，看物体的上、下、左、右、前、后六个方位(图2-10a)在三视图中的对应关系，如图2-10b所示，即

主视图——反映物体的上下和左右；

俯视图——反映物体的左右和前后；

左视图——反映物体的上下和前后。

由图2-10可知，俯、左视图靠近主视图的一侧(里侧)，均表示物体的后面；远离主视图的一侧(外侧)，均表示物体的前面。

三视图的
形成

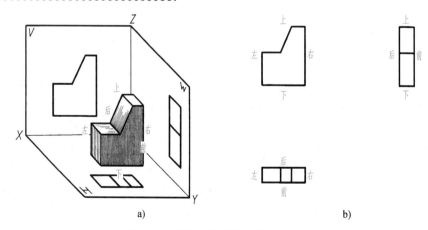

a)   b)

图2-10 视图与物体的方位对应关系

四、三视图的作图方法与步骤

根据物体(或轴测图,见图 2-11a)画三视图时,首先应分析其结构形状,摆正物体(使其主要表面与投影面平行),选好主视图的投射方向,再确定绘图比例和图纸幅面。

作图时,应先画出三视图的定位线,再根据"长对正、高平齐、宽相等"的投影规律,按物体的组成部分及其相对位置,依次画出底板、半圆板、矩形板的三视图,作图步骤如图 2-11b、c、d 所示(物体上不可见的轮廓线,需用细虚线表示)。

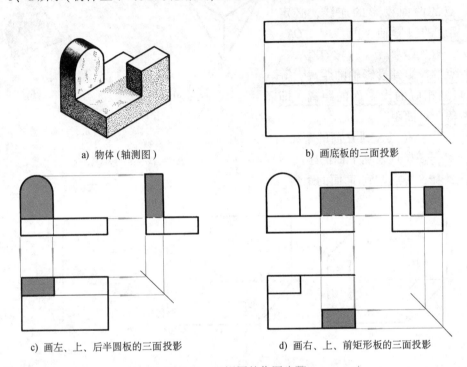

a) 物体(轴测图)　　　　　　b) 画底板的三面投影

c) 画左、上、后半圆板的三面投影　　　d) 画右、上、前矩形板的三面投影

图 2-11　三视图的作图步骤

第三节　点 的 投 影

微课:
点的投影

点是最基本的几何要素。为了迅速而正确地画出物体的三视图,首先必须掌握点的投影规律。

例如图 2-12b 所示的正三棱锥,由 $\triangle SAB$、$\triangle SBC$、$\triangle SAC$ 和 $\triangle ABC$ 四个棱面所组成,各棱面分别交于棱线 SA、SB……各棱线分别汇交于顶点 A、B、C、S。显然,绘制三棱锥的三视图,实质上就是画出这些顶点的三面投影,然后依次连线而成,如图 2-12a 所示。

一、点的三面投影

如图 2-13a 所示,求点 S 的三面投影,就是由点 S 分别向三个投影面作垂线,其垂足 s、s'、s'' 即为点 S 的三面投影图[⊖]。移去空间点 S,将 H、W 面按箭头所指的方向(图 2-13b)旋

⊖　本书关于空间点及其投影的标记,空间点用大写字母表示,如 A、B、C……;水平面投影用相应的小写字母表示,如 a、b、c……;正面投影用相应的小写字母加一撇表示,如 a'、b'、c'……;侧面投影用相应的小写字母加两撇表示,如 a''、b''、c''……。

转至与 V 面在同一个平面上，便得到点 S 的三面投影图(图 2-13c)。图中 s_x、s_{yH}、s_{yW}、s_z 分别为点的投影连线与投影轴 OX、OY、OZ 的交点。

通过点的三面投影图的形成过程，可总结出点的投影规律：

1) 点的两面投影的连线，必定垂直于相应的投影轴。即：$ss' \perp OX$，$s's'' \perp OZ$，$ss_{yH} \perp OY_H$，$s''s_{yW} \perp OY_W$。

2) 点的投影到投影轴的距离，等于空间点到相应的投影面的距离，即"影轴距等于点面距"。

$s's_x = s''s_y = Ss$(点 S 到 H 面的距离)；
$ss_x = s''s_z = Ss'$(点 S 到 V 面的距离)；
$ss_y = s's_z = Ss''$(点 S 到 W 面的距离)。

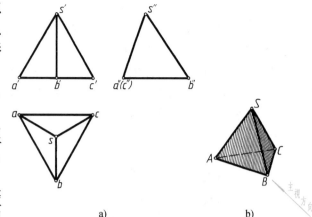

a)   b)

图 2-12　物体上点的投影分析示例

点的三面投影

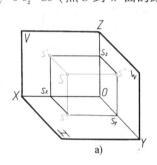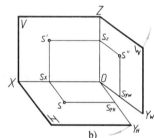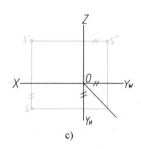

a)   b)   c)

图 2-13　点的三面投影

二、点的投影与直角坐标的关系

点的空间位置可用直角坐标来表示。即把投影面当作坐标面，投影轴当作坐标轴，三个轴的交点 O 即为坐标原点。从图 2-14a 可以看出，空间点 S 到 W 面的距离 Ss'' 平行且等于 OX 轴上的线段 Os_x。把 Os_x 称为点 S 的 X 坐标，并以 x 表示。对其他两个方向做类似的推导，即可得出点的坐标与到投影面距离的关系(图 2-14b)：

点的投影与直角坐标的关系

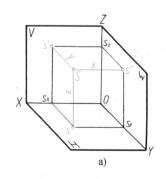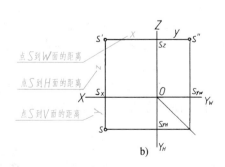

点 S 到 W 面的距离
点 S 到 H 面的距离
点 S 到 V 面的距离

a)   b)

图 2-14　点的投影与直角坐标的关系

$x = Os_x = Ss''$（点 S 到 W 面的距离）；

$y = Os_y = Ss'$（点 S 到 V 面的距离）；

$z = Os_z = Ss$（点 S 到 H 面的距离）。

点 S 坐标的规定书写形式为 $S(x, y, z)$。

由此可见，点的投影与其坐标是一一对应的。因此，可以直接从点的投影图中量得点的各向坐标，或根据点的投影确定点的空间位置。反之，根据点的坐标，可以直接判定点的空间位置，并画出其点的三面投影图。

例1 已知点的两面投影求第三面投影，并确定点的空间位置。

根据点的投影规律，过点的已知投影按箭头所指的方向，作相应投影轴的垂线，则两垂线的交点即为所求。作图步骤分别如图 2-15、图 2-16 所示。

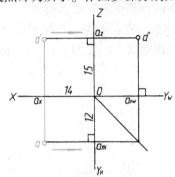 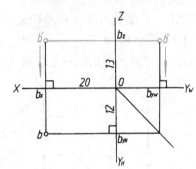

图 2-15　已知 a、a'，求 a''　　　　　图 2-16　已知 b'、b''，求 b

点的空间位置：可以通过点的投影到投影轴的距离确定，也可以由点的坐标确定。即点 A 在距 H 面 15、距 V 面 12、距 W 面 14（图 2-15）的空间位置上，点 B 在距 H 面 13、距 V 面 12、距 W 面 20（图 2-16）的空间位置上。

例2 已知点 $A(17, 10, 20)$，判定点 A 的空间位置，并求点 A 的三面投影图（图2-17）。

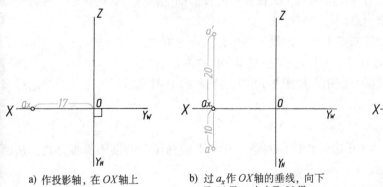 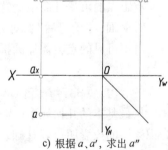

a) 作投影轴，在 OX 轴上　　b) 过 a_x 作 OX 轴的垂线，向下　　c) 根据 a、a'，求出 a''
　 取17，得 a_x 点　　　　　　 取10得 a，向上取20得 a'

图 2-17　已知点的坐标求作投影图

点 A 的空间位置，可直接由点的坐标 $(17, 10, 20)$ 判定，即点 A 在距 W 面为 17（由 x 坐标判定）、距 V 面为 10（由 y 坐标判定）、距 H 面为 20（由 z 坐标判定）的空间位置上。

求点 A 三面投影图的作图步骤，如图2-17a、b、c 所示。

三、两点的相对位置

两点在空间的相对位置，可以由两点的三向坐标差来确定，如图 2-18 所示。

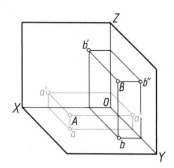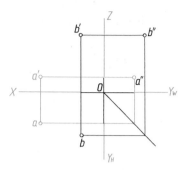

图 2-18　两点的相对位置

两点的左、右位置由 X 坐标差确定，X 坐标值大者在左，故点 A 在点 B 的左方；

两点的前、后位置由 Y 坐标差确定，Y 坐标值大者在前，故点 A 在点 B 的后方；

两点的上、下位置由 Z 坐标差确定，Z 坐标值大者在上，故点 A 在点 B 的下方。

在图 2-19 所示 E、F 两点的投影中，e' 和 f' 重合，这说明 E、F 两点的 X、Z 坐标相同，即 E、F 两点处于对正面的同一条投射线上。

重影点的
概念

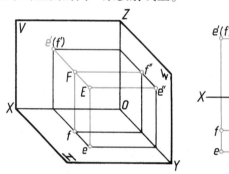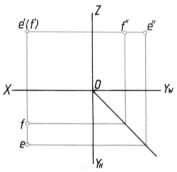

图 2-19　利用两点不重影的坐标大小判别重影点的可见性

可见，共处于同一条投射线上的两点，必在相应的投影面上具有重合的投影。这两个点被称为对该投影面的一对重影点。

重影点的可见性需根据这两点不重影的投影的坐标大小来判别：

对 V 面，"前遮后"；对 H 面，"上遮下"；对 W 面，"左遮右"。

对不可见的点，需加圆括号表示。如图 2-19 中，点 F 的 V 面投影不可见，加圆括号表示为 (f')。

四、读点的投影图

从最基本的几何元素(点)开始讨论读图问题，有利于培养正确的读图思维方式，从而为识读体的投影图打好基础。

例 3　识读 A、B 两点的三面投影图(图2-20a)。

读两点的投影图，首先应分析每个点的空间位置，再根据其坐标确定两点的相对位置。

从图中可见，点 B 的 V、W 面投影 b'、b'' 分别在 OX、OY_W 轴上，说明点 B 的 Z 坐标为 0，点 B 在 H 面上，水平投影 b 与其重合(点 A 的分析从略)。

判别 A、B 两点的空间位置：

左、右相对位置：$x_B - x_A = 7\text{mm}$，故点 A 在点 B 右方 7mm；

前、后相对位置：$y_A - y_B = 9\text{mm}$，故点 A 在点 B 前方 9mm；

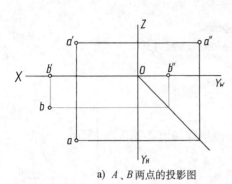

a) A、B 两点的投影图　　　　　　b) A、B 两点的空间位置

图 2-20　识读 A、B 两点的投影图

上、下相对位置：$z_A - z_B = 9\text{mm}$，故点 A 在点 B 上方 9mm。

即点 A 在点 B 的右方 7mm、前方和上方各 9mm 处。

至此，看图的任务似乎已经完成。其实不然，还应在此基础上，通过"想象"建立起空间概念，即在脑海中呈现出如图2-20b 所示的立体状态，这样才算真正将图看懂。

下面，以识读点 A 的投影图（图 2-21a）为例，说明"想象"点 A 空间位置的过程，具体如图 2-21b、c 所示。

根据投影图，想象空间点位置的过程

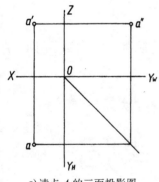
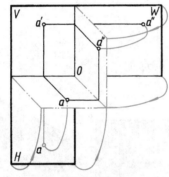
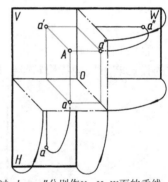

a) 读点 A 的三面投影图　　　b) 将 H、W 面转回90°，　　　c) 过 a′、a、a″分别作 V、H、W 面的垂线，
　　　　　　　　　　　　　　使其与 V 面垂直　　　　　　　交点即为点 A 的空间位置

图 2-21　根据投影图，想象空间点位置的过程

因为图 2-21b、c 这种图比较难画，所以通常可以用简化的轴测图（画法如图 2-22 所示）代替，其直观效果与图 2-21b、c 是一样的。

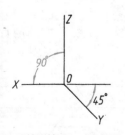
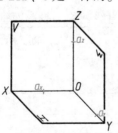
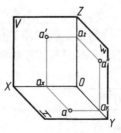
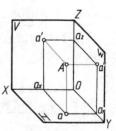

a) 画轴测轴 OX、OY、OZ　　b) 画投影面，在轴上取点　　c) 作点 A 的三面投影　　d) 过 a、a′、a″分
　　　　　　　　　　　　　　的坐标　　　　　　　　　　　　　　　　　　　　　　别作 H、V、W 面
　　　　　　　　　　　　　　　　　　　　　　　　　　　　　　　　　　　　　　的垂线，交点即为
　　　　　　　　　　　　　　　　　　　　　　　　　　　　　　　　　　　　　　点 A 的轴测图

图 2-22　作点的轴测图的步骤

第四节 直线的投影

本节所研究的直线，均指直线的有限长度——线段。

一、直线的三面投影

直线的投影一般仍是直线（图 2-23a），其作图步骤如图 2-23b、c 所示。

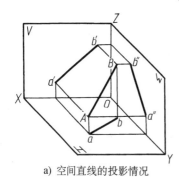
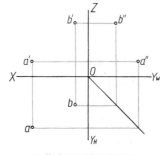
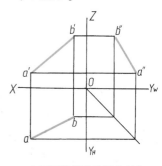

a）空间直线的投影情况　　　　b）作直线两端点的投影　　　　c）同面投影连线即为所求

图 2-23　直线的三面投影

二、各种位置直线的投影特性

直线相对于投影面的位置共有三种情况：①垂直；②平行；③倾斜。由于位置不同，直线的投影有不同的投影特性，如图 2-24 所示。

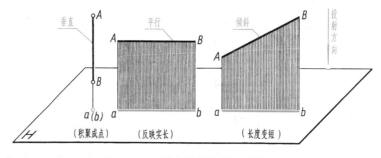

图 2-24　直线对投影面的三种位置

1. 特殊位置直线

（1）投影面垂直线　垂直于一个投影面的直线，称为投影面垂直线。

垂直于 H 面的直线，称为铅垂线；垂直于 V 面的直线，称为正垂线；垂直于 W 面的直线，称为侧垂线。它们的投影图例及其投影特性，见表 2-1。

表 2-1　投影面垂直线的投影特性

名　称	铅垂线（⊥H）	正垂线（⊥V）	侧垂线（⊥W）
实例			

(续)

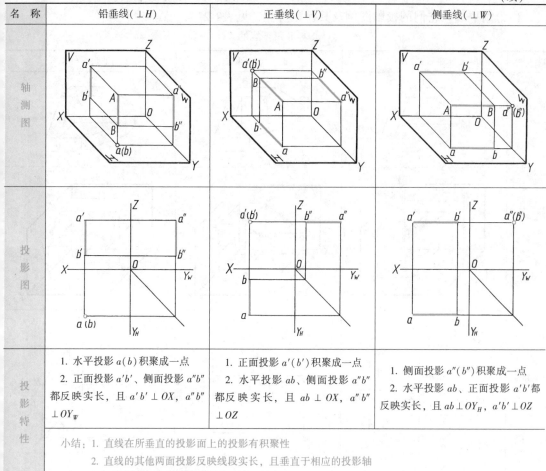

名　称	铅垂线（⊥H）	正垂线（⊥V）	侧垂线（⊥W）
轴测图			
投影图			
投影特性	1. 水平投影 $a(b)$ 积聚成一点 2. 正面投影 $a'b'$、侧面投影 $a''b''$ 都反映实长，且 $a'b' \perp OX$，$a''b'' \perp OY_W$	1. 正面投影 $a'(b')$ 积聚成一点 2. 水平投影 ab、侧面投影 $a''b''$ 都反映实长，且 $ab \perp OX$，$a''b'' \perp OZ$	1. 侧面投影 $a''(b'')$ 积聚成一点 2. 水平投影 ab、正面投影 $a'b'$ 都反映实长，且 $ab \perp OY_H$，$a'b' \perp OZ$

小结：1. 直线在所垂直的投影面上的投影有积聚性

　　　2. 直线的其他两面投影反映线段实长，且垂直于相应的投影轴

投影面垂直线投影的内容全都汇集于表2-1中，阅读时应注意以下几点：

1）表中的竖向内容（从上到下）："实例"说明直线取自于体（足见几何元素的投影绝非虚无缥缈）；"轴测图"表示直线的空间投射情况；"投影图"为投影结果——平面图；"投影特性"是投影规律的总结。它们示出了由"物"到"图"的转化（画图）过程。反过来——自下而上，则表明由"图"到"物"的转化（读图）过程。阅读时，就是要抓住物（轴测图）、图（投影图）的相互转化，并应将这种思路、方法贯穿到本课程学习的始终，且应特别强化这种逆向训练。方法：根据"投影特性"中的文字表述内容，画出投影草图，再据此勾勒出轴测图。因为这些都是在想象中进行的，所以对培养空间想象能力和思维能力有莫大帮助。

2）要熟记各种位置直线的名称及投影图特征，其程度应达到：说出直线的名称，即可画出其三面投影图；一看投影图，便能说出其直线的名称。

3）要反复地练，变着法地练。例如，可将教室的墙面当作投影面或自做投影箱，以铅笔当直线进行比示等（表2-2～表2-4均应采用以上阅读方法）。

（2）投影面平行线　平行于一个投影面的直线，称为投影面平行线。

平行于 H 面的直线，称为水平线；平行于 V 面的直线，称为正平线；平行于 W 面的直线，称为侧平线。它们的投影图例及其投影特性，见表2-2。

表 2-2　投影面平行线的投影特性

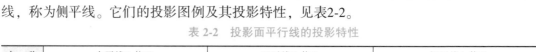

名　称	水平线($/\!/H$)	正平线($/\!/V$)	侧平线($/\!/W$)
实例			
轴测图			
投影图			
投影特性	1. 水平投影 $ab = AB$ 2. 正面投影 $a'b' /\!/ OX$，侧面投影 $a''b'' /\!/ OY_W$，都不反映实长	1. 正面投影 $a'b' = AB$ 2. 水平投影 $ab /\!/ OX$，侧面投影 $a''b'' /\!/ OZ$，都不反映实长	1. 侧面投影 $a''b'' = AB$ 2. 水平投影 $ab /\!/ OY_H$，正面投影 $a'b' /\!/ OZ$，都不反映实长
	小结：1. 直线在所平行的投影面上的投影反映实长 　　　2. 直线的其他两面投影平行于相应的投影轴		

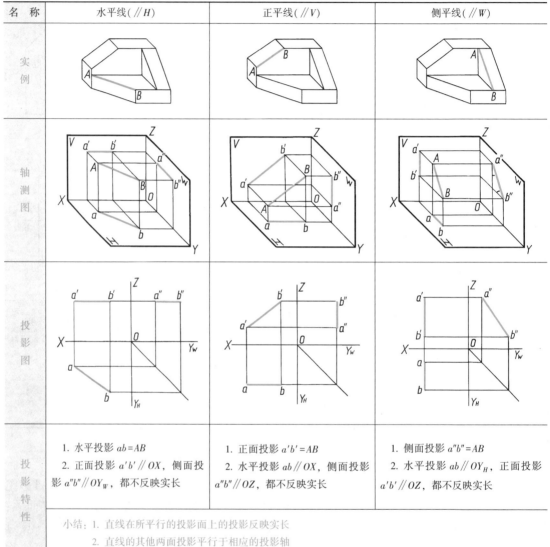

2. 一般位置直线

对三个投影面都倾斜的直线，称为一般位置直线。图 2-23 所示为一般位置直线，其投影特性如下：

1) 一般位置直线的各面投影都与投影轴倾斜。

2) 一般位置直线的各面投影的长度均小于实长。

三、直线上的点

如图 2-25a、b 所示，点在直线上，则点的投影必在该直线的同面投影上。反之，如果点的各投影均在直线的各同面投影上，则点必在该直线上。

图 2-26a 表示了已知直线 *AB* 的三面投影和直线上点 *C* 的水平投影 *c*，求点 *C* 的正面投影 *c′* 和侧面投影 *c″* 的作图情况，如图 2-26b 所示。

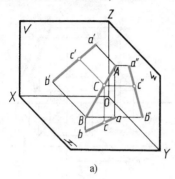 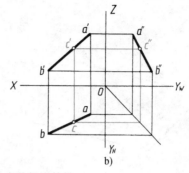

a)　　　　　　　　　　　　b)

图 2-25　属于直线的点的投影特性

四、读直线的投影图

读直线的投影图，就是根据其投影想象直线的空间位置。

例如，识读图 2-27a 所示 *AB* 直线的投影。根据直线的投影特性"三面投影都与投影轴倾斜"，可以直接判定 *AB* 为一般位置直线，"走向"为从左、前、下方向右、后、上方倾斜。

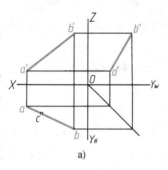

a)　　　　　　　　　　b)

图 2-26　求属于直线的点的投影

但应指出，看图时不能只根据"投影图"机械地套用"投影特性"而加以判断。关键是要建立起空间概念，即在脑海中呈现出直线投射的立体情况（如图 2-27b 所示，其想象过程与想象点的空间位置一脉相传。图 2-27c 为其轴测图）。有了这样的思路，再运用直线的投影特性判定直线的空间位置，才是正确的看图方法。

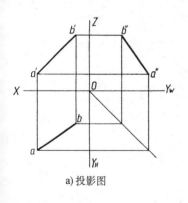 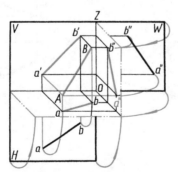

a) 投影图　　　　　b) 想象直线空间位置的过程　　　　c) 轴测图

图 2-27　直线投影图的读法

五、两直线的相对位置

空间两直线的相对位置有平行、相交和交叉等三种情况，它们的投影特性分述如下。

1. 平行两直线

空间相互平行的两直线，它们的各组同面投影也一定相互平行。

如图 2-28 所示，$AB /\!/ CD$，则 $ab /\!/ cd$、$a'b' /\!/ c'd'$、$a''b'' /\!/ c''d''$。

反之，如果两直线的各组同面投影都相互平行，则可判定它们在空间也一定相互平行。

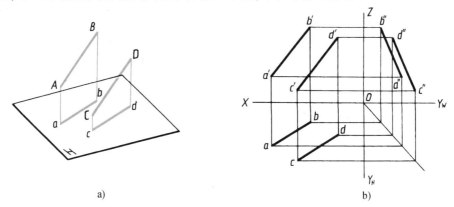

图 2-28　平行两直线的投影

2. 相交两直线

空间相交的两直线，它们的各组同面投影也一定相交，交点为两直线的共有点，且应符合点的投影规律。

如图 2-29 所示，直线 AB 和 CD 相交于点 K，点 K 是直线 AB 和 CD 的共有点。根据点属于直线的投影特性，可知 k 既属于 ab，又属于 cd，即 k 一定是 ab 和 cd 的交点。同理，k' 必定是 $a'b'$ 和 $c'd'$ 的交点；k'' 也必定是 $a''b''$ 和 $c''d''$ 的交点。由于 k、k' 和 k'' 是同一点 K 的三面投影，因此，k、k' 的连线垂直于 OX 轴，k' 和 k'' 的连线垂直于 OZ 轴。

反之，如果两直线的各组同面投影都相交，且交点符合点的投影规律，则可判定这两直线在空间也一定相交。

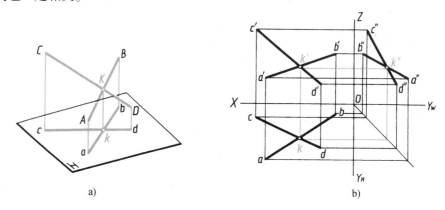

图 2-29　相交两直线的投影

3. 交叉两直线

在空间既不平行也不相交的两直线，称为交叉两直线，又称异面直线，如图 2-30 所示。

因 AB、CD 不平行，它们的各组同面投影不会都平行(可能有一两组平行)；又因 AB、CD 不相交，各组同面投影交点的连线不会垂直于相应的投影轴，即不符合点的投影规律。

反之，如果两直线的投影不符合平行或相交两直线的投影规律，则可判定为空间交叉两直线。

那么，ab、cd 的交点又有什么意义呢？它实际上是 AB 上的 Ⅱ点和 CD 上的 Ⅰ点这一对重影点在 H 面上的投影。

从正面投影可以看出：$z_{Ⅱ}>z_{Ⅰ}$。对水平投影来说，Ⅱ在上可见，而Ⅰ在下不可见，故标记为 $2(1)$。

$a'b'$ 与 $c'd'$ 的交点，则是 CD 上的 Ⅲ点和 AB 上的 Ⅳ点这一对重影点在 V 面上的投影。由于 $y_{Ⅲ}>y_{Ⅳ}$，Ⅲ在前可见，而Ⅳ在后不可见，故标记为 $3'(4')$。

对于交叉两直线来说，在三个投射方向上都可能有重影点。

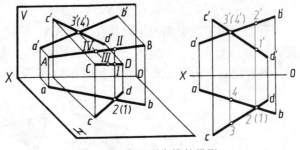

图 2-30　交叉两直线的投影

第五节　平面的投影

一、平面的三面投影

不属于同一直线的三点可确定一平面。因此，平面可以用下列任何一组几何要素的投影来表示（图 2-31）。

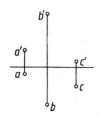 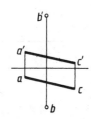 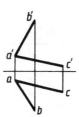 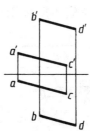 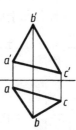

a) 不在同一直线上的三点　　b) 一直线和线外一点　　c) 相交两直线　　d) 平行两直线　　e) 任意平面图形

图 2-31　平面的表示法

本节所研究的平面，多指平面的有限部分，即平面图形。

平面图形的边和顶点，是由一些线段（直线段或曲线段）及其交点组成的。因此，这些线段的投影的集合，就表示了该平面图形。先画出平面图形各顶点的投影，然后将各点同面投影依次连接，即平面图形的投影，如图 2-32 所示。

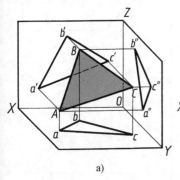 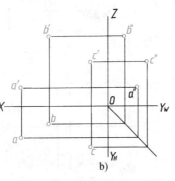

　　　　　　　a)　　　　　　　　　　　　　b)　　　　　　　　　　　　　c)

图 2-32　平面图形的三面投影

二、各种位置平面的投影特性

平面相对于投影面的位置共有三种情况：①平行于投影面；②垂直于投影面；③倾斜于投影面。

各种位置平面的投影特性，如图 2-33 所示。

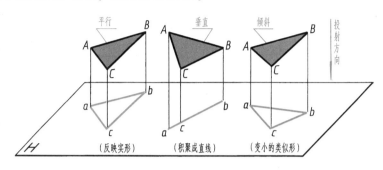

图 2-33　各种位置平面的投影特性

1. 特殊位置平面

（1）投影面平行面　平行于一个投影面而垂直于其他两个投影面的平面，称为投影面平行面。

平行于 H 面的平面，称为水平面；平行于 V 面的平面，称为正平面；平行于 W 面的平面，称为侧平面。它们的投影图例及其投影特性，见表 2-3。

表 2-3　投影面平行面的投影特性

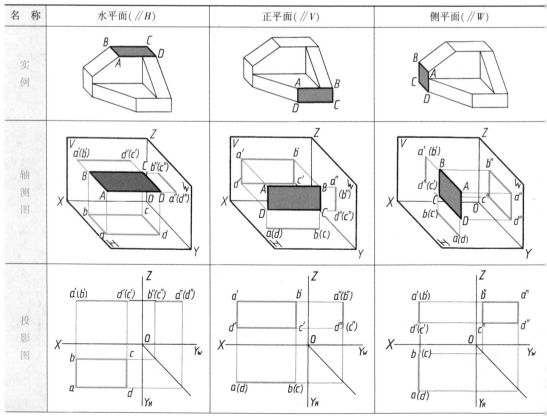

名　称	水平面（∥H）	正平面（∥V）	侧平面（∥W）
投影特性	1. 水平投影反映实形 2. 正面投影为有积聚性的直线段，且平行于 OX 轴 3. 侧面投影为有积聚性的直线段，且平行于 OY_W 轴	1. 正面投影反映实形 2. 水平投影为有积聚性的直线段，且平行于 OX 轴 3. 侧面投影为有积聚性的直线段，且平行于 OZ 轴	1. 侧面投影反映实形 2. 水平投影为有积聚性的直线段，且平行于 OY_H 轴 3. 正面投影为有积聚性的直线段，且平行于 OZ 轴
	小结：1. 平面在所平行的投影面上的投影反映实形 　　　2. 平面的其他两面投影均积聚成直线，且平行于相应的投影轴		

（2）**投影面垂直面**　垂直于一个投影面而对其他两个投影面倾斜的平面，称为投影面垂直面。

　　垂直于 H 面的平面，称为铅垂面；垂直于 V 面的平面，称为正垂面；垂直于 W 面的平面，称为侧垂面。它们的投影图例及其投影特性，见表 2-4。

表 2-4　投影面垂直面的投影特性

投影面垂直面的投影特性

名　称	铅垂面（⊥H）	正垂面（⊥V）	侧垂面（⊥W）
实例			
轴测图			
投影图			
投影特性	1. 水平投影积聚成一条与投影轴倾斜的直线 2. 正面投影和侧面投影均为原形的类似形	1. 正面投影积聚成一条与投影轴倾斜的直线 2. 水平投影和侧面投影均为原形的类似形	1. 侧面投影积聚成一条与投影轴倾斜的直线 2. 正面投影和水平投影均为原形的类似形
	小结：1. 平面在所垂直的投影面上的投影积聚成直线 　　　2. 平面的其他两面投影均为原形的类似形		

2. 一般位置平面

对三个投影面都倾斜的平面，称为一般位置平面，如图 2-32 所示。

由于一般位置平面对三个投影面都倾斜，所以它的三面投影都不可能积聚成直线，也不可能反映实形，而是小于原平面图形的类似形。

三、平面的迹线表示法

1. 平面迹线的概念

平面与投影面的交线，称为平面的迹线。图 2-34 中的平面 P，它与 H 面的交线称为水平迹线，用 P_H 表示；与 V 面的交线称为正面迹线，用 P_V 表示；与 W 面的交线称为侧面迹线，用 P_W 表示。既然任何两条迹线（如 P_H 和 P_V）都是属于平面 P 的相交两直线，故可以用迹线来表示该平面。

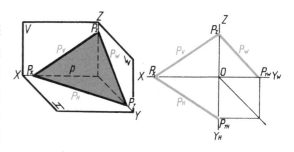

图 2-34　用迹线表示平面

2. 特殊位置平面的迹线

用迹线表示特殊位置平面，在作图中经常用到。如图 2-35 所示，正垂面 P 的正面迹线 P_V 一定与 OX 轴倾斜（$P_H \perp OX$，$P_W \perp OZ$，P_H 和 P_W 均可不画出）；正平面 Q 的水平迹线 Q_H 和侧面迹线 Q_W 一定分别与 OX 轴和 OZ 轴平行，如图 2-36 所示。

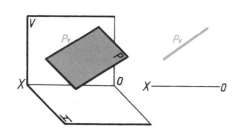

图 2-35　正垂面的迹线表示法

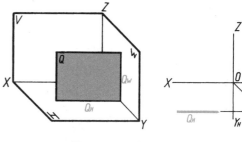

图 2-36　正平面的迹线表示法

四、平面上的直线和点

直线在平面上的条件：

1）一直线经过平面上的两点。

2）一直线经过平面上的一点，且平行于该平面上的另一已知直线。

例 1　已知平面 $\triangle ABC$，试作出该平面上的任一直线（图 2-37）。

作法 1　根据"一直线经过平面上的两点"的条件作图（图 2-37a）。

任取直线 AB 上的一点 M，它的投影分别为 m 和 m'；再取直线 BC 上的一点 N，它的投影分别为 n 和 n'；连接两点的同面投影。由于 M、N 皆在平面上，所以 mn 和 $m'n'$ 所表示的直线 MN 必在 $\triangle ABC$ 平面上。

作法 2　根据"一直线经过平面上的一点，且平行于该平面上的另一已知直线"的条件作图（图 2-37b）。

经过平面上的任一点 $M(m, m')$，作直线 $MD(md, m'd')$ 平行于已知直线 $BC(bc, b'c')$，则直线 MD 必在 $\triangle ABC$ 平面上。

点在平面上的条件：

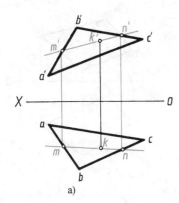

图 2-37　取平面上的直线和点

若点在一直线上，直线在该平面上，则点必在该平面上。

因此，在平面上取点时，首先应在平面上取直线，再在该线上取点。

图 2-37a 表示了在△ABC 平面的直线 MN 上取一点 K 的作图法。由于 K 在 MN 上，所以根据点在直线上的投影特性可知，k' 在 $m'n'$ 上（图 2-37a），再过 k' 作 OX 轴的垂线，交 mn 于 k，则 k 和 k' 即为点 K 的两面投影。

例 2　已知△ABC 平面上点 E 的正面投影 e' 和点 F 的水平投影 f，试求它们的另一面投影（图 2-38a）。

分析　因为点 E、F 均在△ABC 平面上，故过 E、F 各作一条属于△ABC 平面的直线，则点 E、F 的两个投影必在相应直线的同面投影上。

作图（图 2-38b）　①过 E 作直线 Ⅰ Ⅱ 平行 AB，即过 e' 作 $1'2' \ /\!/ \ a'b'$，再求出水平投影 12；然后过 e' 作 OX 轴的垂线与 12 相交，交点即为点 E 的水平投影 e；②过 F 和定点 A 作直线，即过 f 作直线的水平投影 fa，fa 交 bc 于 3，再求出正面投影 $3'$；③然后过 f 作 OX 轴的垂线与 $a'3'$ 的延长线相交，交点即为点 F 的正面投影 f'。

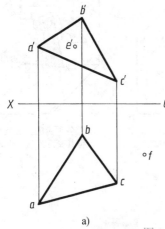

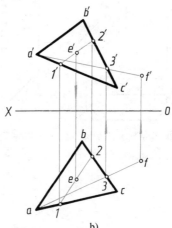

图 2-38　取平面上的点

例 3　已知四边形 ABCD 的正面投影和 BC、CD 两边的水平投影，试完成四边形的水平投影（图 2-39a）。

分析　BC 和 CD 是相交两直线，现已知其两面投影，故该平面是已知的。而点 A 是该平面上的一点，故可应用在平面上取点的方法求点 A 的水平投影。

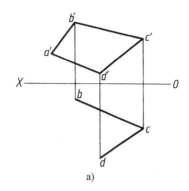
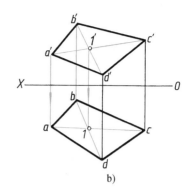

图 2-39 完成四边形的水平投影

作图（图 2-39b） ①连接 *b′d′* 和 *bd*；②连接 *a′c′*，并与 *b′d′* 相交于 *1′*；③由 *1′* 引 *OX* 轴的垂线，并与 *bd* 相交于 *1*；④连接 *c1* 并延长，与从 *a′* 向 *OX* 轴所作的垂线交于 *a*，即为点 *A* 的水平投影；⑤连 *ab* 和 *ad*，即完成四边形 *ABCD* 的水平投影。

五、读平面的投影图

读平面投影图的要求是：想象出所示平面的形状和空间位置。

下面以图 2-40 为例，说明其读图方法。

根据三面投影均为类似形的情况，可判定该平面的原

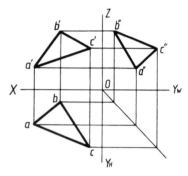

图 2-40 读平面的三面投影图

形是三角形，为一般位置平面。据此，还应进一步想象平面的具体形象（如空间位置、倾斜方向等），其想象过程如图 2-41 所示，图 2-41c 为想象的结果（此图即为轴测图）。

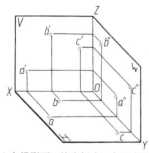

a）立投影面，按坐标求三角形各顶点的三面投影

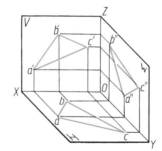

b）将各顶点的同面投影连线，得三角形平面的三面投影

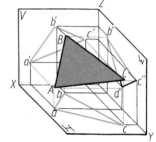

c）过各顶点的投影反作投射线，将其交点连线，即得 △*ABC*

图 2-41 读平面投影图的思维过程

第六节 几何体的投影

几何体分为平面立体和曲面立体两类。表面均为平面的立体，称为平面立体；表面为曲面或曲面与平面的立体，称为曲面立体。

一、平面立体

由于平面立体的表面都是平面，因此绘制平面立体的三视图，就可归结为绘制各个表面（棱面）的投影的集合。由于平面图形由直线段组成，而每条线段都可由其两端点确定，因此作平面立体的三视图，又可归结为其各表面的交线（棱线）及各顶点的投影的集合。

1. 棱柱体

（1）棱柱体的三视图　图2-42a 表示一个正三棱柱的投射情况。棱柱的三角形顶面和底面为水平面，三个侧棱面（均为矩形）中，后面是正平面，其余两侧棱面为铅垂面，三条侧棱线为铅垂线。画三视图时，先画顶面和底面的三面投影，再画三条侧棱的三面投影。画完面与棱线的投影后，即得该三棱柱的三视图，如图2-42b 所示。

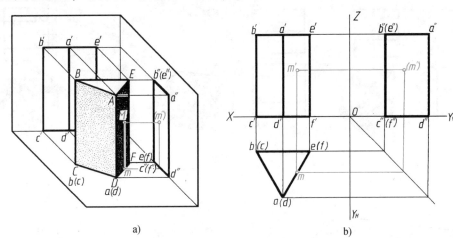

正三棱柱的三视图及表面上的点

a)　　　　　　　　　　　　b)

图 2-42　正三棱柱的三视图及表面上的点

（2）棱柱体表面上的点　在求体表面上点的投影时，应首先分析该点所在平面的投影特性，然后再根据点的投影规律求得。若该表面的投影为可见，则该点的同面投影也可见；反之为不可见。

如已知三棱柱上一点 M 的正面投影 m'（图2-42b），求 m 和 m''。因点 M 所属平面 $AEFD$ 为铅垂面，其水平投影 m 必落在该平面有积聚性的水平投影上。再根据 m' 和 m 求出 m''。由于点 M 属于三棱柱的右侧面，该棱面的侧面投影不可见，故 m'' 为不可见。

本节对各种几何体都编排了较多看图题例，希望读者自行阅读，图2-43 示出了一些常见的棱柱体及其三视图。

由此可总结出它们的形体特征：<u>棱柱体都由两个平行且相等的多边形底面和若干个与其相垂直的矩形侧面所组成；其三视图的特征是：一个视图为多边形，其他两个视图均为一个或多个可见或不可见的矩形线框。</u>

2. 棱锥体

（1）棱锥体的三视图　图2-44a 所示为正三棱锥的投射情况。棱锥由底面△ABC 以及三个相等的棱面△SAB、△SBC 和△SAC 所组成。底面为水平面，棱面△SAC 为侧垂面，棱面△SAB 和△SBC 为一般位置平面。棱线 SB 为侧平线，棱线 SA、SC 为一般位置直线，棱线 AC 为侧垂线，棱线 AB、BC 为水平线。对它们的投影特性，读者可自行分析。

画正三棱锥的三视图时，先画出底面△ABC 的各个投影，再画出锥顶点 S 的各个投影，连接各顶点的同面投影，即为正三棱锥的三视图，如图2-44b 所示。

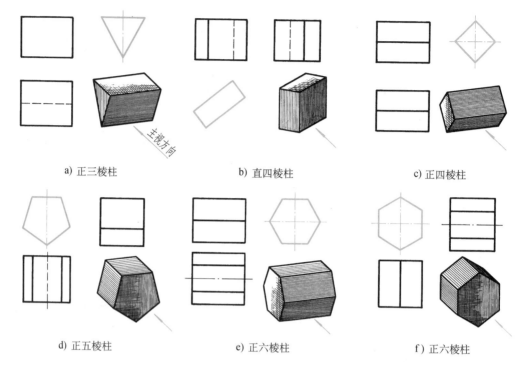

a) 正三棱柱

b) 直四棱柱

c) 正四棱柱

d) 正五棱柱

e) 正六棱柱

f) 正六棱柱

图 2-43　不同位置的棱柱体及其三视图

正三棱锥
的三视图
及表面上
的点

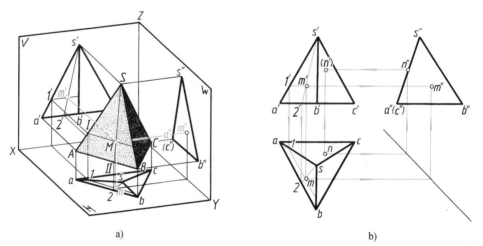

a)

b)

图 2-44　正三棱锥的三视图及表面上的点

（2）棱锥体表面上的点　正三棱锥的表面有特殊位置平面，也有一般位置平面。属于特殊位置平面上点的投影，可利用该平面投影的积聚性直接作图。属于一般位置平面上点的投影，可通过在平面上作辅助线的方法求得。

如图 2-44 所示，已知棱面△SAB 上点 M 的正面投影 m′和棱面△SAC 上点 N 的水平投影 n，试求点 M、N 的其他投影。因棱面△SAC 是侧垂面，它的侧面投影 s″a″(c″) 具有积聚性，因此 n″在直线 s″a″(c″) 上，再由 n 和 n″求得 n′。棱面△SAB 是一般位置平面，过锥顶 S 及点 M 作一辅助线 S Ⅱ（图 2-44b 中即过 m′作 s′2′，其水平投影为 s2），然后根据直线上的点的投影特性，求出其水平投影 m，再由 m′、m 求出侧面投影 m″。若过点 M 作一水平辅助线

$I M$，同样可求得点 M 的其余两个投影。

点 M 和点 N 的各个投影的可见性问题，这里不再分析。

一些常见的正棱锥体及其三视图如图 2-45 所示。从中可总结出它们的形体特征：正棱锥体由一个正多边形底面和若干个具有公共顶点的等腰三角形侧面所组成，且锥顶位于过底面中心的垂直线上；其三视图的特征是：一个视图的外形轮廓为正多边形，其他两个视图的外形轮廓均为三角形线框。

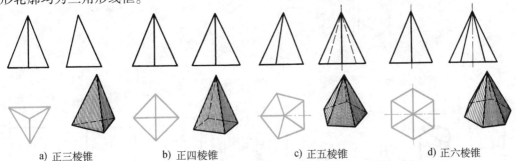

a) 正三棱锥　　b) 正四棱锥　　c) 正五棱锥　　d) 正六棱锥

图 2-45　正棱锥体及其三视图

棱锥体被平行于底面的平面截去其上部，所剩的部分称为棱锥台，简称棱台，如图 2-46 所示。其三视图的形体特征：一个视图的内、外轮廓为两个相似的正多边形（分别反映两个底面的实形），其他两个视图的外形轮廓均为梯形线框。

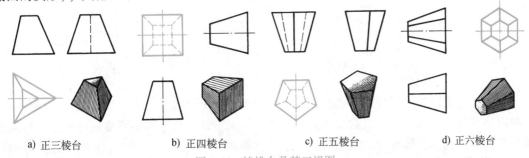

a) 正三棱台　　b) 正四棱台　　c) 正五棱台　　d) 正六棱台

图 2-46　棱锥台及其三视图

二、曲面立体

由一条母线（直线或曲线）围绕轴线回转而形成的表面，称为回转面；由回转面或回转面与平面所围成的立体，称为回转体。

圆柱、圆锥、球等都是回转体，它们的画法和回转面的形成条件有关，下面分别介绍。

画回转体的三视图时，轴线的投影用细点画线绘制，圆的中心线用相互垂直的细点画线绘制，其交点为圆心。所画的细点画线均应超出轮廓线 $3\sim5\mathrm{mm}$。

1. 圆柱体

（1）圆柱面的形成　如图 2-47a 所示，圆柱面可看作一条直线 AB 围绕与它平行的轴线 OO 回转而成。OO 称为回转轴，直线 AB 称为母线，母线转至任一位置时，称为素线。

圆柱体的表面是由圆柱面和上、下底圆平面所围成的。

（2）圆柱体的三视图　图 2-47b 所示为圆柱体的投射情况，图 2-47c 所示为圆柱体的三视图。由于圆柱体的轴线为铅垂线，圆柱面上的所有素线都是铅垂线，所以其水平投影积聚成一个圆。圆柱体的上、下两底圆均平行于水平面，其水平投影反映实形，为与圆柱面水平投影重合的圆平面。

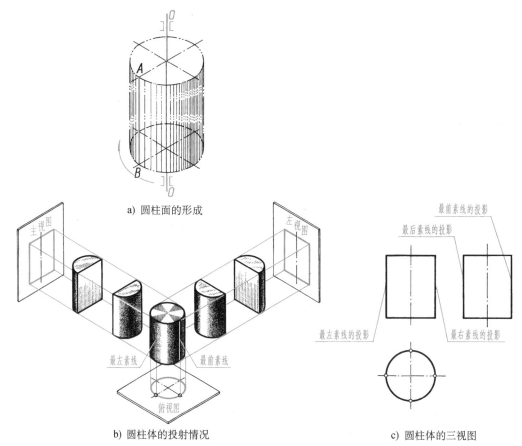

a) 圆柱面的形成

b) 圆柱体的投射情况

c) 圆柱体的三视图

图 2-47　圆柱体及其三视图

主视图的矩形表示圆柱面的投影,其上、下两边分别为上、下底面的积聚性投影;左、右两边分别为圆柱面最左、最右素线的投影,这两条素线的水平投影积聚成两个点,其侧面投影与轴线的侧面投影重合。最左、最右素线将圆柱面分为前、后两半(图 2-47b),是圆柱面由前向后的转向线,也是圆柱面在正面投影中可见与不可见部分的分界线。

左视图的矩形线框可与主视图的矩形线框做类似的分析。

下面再看一个图例:轴线为侧垂线的圆柱体投射情况及其三视图(图 2-48)。

圆柱体的
三视图及
表面上的
点

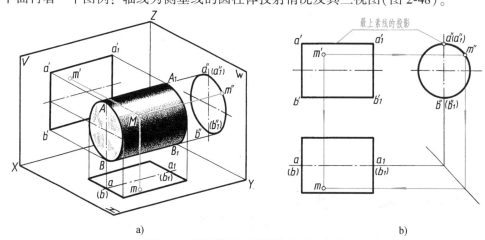

a)

b)

图 2-48　圆柱体的三视图及表面上的点

综上所述，可总结出圆柱的形体特征：圆柱由两个相等的圆底面和一个与其垂直的圆柱面所围成；其三视图的特征是：一个视图为圆，其他两个视图均为相等的矩形线框。

画圆柱体的三视图时，先用细点画线画出轴线的投影和圆的两条中心线，再画出圆柱面有积聚性的投影（圆），最后根据圆柱体的高度和投影规律画出其他两视图。

（3）圆柱体表面上的点　如图 2-48 所示，已知圆柱面上点 M 的正面投影 m'，求 m 和 m''。

由于圆柱的轴线为侧垂线，圆柱面的侧面投影积聚成一个圆，点 M 的侧面投影一定重影在圆周上。据此，作图时应先求出 m''，再由 m' 和 m'' 求出 m。因点 M 位于圆柱的上表面，所以其水平投影 m 为可见。

2. 圆锥体

（1）圆锥面的形成　如图 2-49a 所示，圆锥面可看作一条直母线 SA 围绕和它相交的轴线 OO 回转而成。圆锥体的表面是由圆锥面和一个垂直于轴线的底圆平面所围成的。

（2）圆锥体的三视图　图 2-49b 所示为圆锥体的投射情况，图 2-49c 所示为圆锥体的三视图。由于圆锥体的轴线为铅垂线，底面为水平面，它的水平投影为一圆，反映底面的实形，同时也表示圆锥面的投影。

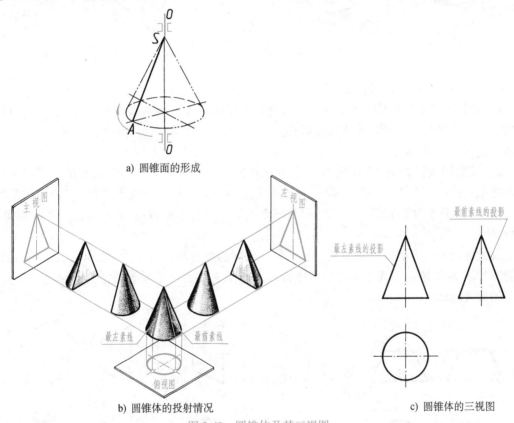

a) 圆锥面的形成

b) 圆锥体的投射情况

c) 圆锥体的三视图

图 2-49　圆锥体及其三视图

主视图、左视图均为等腰三角形，其下边均为圆锥底面的积聚性投影。主视图中三角形的左、右两边，分别表示圆锥面最左、最右素线的投影（反映实长）；左视图中三角形的两边，分别表示圆锥面最前、最后素线的投影（反映实长），也是圆锥面在侧面投影中可见与不可见部分的分界线。上述四条线的其他两面投影与圆柱相类似，请读者自行分析。

圆锥的形体特征：它由一个圆底面和一个锥顶位于与底面相垂直的中心轴线上的圆锥面所围成；其三视图的特征是：一个视图为圆，其他两个视图均为相等的等腰三角形。

画圆锥体的三视图时，应先依次画出轴线的投影、圆的中心线、底圆及顶点的各投影，再画出四条特殊位置素线的投影。

（3）圆锥体表面上的点　如图 2-50 所示，已知圆锥体表面上点 M 的正面投影 m'，求 m 和 m''。根据 m' 的位置和可见性，可判定点 M 在前、左圆锥面上，因此点 M 的三面投影均为可见。

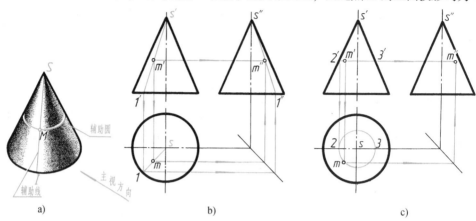

圆锥体的三视图及表面上的点

图 2-50　圆锥体的三视图及表面上的点

作图时可采用以下两种方法：

1）辅助素线法：如图 2-50a 所示，过锥顶 S 和点 M 作一辅助素线 $SⅠ$，即在图 2-50b 中连接 $s'm'$，并延长到与底面的正面投影相交于 $1'$，求得 $s1$ 和 $s''1''$；再由 m' 根据点在线上的投影规律求出 m 和 m''。

2）辅助圆法：如图 2-50a 所示，过点 M 在圆锥面上作垂直于圆锥轴线的水平辅助圆，该圆的正面投影积聚为一直线，即过 m' 所作的 $2'3'$（图 2-50c），其水平投影为一直径等于 $2'3'$ 的圆。由于点 M 的投影应在辅助圆的同面投影上，所以即可由 m' 求得 m，再由 m' 和 m 求得 m''。

圆锥体被平行于底面的平面截去其上部，所剩的部分称为圆锥台，简称圆台。圆台及其三视图如图 2-51 所示，其三视图的形体特征：一个视图为两个同心圆，其他两个视图均为相等的等腰梯形。

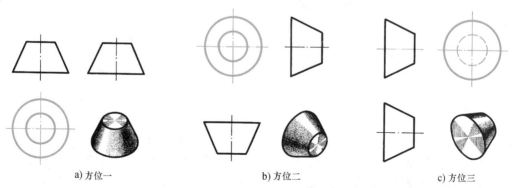

a) 方位一　　　　　　　　　b) 方位二　　　　　　　　　c) 方位三

图 2-51　圆台及其三视图

3. 球

（1）**球面的形成** 如图 2-52a 所示，球由球面围成。球面可看作一圆母线围绕它的直径回转而成（球体的任何直径都可视为回转轴线）。

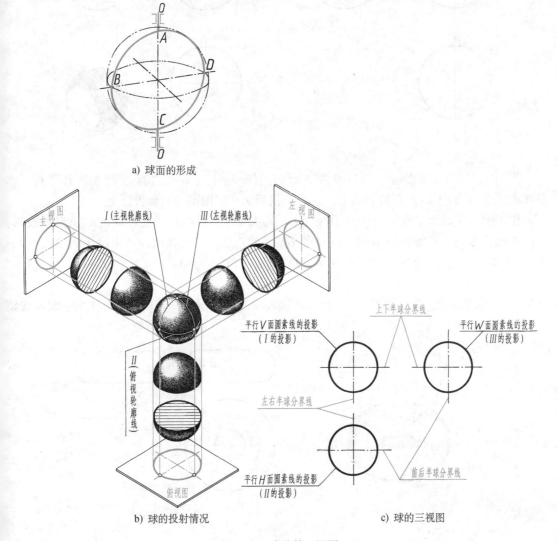

a) 球面的形成

b) 球的投射情况　　　　c) 球的三视图

图 2-52　球及其三视图

（2）**球的三视图** 图 2-52b 所示为球的投射情况，图 2-52c 所示为球的三视图。它们都是与球直径相等的圆，均表示球面的投影。球的各个投影虽然都是圆，但各个圆的意义却不相同。主视图中的圆是平行于 V 面的圆素线 I（前、后半球的分界线，球面正面投影可见与不可见的分界线）的投影（图 2-52b、c）；按此做类似分析，俯视图中的圆是平行于 H 面的圆素线 II 的投影；左视图中的圆是平行于 W 面的圆素线 III 的投影。这三条圆素线的其他两面投影，都与圆的相应中心线重合。

（3）**球表面上的点** 如图 2-53a 所示，已知圆球面上点 M 的水平投影 m，求其他两面投影。根据 m 的位置和可见性，可判定点 M 在前半球的左上部分，因此点 M 的三面投影均为可见。

球的三视
图及表面
上的点

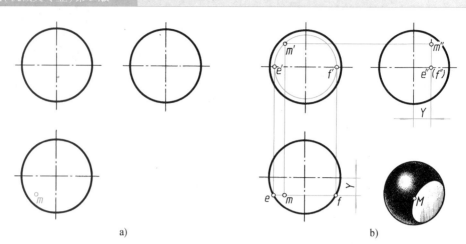

a)   b)

图 2-53　球的三视图及表面上的点

作图时应采用辅助圆法。即过点 M 在球面上作一平行于正面的辅助圆(也可作平行于水平面或侧面的圆)。因点在辅助圆上,故点的投影必在辅助圆的同面投影上。

作图时,先在水平投影中过 m 作 ef // OX,ef 为辅助圆在水平投影面上的积聚性投影,再画正面投影为直径等于 ef 的圆,由 m 作 OX 轴的垂线,其与辅助圆正面投影的交点(因 m 可见,应取上面的交点)即为 m′,再由 m、m′求得 m″(图2-53b)。

4. 圆环

(1) 圆环面的形成　如图 2-54a 所示,圆环由圆环面围成。圆环面可看作由一圆母线绕一与圆平面共面但不通过圆心的轴线回转而成。

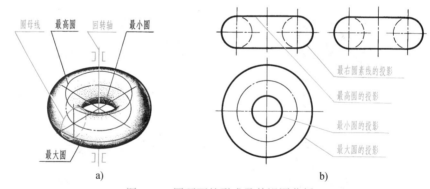

a)   b)

图 2-54　圆环面的形成及其视图分析

(2) 圆环的三视图　如图 2-54b 所示:

主视图上的两个小圆是平行于 V 面的两条圆素线的投影;

左视图上的两个小圆是平行于 W 面的两条圆素线的投影;

俯视图中的两个实线圆,分别是最大圆和最小圆的投影;

主、左视图中两个小圆的上、下公切线,分别是圆环最高圆和最低圆的投影。

(3) 圆环表面上的点　如图 2-55 所示,已知圆环

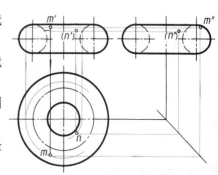

图 2-55　圆环表面上的点

面上点 M 的正面投影 m'（可见），求其他两面投影。根据 m' 的位置和可见性，可判定点 M 在外环面的左、前、上方，所以水平投影 m 应在左前方，是可见的。具体作图时，可应用辅助圆法。

又知圆环内表面上点 N 的水平投影 n，求另两面投影 n' 和 n''，读者可自行分析作图。

5. 不完整的回转体

几何体作为物体的组成部分不都是完整的，也并非总是直立的。多看、多画些形体不完整、方位多变的几何体及其三视图，熟悉它们的形象，对提高看图能力非常有益。为此，下面给出了多种形式的不完整回转体及其三视图（图 2-56、图 2-57），供读者自行识读。

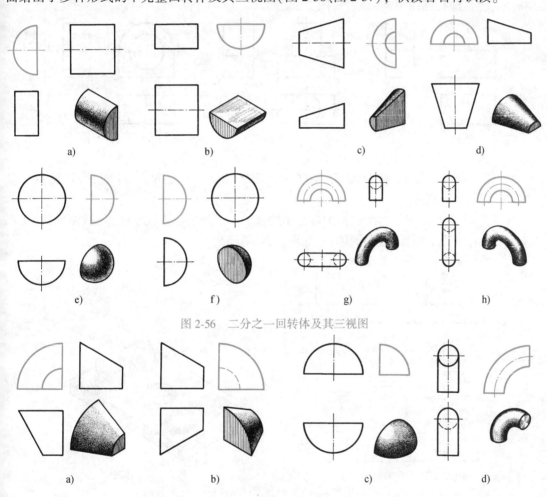

图 2-56　二分之一回转体及其三视图

图 2-57　四分之一回转体及其三视图

阅读时，应先看具有特征形状的视图，即先看具有圆（或其一部分）的视图，再根据其他两视图的外形轮廓线，分析它是哪种回转体，属于哪一部分，再将它归属于完整的回转体及其三视图的方位之中。这样，在整体形象的提示下进行局部想象，往往会收到很好的效果。

值得一提的是，在看物记图、看图想物的过程中，不应忽略图中的细点画线。它往往是物体对称中心面、回转体轴线的投影或圆的中心线，在图形中起着基准或定位的作用。弄清这个道理，对画图、看图、标注尺寸等都很有帮助。

第七节　识读一面视图

视图是由若干个封闭线框组成的。搞清线框的含义，是学习看图必须具备的基本知识。

一、线框的含义

1）视图中每一个封闭的线框，都表示物体上的一个表面（平面、曲面，见图 2-58a、图 2-58b；或其组合面，见图 2-58c）或孔（图 2-58c）。

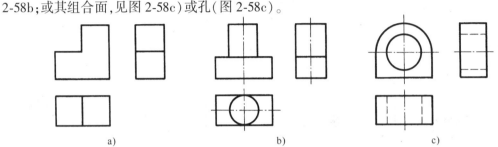

a)　　　　　　　　　　　　b)　　　　　　　　　　　　c)

图 2-58　线框的含义

2）视图中相邻的两个封闭线框，都表示物体上位置不同的两个表面，如图 2-58a、图 2-58b 所示。

3）在一个大封闭线框内所包括的各个小线框，一般是表示在大平面体（或曲面体）上凸出或凹下的各个小平面体（或曲面体），如图 2-59a 所示。

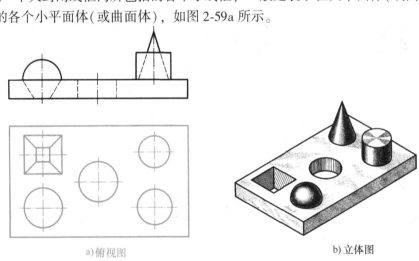

a)俯视图　　　　　　　　　　　　b)立体图

图 2-59　"大框套小框"的含义

在运用线框分析看图时，应注意以下两点：

1）由于几何体的视图大多是一个线框，如三角形、矩形、梯形和圆形等，因此，看图时可先假定"一个线框表示的就是一个几何体"，然后根据该线框在其他视图中的对应投影，再确定此线框表示的是哪种几何体（或是几何体上的一个表面）。这样就可以利用我们熟悉的几何体视图形状想象出其立体形状（或按"面"的投影特性分析出该面的空间位置）。

2）线框的分法应根据视图形状而定。分的块可大可小，一个线框可作为一块，几个相连的线框也可以作为一块，只要与其他视图相对照，看懂该部分形体的形状就达到目的了。

也就是说，"线框的含义"是通过看图实践总结出的属于约定俗成的结论，故不要硬抠字眼和死板套用，当所看的视图难以划分线框或经线框分析不能奏效时，就不应采用此法，而应按"线、面"的投影特性去分析，进而将图看懂。

二、识读一面视图的方法

识读一面视图并不是目的，而是将它作为提高空间想象力，强化投影可逆性训练，打通看图思路的一种手段。

下面以图2-60a中主视图为例，说明识读一面视图的方法。

主视图是物体由前向后被径直地"压缩"而成的平面图形。由于主视图不反映物体之厚薄，而若想出形状又必须搞清其前后，读图时就应像拉杆天线被拉出那样，使视图中每一线框表示的形体反向沿投射线"脱影而出"（图2-60a）。可是，哪些形体凸出、凹下或是挖空，它们究竟凸起多高、凹下多深，仅此一面视图是无法确定的，因为常常具有几种可能性（图2-60b）。由此可见，为了确定物体的形状，必须由俯、左视图加以配合才能定形、定位。

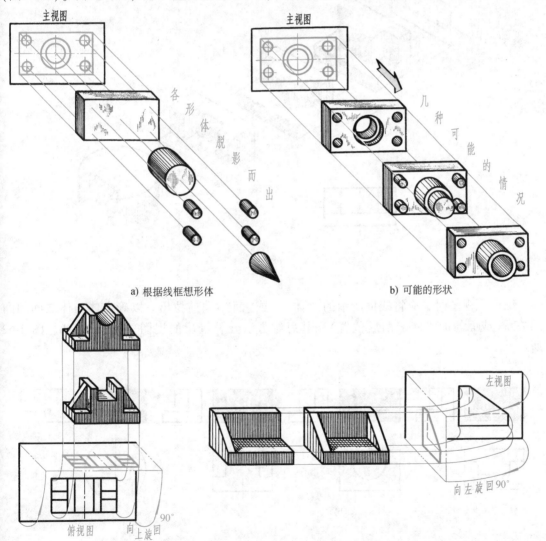

a) 根据线框想形体　　　　　　　b) 可能的形状

识读一面视图

c) 看俯视图　　　　　　　　　d) 看左视图

图 2-60　看一面视图的思维方法

识读俯视图时，须将水平面向上旋回 90°，再将想象出的各形体向上拉出（图 2-60c）；识读左视图时，须将侧面向左旋回 90°，再将想象出的各形体向左拉出（图 2-60d）。

由此可总结出识读一面视图的方法步骤：

1）先假定一个线框表示的就是一个"体"，将平面图形看成是"起鼓"（凸、凹）的"立体图形"。

2）尽量多地想出物体的可能形状。

3）补画其他视图，将想出的某个物体的各个组成部分定形、定位。

例 1 根据同一主视图（图 2-61a），构思出四种不同形状的物体，并补画俯视图和左视图。

根据主视
图构思物
体形状

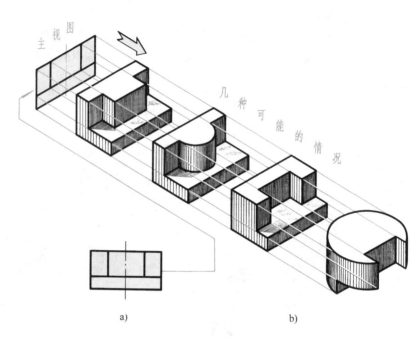

图 2-61 根据主视图构思物体的形状

识读主视图时，应将线框所示的"体"（或"面"）向前拉出，以确定体与体之间的凸凹关系（或面与面之间的前后位置），其思维方法及补画出的视图，如图 2-61b、图 2-62 所示。

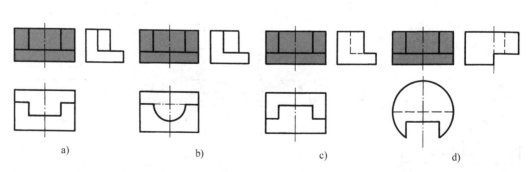

图 2-62 根据同一主视图，补画俯、左视图

例2 根据同一俯视图（图2-63），补画主、左视图。

根据俯视图补画主、左视图，应首先假想将水平面向上旋回90°，再运用"相邻框"和"框中框"的含义，将其所表示的"体"向上升起，以确定体与体之间的凸凹关系，其思维方法及补画出的视图，如图2-63所示。

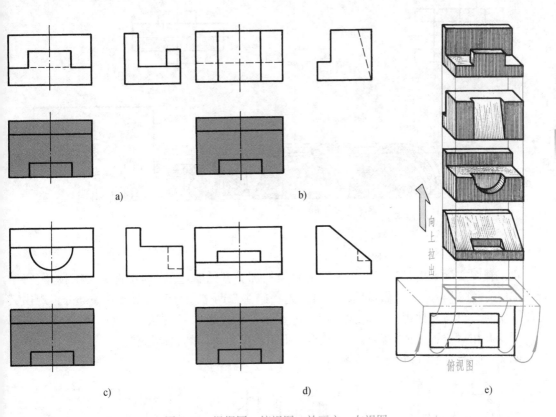

图 2-63　根据同一俯视图，补画主、左视图

例3 根据同一左视图（图2-64），补画主、俯视图。

补图的方法步骤与上例相类似。只须注意：先假想将侧面向左旋回90°，再将线框所表示的"体"向左拉出。其思维方法及补画出的视图，如图2-64所示。

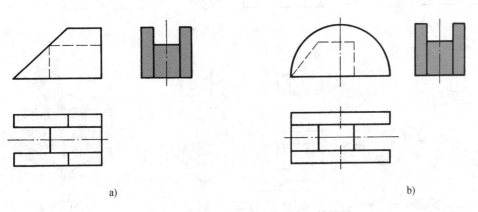

图 2-64　根据同一左视图，补画主、俯视图

根据同一
左视图，
补画主、
俯视图

c)

d)

左视图

向左拉出

e)

图 2-64 根据同一左视图，补画主、俯视图(续)

三、看简单体的三视图

看三视图实际上也是从某一个视图或其某一部分开始看起的(为掌握其看图技巧，每个视图都应有意这样看)，故做看图练习时应先"遮住"两个，只看一个或其一部分，想出其可能形状后，再与其他视图相对照，用"分线框、对投影"的方法，以确定物体各组成部分的形状和相对位置，最后将其加以综合，即可想象出物体的整体形状。

例 4 看懂图 2-65a 所示的三视图。

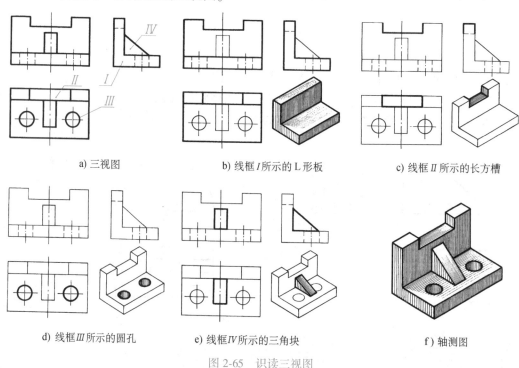

a) 三视图   b) 线框 *I* 所示的 L 形板   c) 线框 *II* 所示的长方槽

d) 线框 *III* 所示的圆孔   e) 线框 *IV* 所示的三角块   f) 轴测图

图 2-65 识读三视图

　　本例的主、俯、左三视图，可分别将它们当作"一面视图"来识读。看图的方法、步骤如图 2-65 所示。

　　例 5　根据主、俯两视图(图 2-66a)，补画左视图。

　　补画视图应按"分线框、对投影、想形状"的方法，一部分一部分地补画。具体作图步骤如图 2-66 所示。

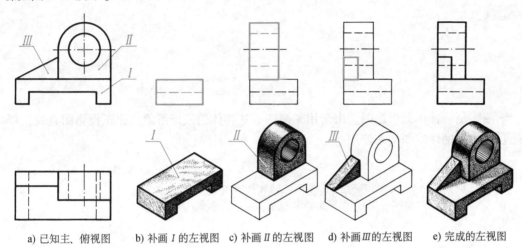

a) 已知主、俯视图　　b) 补画 *I* 的左视图　c) 补画 *II* 的左视图　d) 补画 *III* 的左视图　e) 完成的左视图

图 2-66　根据主、俯两视图，补画左视图

轴 测 图

轴测图是一种单面投影图。由于用轴测图表达物体的三维形象，比正投影图直观，所以常把它作为辅助性的图样来使用。

第一节　轴测图的基本知识

一、基本概念

1. 轴测图

如果物体和投影面的相对位置不同，或者改变投射方向，则同一物体就会得到不同的投影。

图 3-1a 表示了其空间情况，物体在 H、V 面上的投影，就是前面所介绍的视图。而物体在 P 面上的投影，则是把物体和确定其空间位置的直角坐标系，一起投射到 P 面上所得到的，P 面称为轴测投影面，S 表示投射方向。

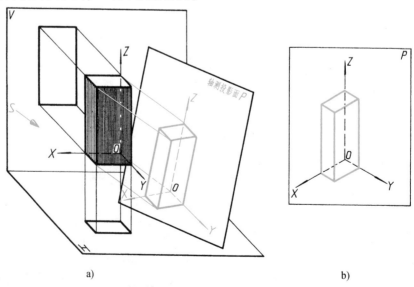

a)　　　　　　　　　　　　　　　　　　b)

图 3-1　改变投射方向或物体与投影面的位置

　　将物体连同其参考直角坐标体系，沿不平行于任一坐标平面的方向，用平行投影法将其投射在单一投影面上所得到的具有立体感的图形，称为轴测投影(或轴测图)。

　　投影结果放正之后，如图 3-1b 所示。由于这样的图形能同时反映出物体长、宽、高三个方向的形状，所以具有立体感。用正投影法得到的轴测投影，称为正轴测投影(或正轴测图)；用斜投影法得到的轴测投影，称为斜轴测投影(或斜轴测图)。

　　2. 轴测轴

　　空间直角坐标系中的三个坐标轴 *OX*、*OY*、*OZ* 在轴测投影面上的投影，称为轴测轴。

　　3. 轴间角

　　轴测投影图中，两根轴测轴之间的夹角，称为轴间角。

　　4. 轴向伸缩系数

　　轴测轴上的单位长度与相应投影轴上的单位长度的比值，称为轴向伸缩系数。*OX*、*OY*、*OZ* 轴上的伸缩系数分别用 p_1、q_1 和 r_1 表示。简化伸缩系数分别用 p、q、r 表示。为便于作图，$p:q:r$ 应采用简单的数值。

　　二、轴测图的基本性质

　　1) 物体上与坐标轴平行的线段，它的轴测投影必与相应的轴测轴平行。

　　2) 物体上相互平行的线段，它们的轴测投影也相互平行。

　　轴测图有很多种，常用的有正等轴测图(简称正等测)和斜二等轴测图(简称斜二测)两种。

第二节　几何体的轴测图

一、正等测

1. 形成

下面以一立方体为例，来说明正等测的形成过程：

图 3-2a 中，当立方体的正面平行于轴测投影面时，立方体的投影是个正方形。如将立方体按图示的位置平转 45°角，即变成图 3-2b 中的情形，这时所得到的投影是两个相连的长方形。再将立方体向正前方旋转约 35°角，就变成了图 3-2c 中的情形。这时立方体的三根坐标轴与轴测投影面都倾斜成相同的角度，所得到的投影是由三个全等的菱形构成的图形，这就是立方体的正等测(图 3-2d)。

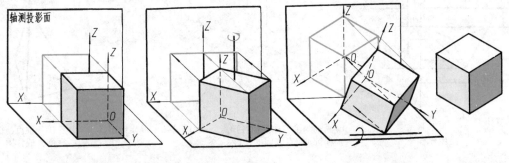

a) 由前向后投射　　　b) 平转 45°后投射　　　c) 向前旋转 35°后投射　　d) 正等测图

图 3-2　正等测的形成

为加深理解正等测的由来，可拿实物(或模型)按上述"转法"向正前方平视(投射)，轴测图的形象就可显现出来。懂得这个道理，对画轴测图会有启发。

2. 轴测轴和轴间角

正等测中的轴测轴和轴间角，如图3-3所示。

3. 轴向伸缩系数

由于空间物体的三根坐标轴与轴测投影面的倾角相同,它们的轴测投影缩短程度也相同，轴向伸缩系数均为0.82。绘图时，为方便起见，一般都把轴向伸缩系数简化为1(1称为简化伸缩系数)，即所有与坐标轴平行的线段，在作图时，其长度都取实长。这样画出的图形，其轴向尺寸均为原来的1/0.82($\approx$1.22)倍。图形虽然大了一些，但形状和直观性都不会发生变化，如图3-4b所示(图中由细实线构成的图形,是采用简化伸缩系数画出的)。

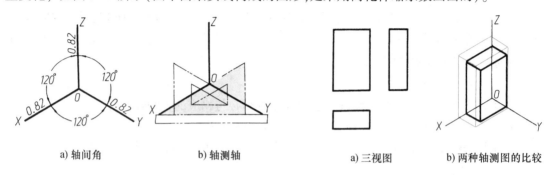

图3-3　正等测轴间角及轴测轴画法

图3-4　伸缩系数不同的两种正等测

4. 平面立体的正等测画法

画平面立体的轴测图常用坐标法。画图时首先应选好坐标轴并画出轴测轴，然后根据坐标画出物体上各点的轴测投影，再由点连成线，由线连成面，从而画出物体的轴测图。

例1 已知三棱锥的三视图(图3-5a)，作它的正等测。

图3-5表示了用坐标法画三棱锥的正等测的方法和步骤。考虑到作图方便，把坐标原点选在底面上点 B 处，并使 AB 与 OX 轴重合。

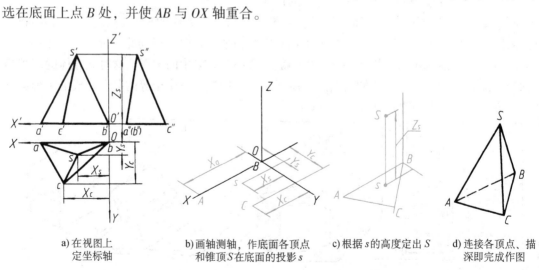

a)在视图上
定坐标轴

b)画轴测轴，作底面各顶点
和锥顶S在底面的投影s

c)根据s的高度定出S

d)连接各顶点、描
深即完成作图

图3-5　用坐标法画三棱锥的正等测

例2 作正六棱柱的正等测。

由于正六棱柱前后、左右对称，故选择顶面的中点作为坐标原点，棱柱的轴线作为 Z 轴，顶面的两对称线作为 X、Y 轴。作图步骤如图 3-6 所示。

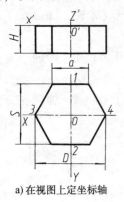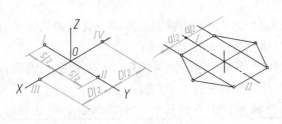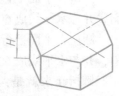

a) 在视图上定坐标轴   b) 画轴测轴，根据尺寸 S、   c) 过 I、II 作直线平行于   d) 过各顶点向下取尺寸 H
                         D 定出 I、II、III、IV 点 OX，在所作两直线上各   画侧棱；画底面各边并
                                          取 $a/2$ 并连接各顶点   描深，即完成全图

图 3-6　正六棱柱正等测的画法

从上述两例的作图过程中，可以总结出以下两点：

1）画平面立体的轴测图时，应分析平面立体的形体特征，一般总是先画出物体上一个主要表面的轴测图。通常是先画顶面，再画底面；有时需要先画前面，再画后面，或者先画左面，再画右面。

2）为使图形清晰，在轴测图上一般不画细虚线。必要时，为了增强图形的直观性，也可画出少量细虚线，如图 3-5d 所示。

5. 圆及回转体的正等测画法

（1）圆的正等测画法　平行于坐标面的圆的正等测都是椭圆，如图 3-7 所示。除了长短轴的方向不同外，画法都是一样的。图 3-8 为三种不同位置圆柱的正等测。

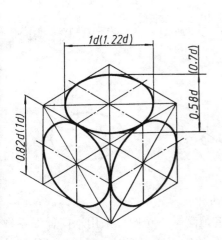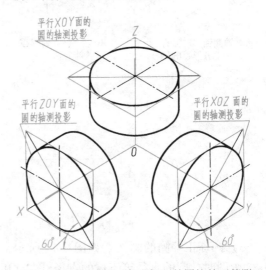

图 3-7　平行于坐标面上圆的正等测　　　　图 3-8　底圆平行于各坐标面的圆柱的正等测

作圆的正等测时，必须弄清椭圆的长短轴方向。分析图 3-8 所示的图形（图中的菱形为

与圆外切的正方形的轴测投影)即可看出,椭圆长轴的方向与菱形的长对角线重合,椭圆短轴的方向垂直于椭圆的长轴,即与菱形的短对角线重合。

通过分析,还可以看出,椭圆的长短轴和轴测轴有关,即:

圆所在平面平行 XOY 面时,它的轴测投影——椭圆的长轴垂直于 OZ 轴,即成水平位置,短轴平行于 OZ 轴;

圆所在平面平行 XOZ 面时,它的轴测投影——椭圆的长轴垂直于 OY 轴,即向右方倾斜,并与水平线成60°角,短轴平行于 OY 轴;

圆所在平面平行 YOZ 面时,它的轴测投影——椭圆的长轴垂直于 OX 轴,即向左方倾斜,并与水平线成60°角,短轴平行于 OX 轴。

概括起来就是,长轴垂直于不包括所在坐标面的那根轴测轴,短轴平行于该轴测轴。

现以平行于 H 面的圆(图3-9,图中细实线为外切正方形)为例,说明正等测中常用的椭圆的近似画法,作图步骤如图3-10所示。

实际作图时,若不画出菱形,则作图更为简便:即以 O 为圆心,以欲画圆的半径为半径画弧,"四个切点和两个大弧圆心"可同样得出,具体作图步骤如图3-11所示。

(2)回转体的正等测画法 在画回转体正等测时,只有明确圆所在的平面与哪一个坐标面平行,才能保证画出正确的椭圆。

1)圆柱正等测的画法:作图步骤如图3-12所示。

2)圆锥台正等测的画法:作图步骤如图3-13所示。

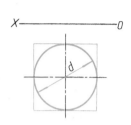

图3-9 平行于 H 面的圆的投影

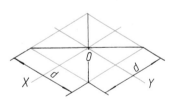 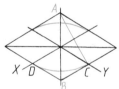 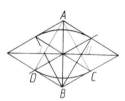 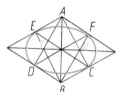

a) 画轴测轴,按圆的外切正方形画出菱形　　b) 以 A、B 为圆心,AC 为半径画两大弧　　c) 连 AD 和 AC 交长轴于 I、II 两点　　d) 以 I、II 为圆心,ID 为半径画小弧,在 C、D、E、F 处与大弧连接

图3-10　按外切菱形画椭圆

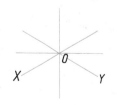   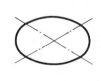

图3-11　椭圆的简便画法

3)圆球正等测的画法:如图3-14所示,圆球的正等测是一个圆。采用轴向伸缩系数0.82画图时,圆的直径等于球的直径(图3-14b);用简化伸缩系数画图时,圆的直径为球的直径的1.22倍(图3-14c)。为了增强图形的直观性,可在圆内过球心画出三个与坐标面平行的椭圆,并常采用剖切1/8(球)的方法来表示,如图3-14c所示。

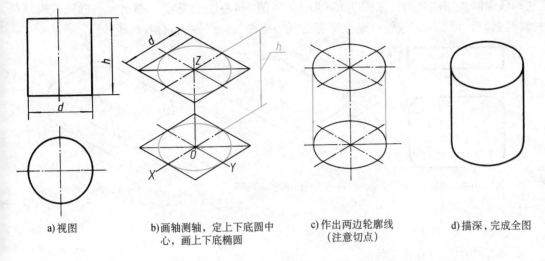

a)视图　　　　　b)画轴测轴，定上下底圆中　　　c)作出两边轮廓线　　　d)描深，完成全图
　　　　　　　　　　　心，画上下底椭圆　　　　　（注意切点）

图 3-12　圆柱正等测的画法

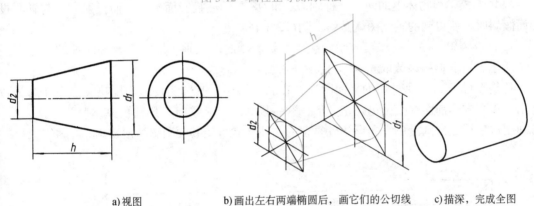

a)视图　　　　　b)画出左右两端椭圆后，画它们的公切线　　　c)描深，完成全图

图 3-13　横置圆锥台正等测的画法

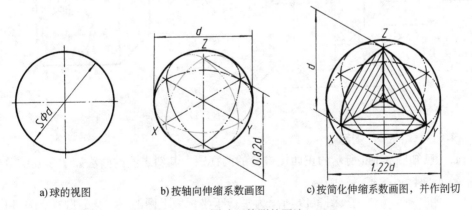

a)球的视图　　　b)按轴向伸缩系数画图　　　c)按简化伸缩系数画图，并作剖切

图 3-14　圆球正等测的画法

4）圆角正等测的画法：图 3-15a 所示平板的每个圆角，都相当于一个整圆的 1/4。画圆角的正等测时，只要在作圆角的边上量取圆角半径 R（图 3-15a、b），自量得的点（切点）作边线的垂线，然后以两垂线的交点为圆心，分别过切点所画的弧即为轴测图上的圆角。再用移

心法画底面圆角完成全图,如图 3-15c 所示(所谓"移心法",是指在画出某一椭圆或椭圆弧后,将其圆心和切点沿其轴线移动至所需的同一距离,再画另一椭圆或椭圆弧)。

圆角的正等测画法

a)平板视图　　　　　　b)画平板顶面的四个圆角　　　　　c)用移心法画底面圆角

图 3-15　圆角正等测的画法

二、斜二测

1. 斜二测的形成及投影特点

(1) 形成　当物体上的两个坐标轴 OX 和 OZ 与轴测投影面平行,而投射方向与轴测投影面倾斜时,所得到的轴测图就是斜二测(图 3-16)。

(2) 轴测轴、轴间角和轴向伸缩系数　斜二测的轴测轴、轴间角及轴向伸缩系数如图 3-17 所示,轴向伸缩系数取 $p_1 = r_1 = 1$,$q_1 = 0.5$。

凡是平行于 XOZ 坐标面的平面图形,在斜二测中,其轴测投影均反映实形,如图 3-17 所示,正立方体前面的投影仍是正方形,这一投影特点是平行投影法的基本特性所决定的。若利用这一特点来画沿单方向形状较复杂的物体,常可使其轴测图简便易画。

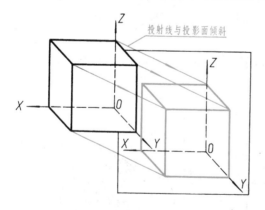

图 3-16　斜二测的形成

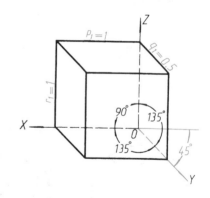

图 3-17　斜二测的轴测轴、轴间角及轴向伸缩系数

2. 平面立体的斜二测画法

例如,已知图 3-18a 所示的正四棱锥台的两视图,其斜二测的画法如图 3-18b~d 所示。

3. 圆及回转体的斜二测画法

(1) 圆的斜二测画法　图 3-19 所示为平行于坐标面上圆的斜二测。圆在 XOY 和 ZOY 面上其斜二测都是椭圆,且形状相同,但长短轴方向不同。它们的长轴与圆所在坐标面上的一根轴测轴约成 7°。在 XOZ 面上圆的斜二测还是圆。

(2) 回转体的斜二测画法　当物体上具有较多平行于一个方向的圆时,画斜二测比画正等测简便。图 3-20 所示为斜二测应用实例。

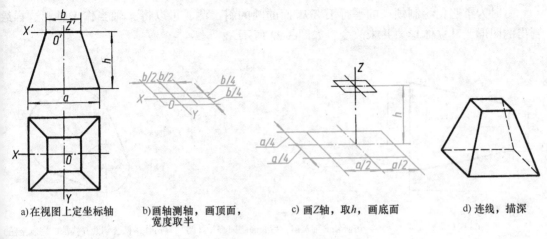

a)在视图上定坐标轴　　b)画轴测轴，画顶面，　　c)画Z轴，取h，画底面　　d)连线，描深
　　　　　　　　　　　　　宽度取半

图 3-18　正四棱锥台斜二测的画法

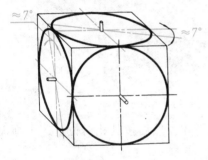

图 3-19　平行于坐标面上圆的斜二测

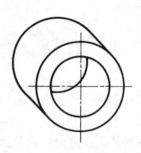

图 3-20　斜二测应用实例

例 3　根据圆锥台的主、俯两视图(图 3-21a)，画斜二测。

由于该圆锥台的两个底面都平行于 *V* 面，其圆的轴测投影分别为与该圆大小相等的圆，所以画斜二测较为方便。画图时应注意 *Y* 轴的尺寸取其一半。具体作图步骤如图 3-21b~d 所示。

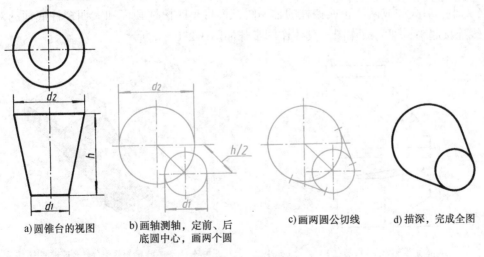

a)圆锥台的视图　　b)画轴测轴，定前、后　　c)画两圆公切线　　d)描深，完成全图
　　　　　　　　　　底圆中心，画两个圆

图 3-21　圆锥台斜二测的画法（一）

有时为了避免绘制烦琐的平行于 ZOY 面的圆的斜二测，可以将 X 轴当作 Y 轴，这样绘制出的图形，其立体形象并未改变，如图 3-22 所示。

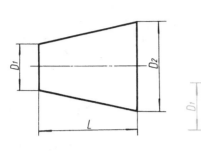

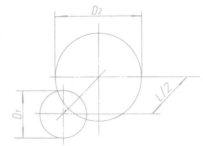

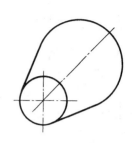

a)视图   b)画轴测轴及前、后底面圆圆心并画圆   c)作两圆公切线并描深，完成全图

图 3-22 圆锥台斜二测的画法（二）

第三节 组合体的轴测图

画组合体的轴测图，通常采用以下两种方法。

（1）叠加法 先将组合体分解成若干个基本几何体，然后按其相对位置逐个画出各基本几何体的轴测图，进而完成整体的轴测图。

（2）切割法 先画出完整的几何体的轴测图（通常为方箱），然后按其结构特点逐个切除多余的部分，进而完成形体的轴测图。

例 1 根据主、俯两视图（图 3-23a），画正等测。

该图所示形体由两个正四棱柱与一个斜四棱台连接而成。因三个立体相对独立，整体结构不对称，而表示斜四棱台的斜线又不能直接量取，所以作图应从坐标原点 M 出发，按 Y、X、Z 先小、后大完成两个正四棱柱的轴测图，再将小四棱柱顶面和大四棱柱底面的对应点用直线连接起来，即完成作图。具体作图步骤如图 3-23b、c 所示。

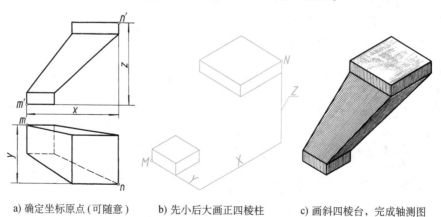

a) 确定坐标原点（可随意）   b) 先小后大画正四棱柱   c) 画斜四棱台，完成轴测图

图 3-23 用坐标法画轴测图

例 2 根据图 3-24a 所示的三视图，画正等测。

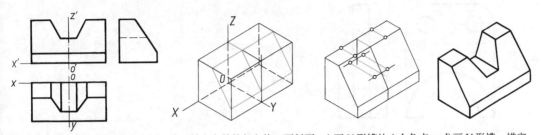

a) 在视图上定坐标轴   b) 画轴测轴和完整的长方体，画斜面   c) 画 V 形槽的八个角点   d) 画 V 形槽，描实

图 3-24 用切割法画正等测

分析 从图 3-24a 可知，该形体由一个长方体切出一个三棱柱后，又切出一个 V 形槽所形成，所以应采用切割法作图。

作图 其作图步骤如图 3-24 所示。

例 3 根据图 3-25a 所示的视图，画正等测。

分析 因圆孔和半圆板的轴测图分别为位于同一轴线上相等的椭圆和椭圆弧，故采用移心法作图较为方便。另外，还应注意，底板上圆孔的下表面圆及板孔后壁的圆是否可见，这将取决于孔径与孔深之间的关系。若孔深小于椭圆短轴，则底圆或后壁的圆可见；反之，为不可见，如图 3-25b 所示。采用移心法画椭圆和椭圆弧时，其圆心的移心方法如图 3-25c 所示。

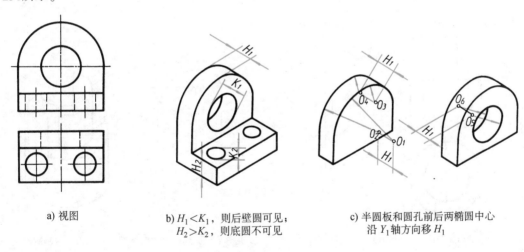

a) 视图   b) $H_1 < K_1$，则后壁圆可见；
                     $H_2 > K_2$，则底圆不可见   c) 半圆板和圆孔前后两椭圆中心
                                           沿 Y_1 轴方向移 H_1

图 3-25 圆孔与圆板的正等测画法

作图 先画出底板和立板的轴测图，再分别画半圆板和圆孔的轴测图。

例 4 根据图 3-26a 所示的视图，画斜二测。

画图时，要注意分层确定出各圆所在平面的位置，即首先应确定各圆中心。具体作图步骤如图 3-26 所示。

下面，再举几个不同类型的例子，供读者自行阅读。

例 5 根据图 3-27a 所示切口圆筒的两视图，画正等测。

作图方法和步骤如图 3-27b~d 所示。

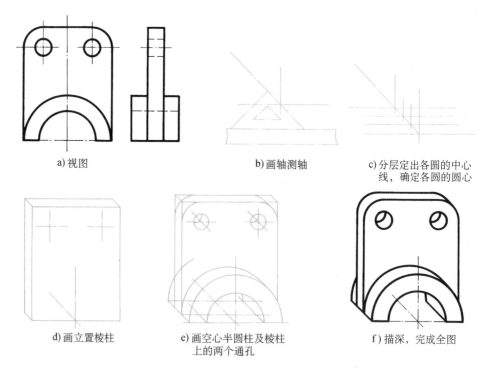

a) 视图　　　　　　　　　b) 画轴测轴　　　　　　c) 分层定出各圆的中
　　　　　　　　　　　　　　　　　　　　　　　　线, 确定各圆的圆心

d) 画立置棱柱　　　e) 画空心半圆柱及棱柱　　　f) 描深, 完成全图
　　　　　　　　　　上的两个通孔

图 3-26　组合体的斜二测画法

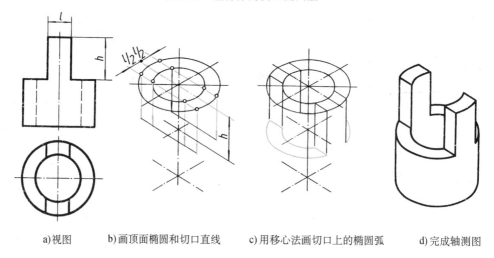

a) 视图　　b) 画顶面椭圆和切口直线　　c) 用移心法画切口上的椭圆弧　　d) 完成轴测图

图 3-27　切口圆筒正等测的画法

应指出, 为了准确地画出中间部位的椭圆弧, 在定准该椭圆的中心后, 先画出内、外两个完整的椭圆再进行切割也是个好方法。

例 6　根据图 3-28a 所示的两视图, 画正等测。

该形体上有一段曲面轮廓, 画图时, 应根据坐标法完成这段曲线的作图, 具体方法和步骤如图 3-28b~d 所示。

例 7　根据图 3-29a 所示的投影图, 画正等测。

画相贯线的轴测图, 可用如下两种方法。

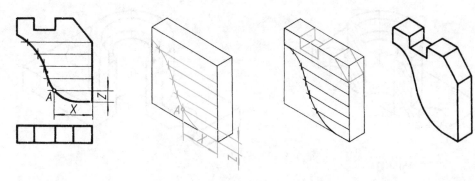

a) 视图和曲线上点的坐标　　　b)按坐标定曲线上的点　　　c)用曲线板连线,开槽、切角　d) 完成轴测图

图 3-28　物体上曲面的正等测画法

（1）坐标法　先根据相贯线上各点的坐标（图 3-29a），画出它们的轴测图（图 3-29b 中的点 IV），然后将其各点用曲线板光滑地连接，即完成作图。

（2）辅助平面法　与在投影图上用辅助平面法求相贯线的方法一样，作出其相贯线的轴测图（图 3-29a、c）。

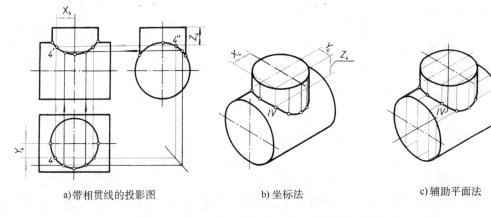

a)带相贯线的投影图　　　　　　b) 坐标法　　　　　　　　　c)辅助平面法

图 3-29　用坐标法和辅助平面法画相贯线的正等测

用坐标法和辅助平面画相贯线的正等测

第四节　轴测剖视图

为了表达机件的内部结构，轴测图也常常采用剖视画法。在剖切时，不论机件是否对称，均应避免用一个剖切平面剖切整个机件（图 3-30a），而应选用两个互相垂直的剖切平面将机件切去 1/4（图 3-30b），以保持外形的清晰。剖切平面的方向应当平行于坐标面。

一、轴测剖视图的画法

画轴测剖视图可采用剖切法，即用两个剖切平面沿某两个坐标面方向进行剖切。根据机件的具体结构形状，常采用两种画法：

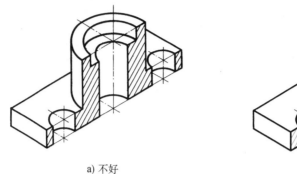
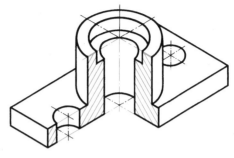

a) 不好　　　　　　　　　　　　　　　　b) 好

图 3-30　轴测剖视图的剖切方法

1) 先画出机件的整体轴测图，然后再进行剖切，其画图步骤如图 3-31 所示。

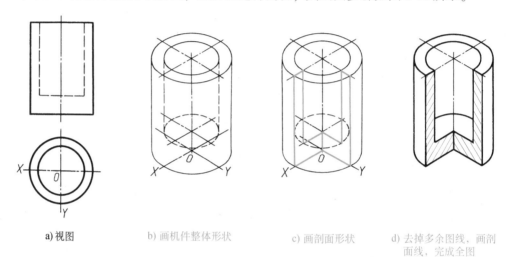

a) 视图　　　　　　b) 画机件整体形状　　　　c) 画剖面形状　　　　d) 去掉多余图线，画剖
　　　　　　　　　　　　　　　　　　　　　　　　　　　　　　　　　　面线，完成全图

图 3-31　轴测剖视图的画法(一)

2) 先画出剖面形状，再画其余部分所有看得见的轮廓线，其画图步骤如图 3-32 所示。

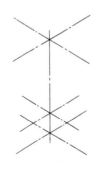
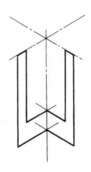
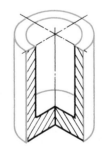

a) 画中心线、轴线，　　　　　b) 画剖面形状　　　　　c) 画其余部分轮廓线、
　确定各圆心位置　　　　　　　　　　　　　　　　　　剖面线，完成全图

图 3-32　轴测剖视图的画法(二)

二、剖面线的画法

图 3-33 所示为轴测图中剖面线的画法。在画轴测图的剖面时，所画剖面线应遵循图示的方向。

必须注意，GB/T 4457.5—2013《机械制图 剖面区域的表示法》中规定的各种材料的剖面符号，不适用于轴测图。

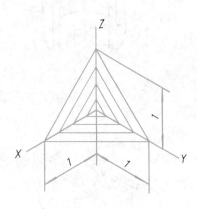
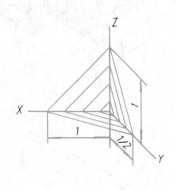

a) 正等测剖面线的画法　　　　　　　　　b) 斜二测剖面线的画法

图 3-33　轴测图中剖面线的画法

三、轴测剖视图的画法示例

图 3-34 和图 3-35 分别为正等测和斜二测（注意剖面线的方向）轴测剖视图的画法示例。

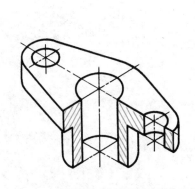
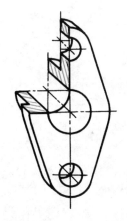

图 3-34　正等测轴测剖视图的画法示例　　　　图 3-35　斜二测轴测剖视图的画法示例

当剖切平面通过零件的肋或薄壁等结构的纵向对称平面时，这些结构都不画剖面符号，而用粗实线将它与邻接部分分开（图 3-36a）；在图中表达不够清晰时，也允许在肋或薄壁部分用细点表示被剖切部分（图 3-36b）。

表示零件中间折断或局部断裂时，折断处或断裂处的边界线应画波浪线，并在可见断裂面内加画细点以代替剖面线（图 3-37）。

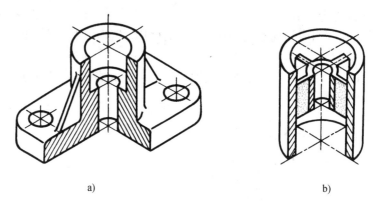

图 3-36 肋的轴测图画法

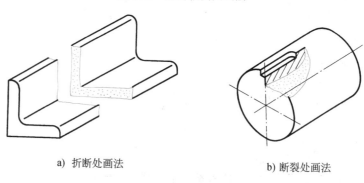

a) 折断处画法   b) 断裂处画法

图 3-37 折断处、断裂处的轴测图画法

第四章

立体的表面交线

在机件上常见到一些交线。在这些交线中，有的是平面与立体表面相交而产生的交线——截交线，如图 4-1a、b 所示；有的是两立体表面相交而形成的交线——相贯线，如图 4-1c、d 所示。了解这些交线的性质并掌握交线的画法，将有助于正确地表达机件的结构形状，也便于读图时对机件进行形体分析。

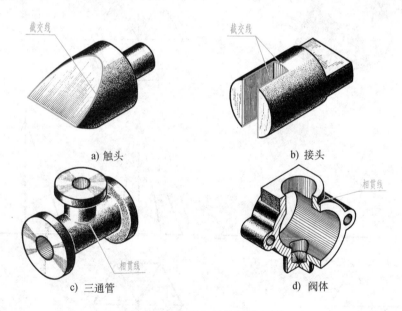

a) 触头

b) 接头

c) 三通管

d) 阀体

图 4-1 截交线与相贯线的实例

第一节 截 交 线

平面与立体表面的交线，称为截交线。截切立体的平面，称为截平面(图 4-2a)。

截交线具有如下基本性质：

1) 截交线是一个封闭的平面图形。

2) 截交线既在截平面上，又在立体表面上，所以截交线是截平面和立体表面的共有线，截交线上的点都是截平面与立体表面上的共有点。

一、平面立体的截交线

1. 平面立体截交线的画法

平面立体的截交线是一个封闭的平面多边形(图 4-2a)，它的顶点是截平面与平面立体的棱线的交点，它的边是截平面与平面立体表面的交线。因此，求平面立体截交线的投影，实质上就是求截平面与平面立体各被截棱线的交点的投影。

例 1 求正六棱锥截交线的三面投影(图 4-2a)。

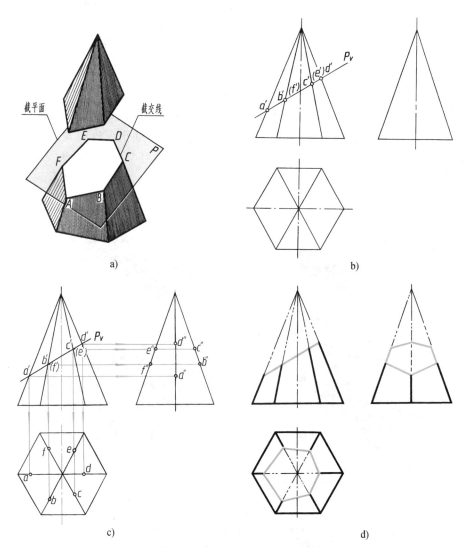

图 4-2 截交线的作图步骤

分析 截平面 P 为正垂面，它与正六棱锥的六条棱线和六个棱面都相交，故截交线是一个六边形。由于截平面 P 的正面投影积聚成一直线 P_V(截平面 P 与 V 面的交线)，所以截平面 P 与正六棱锥各侧棱线的六个交点的正面投影 a'、b'、c'、d'、(e')、(f') 都在 P_V 上，即截交线的正面投影是已知的，故只需求出截交线的水平投影和侧面投影。

作图 其方法步骤如下：

1）先画出正六棱锥的三视图，利用截平面的积聚性投影，找出截交线各顶点的正面投影 a'、b'……（图 4-2b）。

2）根据直线上点的投影特性，求出各顶点的水平投影 a、b……及侧面投影 a''、b''……（图 4-2c）。

3）依次连接各顶点的同面投影，即截交线的水平投影和侧面投影（均为六边形的类似形）。此外，还应考虑形体其他轮廓线投影的可见性问题，直至完成三视图（图 4-2d）。

当用两个以上截平面截切立体时，在立体上将会出现切口、开槽或穿孔等情况，这样的立体称为切割体。此时作图，不但要逐个画出各个截平面与立体表面截交线的投影，而且要画出各截平面之间交线的投影，进而完成整个切割体的投影。

例 2 根据图 4-3a 所示的开槽正六棱柱，画出其三视图。

分析 正六棱柱上部中间的通槽，是被两个左右对称的侧平面和一个水平面切割而成的，侧平面切出的截交线为两个相等的矩形，水平面切出的截交线为八边形（含两截平面的交线，如 Ⅱ Ⅲ）。由于它们都垂直于正面，其投影积聚为三条相接的直线，显现出槽的形状特征，所以开槽部分的作图应从正面投影入手。

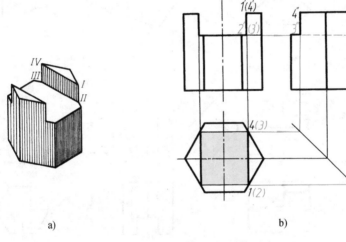

开槽正六棱柱三视图的画法

图 4-3 开槽正六棱柱三视图的画法

作图 其方法步骤如下：

1）先完成整个正六棱柱的三视图。

2）根据通槽的尺寸，即槽宽（图中为长度方向）和槽深，画出通槽的正面投影和水平投影。

3）根据正面投影和水平投影，运用点的投影规律，求出通槽的侧面投影（图 4-3b）。

应注意，槽底为水平面，它在侧面的投影积聚为直线，其被遮挡的部分画成细虚线。

2. 看平面切割体的三视图

要提高看图能力就必须多看图，并在看图的实践中注意学会投影分析和线框分析，掌握看图方法，积累形象储备。为此，特提供一些切割体的三视图（图 4-4~图 4-7），希望读者自行识读（应当指出，棱柱、棱锥等穿孔实为相贯，这里可用截交的概念来分析、解题）。

看图提示：

1）要明确看图步骤：①根据轮廓为正多边形的视图，确定被切立体的原始形状；②从

85

反映切口、开槽、穿孔的特征部位入手,分析截交线的形状及其三面投影;③将想象中的切割体形状,从无序排列的立体图(表4-1)中辨认出来加以对照。

2) 要对同一图中的四组三视图进行比较,根据切口、开槽、穿孔部位的投影(图形)特征,总结出规律性的东西,以指导今后的看图(画图)实践。其中,尤应注意分析视图中较长"斜线"的投影含义(它可谓"点的宝库",该截交线上点的另两面投影均取自于此)。

3) 看图与画图能力的提高是互为促进的。因此,希望读者根据表4-1中的轴测图多做些徒手画三视图的练习,作图后再将图4-4~图4-7中的三视图作为答案加以校正,这对画图、看图都有帮助。

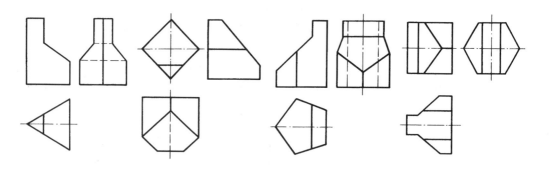

图 4-4　带切口正棱柱体的三视图

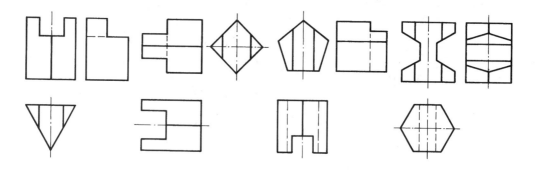

图 4-5　带开槽正棱柱体的三视图

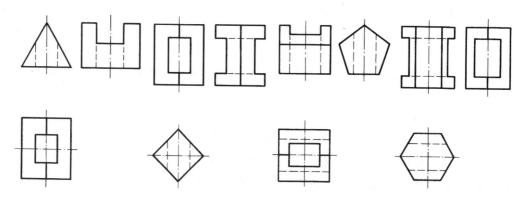

图 4-6　带穿孔正棱柱体的三视图

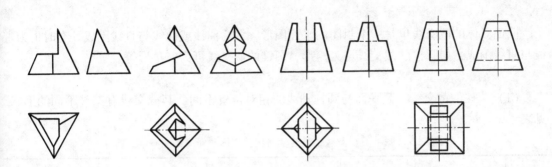

图 4-7　带切口、开槽、穿孔正棱锥体的三视图

表 4-1　图 4-4~图 4-7 所示平面切割体的轴测图

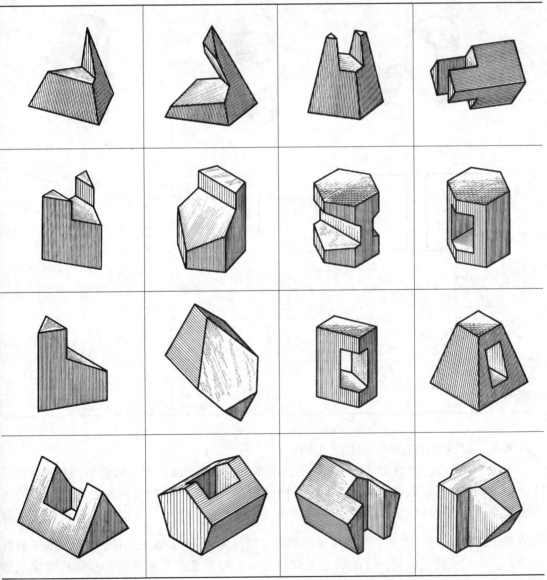

二、曲面立体的截交线

曲面立体的截交线也是一个封闭的平面图形，多为曲线或曲线与直线围成。有时也为直线与直线围成，如圆柱的截交线可为矩形，圆锥的截交线可为三角形等。

1. 曲面立体截交线的画法

（1）圆柱的截交线 截平面与圆柱轴线的相对位置不同，其截交线有三种不同的形状，见表 4-2。

表 4-2 截平面和圆柱轴线的相对位置不同时所得的三种截交线

截平面的位置	与轴线平行时	与轴线垂直时	与轴线倾斜时
轴测图			
投影图			
截交线的形状	矩 形	圆	椭 圆

例3 画被切圆柱（图 4-8a）的三视图。

分析 该圆柱的上端切口是用左、右两个平行于圆柱轴线的对称的侧平面及两个垂直于圆柱轴线的水平面截切而成。其下端开槽是用前、后两个平行于圆柱轴线的对称的正平面及一个垂直于圆柱轴线的水平面截切而成。侧平面、正平面与圆柱表面的截交线都是直线（如 AB、CD），水平面与圆柱表面的截交线都为圆弧（如 $\overset{\frown}{BC}$），由于它们所属平面都分别垂直于相应的投影面，因此圆柱上端切口和下端开槽部分截交线的投影均可用积聚性法求出。

作图 其方法步骤如下：

1) 先画出完整圆柱的三视图。

2) 画上端切口部分。由于截平面分别为侧平面和水平面，圆柱截交线的正面投影都有积聚性，侧平面的水平投影也有积聚性，故应按切口部位的尺寸依次画出正面投影（反映切口的形状特征）和水平投影（反映弓形面的实形），再根据这两面投影求出截交线的侧面投影 $a''b''c''d''$，作图过程如图 4-8b 所示。

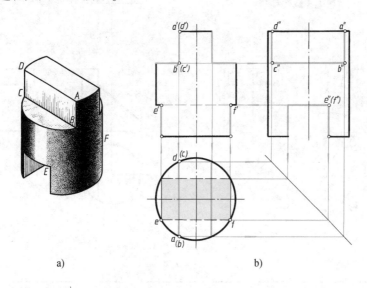

a)   b)

图 4-8 被截切圆柱的三视图画法

3) 画下端开槽部分。由于截平面为两个正平面和一个水平面，圆柱截交线的侧面投影都有积聚性，正平面的水平投影也有积聚性，故应按槽宽、槽深尺寸依次画出侧面投影（反映槽的形状特征）和水平投影（反映长圆形的实形），再根据这两面投影求出截交线的正面投影，作图过程如图 4-8b 所示。作图时，应注意两点：①因圆柱最左、最右素线在开槽部位均被切去一段，故主视图的外形轮廓线在开槽部位向内"收缩"，其收缩程度与槽宽有关。②注意区分槽底正面投影的可见性：弓形面的投影是可见的，画成粗实线；中间部分（$e'{\rightarrow}f'$）是不可见的，画成细虚线。

例 4 画出图 4-9a 所示形体的三视图。

分析 该形体由一个侧平面和一个正垂面截切圆柱而成。侧平面切得的截交线 AB、CD 分别为矩形的前、后两边，正面投影重合为一条线，水平面投影分别积聚成一个点重合在圆周上；正垂面切出的截交线为椭圆（一部分），其正面投影与此椭圆面的积聚性投影（直线）重合，水平面投影与圆周重合，故只需求出侧面投影。

作图 先画出完整圆柱的三视图，再按截平面的位置尺寸依次画出正面投影和水平面投影，据此求出侧面投影：矩形面的投影按点的投影规律求出；椭圆面则需先找特殊点的投影 $1''$、$2''$、$3''$（分别在圆柱最左、最前、最后素线上），再求一般点（为便于连线任找的点）的投影 $4''$、$5''$（图 4-9c），然后光滑连线而成（注意与两截平面交线端点投影 b''、d'' 的连接）。作图步骤如图 4-9b~d 所示。

(2) **圆锥体的截交线** 圆锥体的截交线有五种情况，见表 4-3。

切割圆柱
的三视图
画法

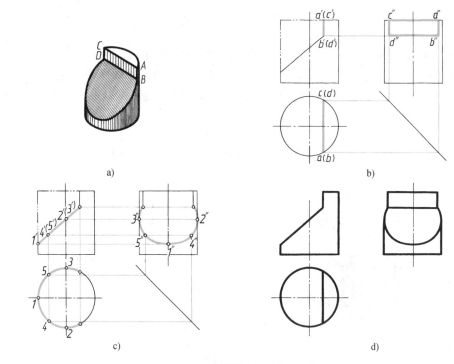

图 4-9 切割圆柱的三视图画法

表 4-3 圆锥体的截交线

截平面的位置	与轴线垂直	过圆锥顶点	平行于任一素线	与轴线倾斜	与轴线平行
轴测图					
投影图					
截交线的形状	圆	等腰三角形	封闭的抛物线[1]	椭圆	封闭的双曲线[1]

① "封闭"系指以直线(截平面与圆锥底面的交线)将在圆锥面上形成的抛物线、双曲线加以封闭,构成一个平面图形。当截交线为椭圆弧时,也将出现相同的情况。

例5 求正平面截切圆锥(图4-10a)的截交线的投影。

分析 因为截平面为正平面，与圆锥的轴线平行，所以截交线为一以直线封闭的双曲线。其水平投影和侧面投影分别积聚为一直线，只需求出正面投影。

作图 其方法步骤如下：

1）求特殊点。点Ⅲ为最高点，它在最前素线上，故根据3″可直接作出3和3′。点Ⅰ、Ⅴ为最低点，也是最左、最右点，其水平投影1、5在底圆的水平投影上，据此可求出1′、5′。

2）求一般点。可利用辅助圆法(也可用辅助素线法)，即在正面投影3′与1′、5′之间画一条与圆锥轴线垂直的水平线，与圆锥最左、最右素线的投影相交，以两交点之间的长度为直径，在水平投影中画一圆，它与截交线的积聚性投影——直线相交于2和4，据此求出2′、4′。

3）依次将1′、2′、3′、4′、5′连成光滑的曲线，即为截交线的正面投影(图4-10b)。

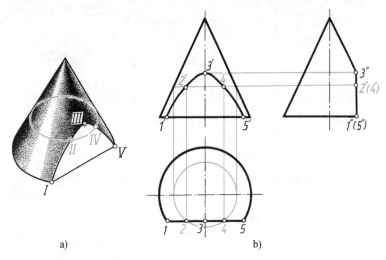

图4-10 正平面截切圆锥的截交线

（3）圆球的截交线 圆球被任意方向的平面截切，其截交线都是圆。当截平面为投影面平行面时，截交线在所平行的投影面上的投影为一圆，其余两面投影积聚为直线，如图4-11所示。该直线的长度等于圆的直径，其直径的大小与截平面至球心的距离B有关。

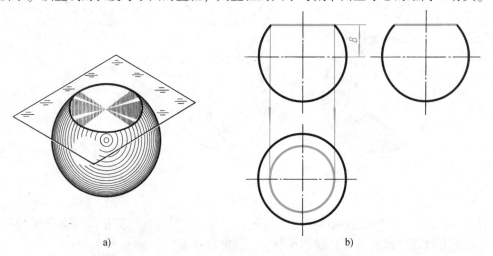

图4-11 球被水平面截切的三视图画法

例 6　画出开槽半圆球（图 4-12a）的三视图。

开槽半圆
球的三视
图画法

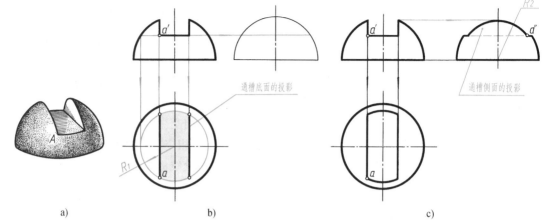

图 4-12　开槽半圆球的三视图画法

分析　由于半圆球被两个对称的侧平面和一个水平面所截切，两个侧平面与球面的截交线各为一段平行于侧面的圆弧，而水平面与球面的截交线为两段水平的圆弧。

作图　首先画出完整半圆球的三视图，再根据槽宽和槽深尺寸依次画出正面、水平面和侧面的投影，作图的关键在于确定圆弧半径 R_1 和 R_2，具体作法如图4-12b、c所示（左视图中外形轮廓线的"收缩"情况和槽底投影的可见性判断，与图 4-3 中左视图的分析相类似，故不再赘述）。

例 7　完成截切圆球的三视图（图 4-13）。

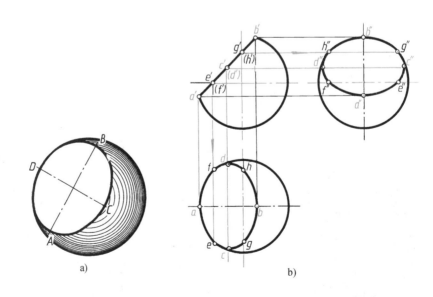

图 4-13　截切圆球的三视图画法

分析　如图 4-13a 所示，圆球被正垂面截切，截交线是一圆，其正面投影积聚为一直线段，线段的长度等于圆的直径；圆的水平投影和侧面投影均为椭圆。

作图 其方法步骤如下：

1）作特殊点。在正面投影中，a'为截交线上最左、最低点的投影，b'为最右、最高点的投影，由此求出水平投影 a、b 和侧面投影 a''、b''，而 ab 和 $a''b''$ 即为截交线投影——椭圆的短轴。取 $a'b'$ 的中点 $c'(d')$，它们分别为截交线上最前、最后点的正面投影，由此求出水平投影 c、d 和侧面投影 c''、d''，而 cd 和 $c''d''$ 即为截交线投影——椭圆的长轴。再由 e'、(f') 在球的水平投影（圆）上定出 e、f，并求出 e''、f''，由 g'、(h') 在球的侧面投影（圆）上定出 g''、h''，并求出 g、h（作图时要注意，椭圆与水平圆应相切于 e、f 两点，椭圆与侧面圆应相切于 g''、h'' 两点）。

2）求出适当数量的一般点。

3）光滑连接各点的同面投影，并去掉球面投影的多余轮廓线，即完成作图（图4-13b）。

实际机件常由几个回转体组合而成，当被平面截切时，截交线就变得比较复杂了。但只要分清构成机件的各种形体及截平面的位置，就可弄清每个形体上截交线的形状及各段截交线之间的关系。然后再逐段求出截交线的投影，并将它们连接起来，即可完成其作图。下面举例说明。

例8 画出图4-14a所示铣床顶针的投影图。

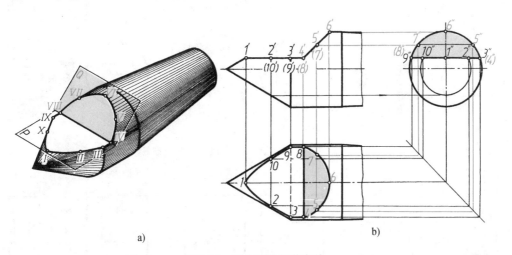

铣床顶针
的截交线

图4-14　铣床顶针的截交线

分析 铣床顶针由共轴的圆柱和圆锥体组成，被水平面和正垂面截切。水平面 P 截切圆锥（截交线是双曲线）和圆柱（截交线为两直素线），正垂面 Q 截切圆柱（截交线是椭圆的一部分），所得截交线由三部分组成，其正面投影与截平面的投影重合（积聚为两直线），侧面投影分别与圆柱面的投影（圆）及截平面 P 的投影（一直线）重合。因此，只需求出截交线的水平投影即可。

作图 其方法步骤如下：

1）作特殊点。根据正面投影和侧面投影（积聚性投影）可作出特殊点的水平投影 1、3、4、6、8、9。

2）求一般点。利用正面的积聚性投影可求出一般点的水平投影 5 和 7；用辅助圆法求出水平投影 2 和 10 等。

3）连线。将各点的水平投影依次光滑地连接起来，即为所求截交线的水平投影。

2. 看曲面切割体的三视图

看图提示：

看曲面切割体的三视图，与看平面切割体三视图的要求基本相同。此外，再强调几点：

1）要注意分析截平面的位置：一是分析截平面与被切曲面体的相对位置，以确定截交线的形状（如截平面与圆柱轴线倾斜，其截交线为椭圆，与圆锥轴线垂直，其截交线为圆等）；二是分析截平面与投影面的相对位置，以确定截交线的投影形状（如球被投影面垂直面切割，截交线圆在另两面上的投影则变成了椭圆等）。

2）要注意分析曲面体轮廓线投影的变化情况（存留轮廓线的投影不要漏画，被切掉轮廓线的投影不要多画）。此外，还要注意截交线投影的可见性问题。

下面提供几组三视图（图4-15～图4-18），希望读者自行阅读。看图时，应先看懂图形，然后再看轴测图。

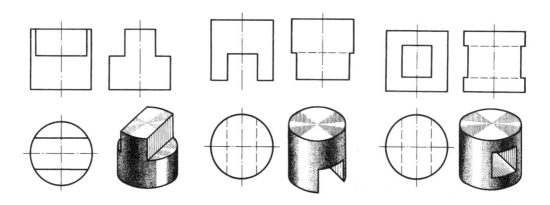

图4-15 带切口、开槽、穿孔圆柱体的三视图

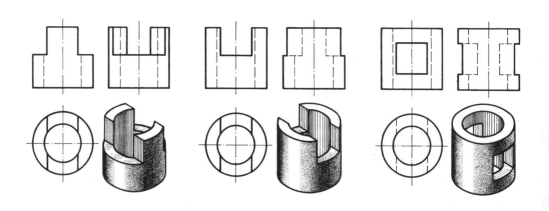

图4-16 带切口、开槽、穿孔空心圆柱体的三视图

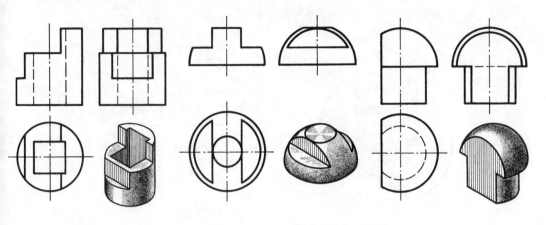

图 4-17　带切口、穿孔圆柱及半球体的三视图

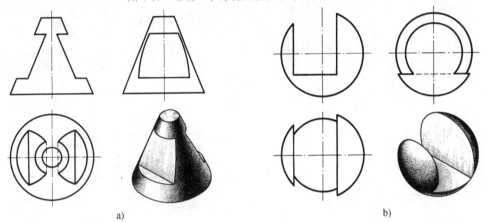

a)　　　　　　　　　　　　　　b)

图 4-18　带开槽圆台、圆球的三视图

第二节　相　贯　线

两立体相交，在其表面上产生的交线称为相贯线，如图 4-1c、d 和图 4-19a 所示。

平面立体、曲面立体都有相交情况。本节只讨论两回转体相交的相贯线的求法问题。

两回转体相交，其相贯线具有如下基本性质：

1）相贯线是两回转体表面上的共有线，也是两回转体表面的分界线，因此相贯线上的点是两回转体表面上的共有点。

2）相贯线一般为封闭的空间曲线，特殊情况下可能是平面曲线或直线。

求相贯线常采用"表面取点法"和"辅助平面法"。作图时，首先应根据两体的相交情况分析相贯线的大致伸展趋势，依次求出特殊点和一般点，再判别可见性，最后将求出的各点光滑地连接成曲线。

一、表面取点法

当圆柱的轴线垂直于某一投影面时，圆柱面在这个投影面上的投影具有积聚性，因而相贯线的投影与其重合，根据这个已知投影，就可用表面取点法求出其他投影。

例1 求正交两圆柱的相贯线的投影(图 4-19)。

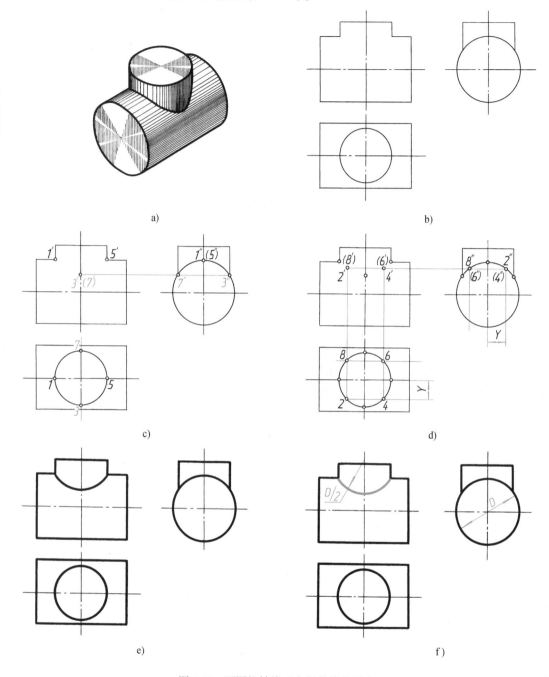

图 4-19 两圆柱轴线正交相贯线的画法

分析 由图 4-19a、b 可以看出，两圆柱的轴线垂直正交，小圆柱面的水平投影和大圆柱面的侧面投影都有积聚性，相贯线的水平投影和侧面投影分别与两圆柱的积聚性投影重合，两圆柱面的正面投影都没有积聚性，故只需用表面取点法求出相贯线的正面投影。

作图 具体方法步骤如下：

1）求特殊点。相贯线上的特殊点主要是处在相贯体转向轮廓线上的点，如图 4-19c 所示：小圆柱与大圆柱的正面轮廓线交点 $1'$、$5'$ 是相贯线上的最左、最右（也是最高）点，其投影可直接定出；小圆柱的侧面轮廓线与大圆柱面的交点 $3''$、$7''$ 是相贯线上的最前、最后（也是最低）点。根据 $3''$、$7''$ 和 3、7 可求出正面投影 $3'(7')$。

2）求一般点。在小圆柱的水平投影中取 2、4、6、8 四点（图 4-19d），作出其侧面投影 $2''$、$(4'')$、$(6'')$、$8''$，再求出正面投影 $2'$、$4'$、$(6')$、$(8')$。

3）连线。顺次光滑地连接点 $1'$、$2'$、$3'$……即得相贯线的正面投影（图 4-19e）。

通常，相贯线的投影可采用近似画法，即以大圆柱的半径为半径画弧，如图 4-19f 所示。

两圆柱的轴线由垂直相交逐渐分开时，相贯线由两条封闭的空间曲线变为一条封闭的空间曲线。即当两圆柱部分相交时，相贯线是一条封闭的空间曲线，其变化情况如图 4-20 所示。

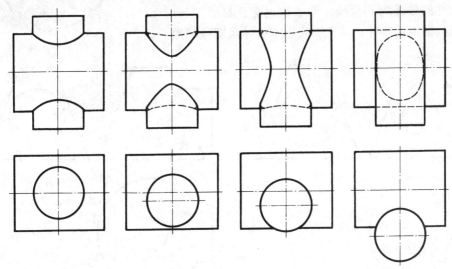

图 4-20　两圆柱相交相贯线的变化

当在圆筒上钻有圆孔时（图 4-21），则孔与圆筒外表面及内表面均有相贯线。内、外相贯线的画法相同，在图示情况下，内相贯线的投影应以大圆柱孔的半径为半径画弧（细虚线）。图 4-22 为在圆柱体上开圆孔的相贯线投影，也是用近似画法画出的。

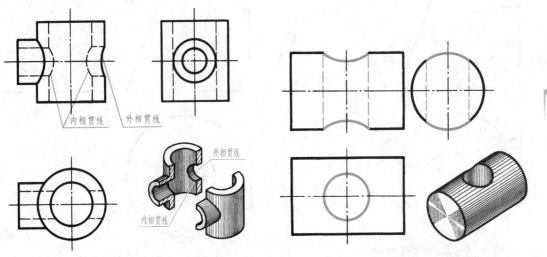

图 4-21　在圆筒上开通孔的画法　　　　图 4-22　在圆柱体上开通孔的画法

圆筒上开孔的画法

二、辅助平面法

用一辅助平面同时切割两相交体，则得两组截交线，两组截交线的交点即为相贯线上的点(如图 4-23 中的 V 和 VI)。这种求相贯线投影的方法，称为辅助平面法。

辅助平面的选择

选择辅助平面的原则是：选取特殊位置平面(一般为投影面平行面)，使其切得的截交线简单、易画，即为直线或圆。

例 2 圆柱与圆锥台相交，求相贯线的投影(图 4-24)。

分析 由图 4-23 和图 4-24 中看出，圆锥台的轴线为铅垂线，圆柱的轴线为侧垂线，两轴线正交且都平行于正面，所以相贯线前、后对称，其正面投影重合。因圆柱的侧面投

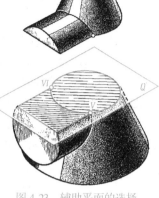

图 4-23 辅助平面的选择

求圆柱与圆锥台的相贯线

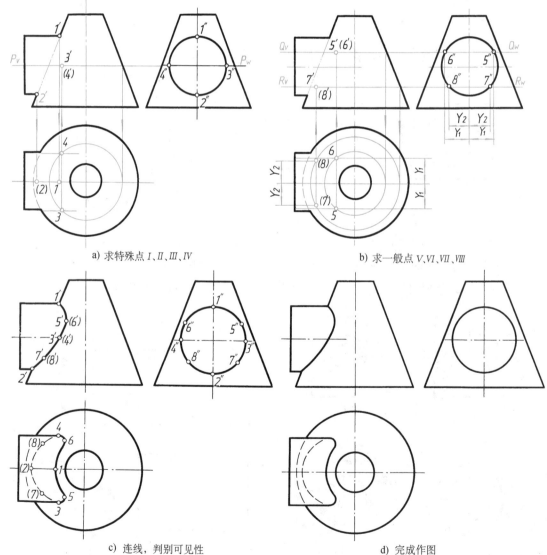

a) 求特殊点 I、II、III、IV

b) 求一般点 V、VI、VII、VIII

c) 连线，判别可见性

d) 完成作图

图 4-24 求圆柱与圆锥台的相贯线

影为圆,相贯线的侧面投影积聚在该圆上,故只须求作相贯线的水平投影和正面投影。本例用辅助平面法作图较为方便,选择的辅助平面为水平面,如图 4-23 所示。

作图 其方法步骤如下:

1)求特殊点。如图 4-24a 所示,由侧面投影可知 $1''$、$2''$ 是相贯线上最高点和最低点的投影,它们是两回转体正面投影外形轮廓线(即特殊位置素线的投影)的交点,可直接确定出 $1'$、$2'$,并由此投影确定出水平投影 1、(2);而 $3''$、$4''$ 是相贯线上最前点、最后点的侧面投影,它们在圆柱水平投影外形轮廓线上。可过圆柱轴线作水平面 P 为辅助平面(画出 P_V),求出平面 P 与圆锥面截交线圆的水平投影,该圆与圆柱面水平投影的外形轮廓线交于 3、4 两点,并求出 $3'$、$(4')$。

2)求一般点。如图 4-24b 所示,作水平面 Q 为辅助平面(参见图 4-23),首先画出 Q_V 和 Q_W,再求出 Q 与圆锥面的截交线圆的水平投影,并画出 Q 与圆柱面的截交线(两条直线)的水平投影,则圆与两条直线的交点 5、6 即为一般点 V、VI 的水平投影,最后在 Q_V 上确定出 $5'$ 和 $(6')$;同理,再作一水平辅助面 R,可求出 (7)、(8) 及 $7'$、$(8')$ 点。

3)连曲线。如图 4-24c 所示,因曲线前、后对称,所以在正面投影中,用粗实线画出可见的前半部曲线即可;水平投影中,由 3、4 点分界,在上半圆柱面上的曲线可见,将 $3\ 5\ 1\ 6\ 4$ 段曲线画成粗实线,其余部分不可见,画成细虚线。完成的图如图 4-24d 所示。

三、相贯线的特殊情况

两回转体相交,在一般情况下,表面交线为空间曲线。但在特殊情况下,其表面交线则为平面曲线或直线,特举如下几例:

1)当圆柱与圆柱、圆柱与圆锥相交,并公切于一个球时,相贯线为两个椭圆,它们在与两轴线平行的投影面上的投影,为相交的两直线,如图 4-25 所示(图 4-25e 为图 4-25a 的轴测图)。

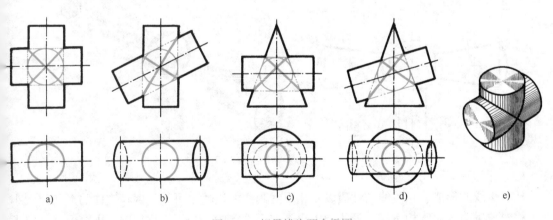

a)   b)   c)   d)   e)

图 4-25 相贯线为两个椭圆

2)当两轴线平行的圆柱及共锥顶的两个圆锥相交时,相贯线为两直线,其投影如图 4-26 所示。

3)当两同轴回转体相交时,相贯线是垂直于轴线的圆,其投影如图 4-27 所示。

图 4-28 是同轴回转体(水龙头把手)相交的实例。

在求两回转体的交线时,如果遇到上述这些特殊情况,就可以将交线的投影直接画出,而不必利用辅助平面法求得了。

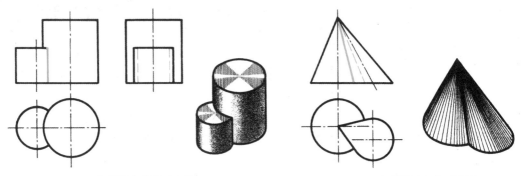

a) 相贯线为平行两直线　　　　　　　　　　　b) 相贯线为相交两直线

图 4-26　相贯线为两直线

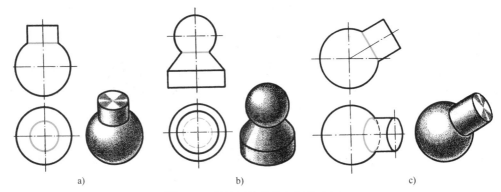

a)　　　　　　　　　　b)　　　　　　　　　　c)

图 4-27　同轴回转体的相贯线为圆

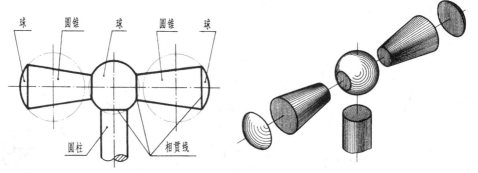

图 4-28　同轴回转体相交的实例

四、相贯线的简化画法

从相贯线的形成、相贯线的性质以及相贯线画法的论述中可知，两相交体的形状、大小及其相对位置确定后，相贯线的形状和大小是完全确定的。为了简化作图，国家标准规定了相贯线的简化画法。即在不致引起误解时，图形中的相贯线可以简化。例如用圆弧代替非圆曲线(图 4-19f)或用直线代替非圆曲线(图 4-29)。

此外，图形中的相贯线也可以采用模糊画法，如图 4-30 所示。

所谓模糊画法，是指一种不太完整、不太清晰、不太准确的关于相贯线的抽象画法，它是以模糊图示观点为基础，在画机件的相贯线(过渡线)时，一方面要求表示出几何体相交的概念，另一方面却不具体画出相贯线的某些投影。实质上，它是以模糊为手段的一种关于相贯线的近似画法。

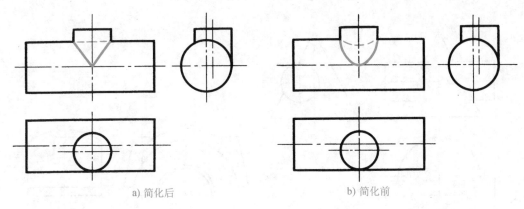

a) 简化后   b) 简化前

图 4-29 用直线代替非圆曲线的示例

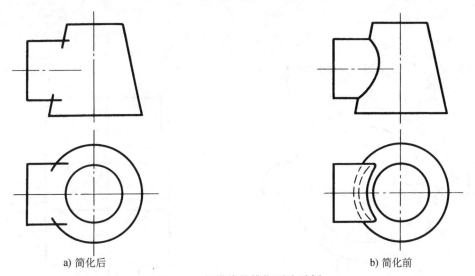

a) 简化后   b) 简化前

图 4-30 相贯线的模糊画法示例

图 4-31 为比较常见的相贯线的模糊画法的图例，供读者自行阅读。

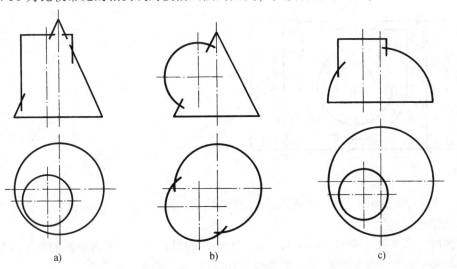

a)   b)   c)

图 4-31 相贯线的模糊画法图例

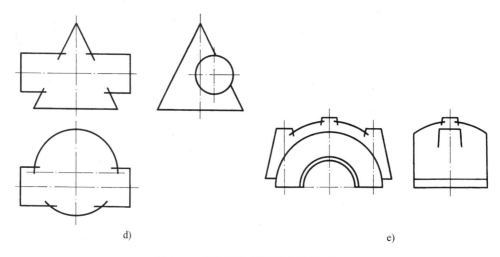

d)　　　　　　　　　　　　　　　e)

图 4-31　相贯线的模糊画法图例(续)

例 3　试看懂图 4-32 所示阀体上相贯线的投影。

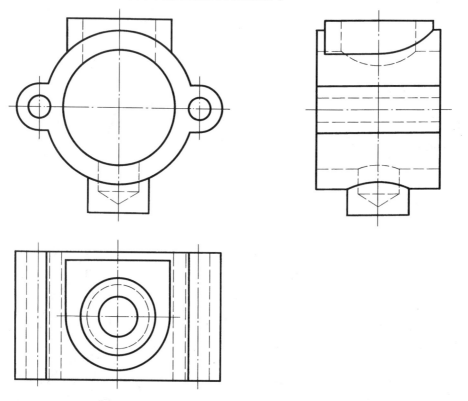

图 4-32　阀体的三视图

　　图 4-32 所示的阀体，内、外表面上都有相贯线。分析清楚它们的投影，将有助于想象机件的结构形状。

　　看图时，应首先弄清相交两体的形状、大小和相对位置，然后再分析相贯线的形状及其画法。想象出阀体的整体形状后，再参看其立体图(图 4-1d)。

由两个或两个以上基本几何体所组成的物体，称为组合体。本章重点讨论组合体三视图的画法、尺寸注法和看图方法，为学习零件图打下基础。

第一节　组合体的形体分析

一、形体分析法

任何复杂的物体，仔细分析起来，都可看成是由若干个基本几何体组合而成的。如图 5-1a 所示的轴承座，可看成是由两个尺寸不同的四棱柱、一个半圆柱和两个肋板（图 5-1b）叠加起来后，再切出一个较大圆柱体和四个小圆柱体而成的，如图 5-1c 所示。既然如此，画组合体的三视图时，就可采用"先分后合"的方法。也就是说，先在想象中把组合体分解成若干个基本几何体，然后按其相对位置逐个画出各基本几何体的投影，综合起来，即得到整个组合体的视图。这样，就可把一个复杂的问题分解成几个简单的问题加以解决。这种为了便于画图和看图，通过分析将物体分解成若干个基本几何体，并搞清它们之间相对位置和组合形式的方法，称为形体分析法。

轴承座的
形体分析

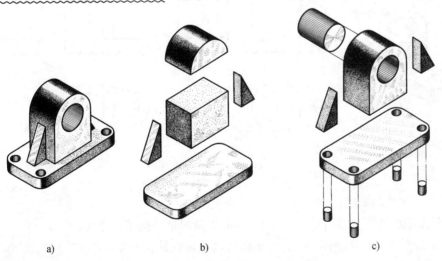

a)   b)   c)

图 5-1　轴承座的形体分析

二、组合体的组合形式

1. 叠加

叠加是两形体组合的简单形式。两形体如以平面相接触，就称为叠加。如图 5-2a 和图 5-3a 所示，该物体由底板和立板等组成，底板的上面和立板的下面是平面接触，属于叠加。

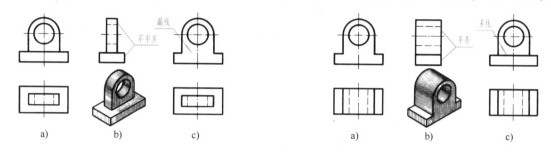

图 5-2　叠加画法(一)　　　　　　　　　　　　图 5-3　叠加画法(二)

画图时，对两形体表面之间的接触处，应注意以下两点：

1) 当两形体的表面不平齐时，中间应该画线，如图 5-2a 所示。

图 5-2c 的错误是漏画了线。因为若两表面投影分界处不画线，就表示成为同一个表面了。

2) 当两形体的表面平齐时，中间不应该画线，如图 5-3a 所示。

图 5-3c 的错误是多画了线。若多画一条线，就变成两个表面了。

还应指出，将物体分解成几个基本形体，是为了有次序地作图。这种分解是在想象中进行的，而实际物体是一个整体，切勿认为是由几个形体拼起来的。因此，两形体的表面平齐时，相接触处的"缝"是不能画线的。

2. 相切

图 5-4a 所示的物体，由圆筒和耳板组成。耳板前后两平面与圆筒表面光滑连接，这就是相切。

相切的特点及画法

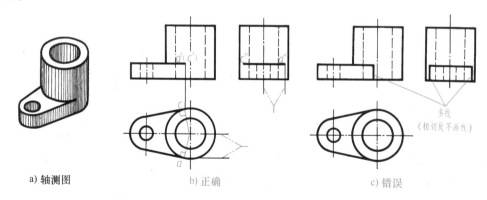

a) 轴测图　　　　　　　　b) 正确　　　　　　　　c) 错误

图 5-4　相切的特点及画法

视图上相切处的画法：

1) 两面相切处不画线(图 5-4b)。图 5-4c 的错误是多画了三条线。

2) 相邻平面(如耳板的上表面)的投影应画至切点处，如图 5-4b 中的 a'、a'' 和 c''。

3. 相交

图 5-5a 所示的物体，其耳板与圆柱属于相交，其表面交线(相贯线)的投影必须画出，如图 5-5b 所示。图 5-5c 的错误是漏画了三条线，多画了一条线。

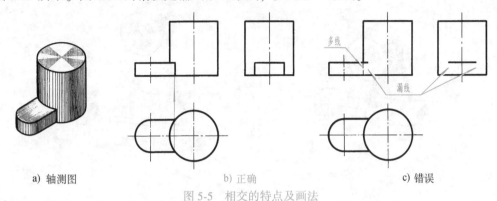

a) 轴测图　　　　　　　　　b) 正确　　　　　　　　　c) 错误

图 5-5　相交的特点及画法

4. 切割

图 5-6a 所示的物体，可看成是长方体经切割而形成的(图 5-6b)。画图时，可先画完整长方体的三视图，然后逐个画出被切部分的投影，如图 5-6c、d 所示。

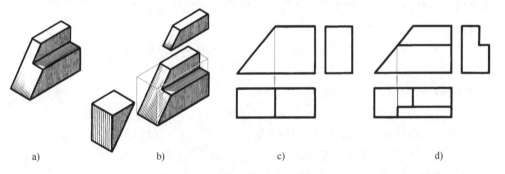

a)　　　　　　　b)　　　　　　　c)　　　　　　　d)

图 5-6　切割型组合体的画法

切割型组合体的画法

应指出，在实际画图时，往往会遇到一个物体上同时存在几种组合形式的情况，这就要求我们更要注意分析。无论物体的结构怎样复杂，但相邻两形体之间的组合形式仍旧是单一的，只要善于观察和正确地运用形体分析法作图，问题总是不难解决的。

第二节　组合体视图的画法

下面以图 5-7 所示轴承座为例，说明画组合体三视图的方法与步骤。

1. 形体分析

图 5-7a 所示轴承座是由底板、圆筒、肋板和支承板组成的。底板、肋板和支承板之间的组合形式为叠加；支承板的左右侧面与圆筒外表面相切，肋板与圆筒属于相贯，其相贯线为圆弧和直线。

2. 选择主视图

主视图应能明显地反映出物体形状的主要特征，同时还要考虑到物体的正常位置，图

5-7a 中的轴承座从箭头方向看去所得的视图，可作为主视图。主视图投射方向选定以后，俯视图和左视图的投射方向也就确定了。

轴承座

a)

圆筒

肋板

支承板

底板

b)

图 5-7　轴承座

3. 选比例、定图幅

要根据物体的大小和复杂程度选定作图比例和图幅。应注意，所选的幅面要比绘制视图所需的面积大一些，即留有余地，以便标注尺寸和画标题栏等。

4. 布置视图

布图时，应将视图匀称地布置在幅面上，视图间的空档应保证能注全所需的尺寸。

5. 绘制底稿

轴承座的画图步骤如图 5-8 所示。

为了迅速而正确地画出组合体的三视图，画底稿时，应注意以下两点：

1）画图一般应从形状特征明显的视图入手。先画主要部分，后画次要部分；先画看得见的部分，后画看不见的部分；先画圆或圆弧，后画直线。

2）物体的每一组成部分，最好是三个视图配合着画。也就是说，不要把一个视图画完后再画另一个视图。这样，不仅可以提高绘图速度，还能避免漏线、多线。

轴承座的
画图步骤

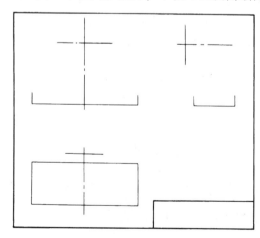

a) 布置视图并画出基准线

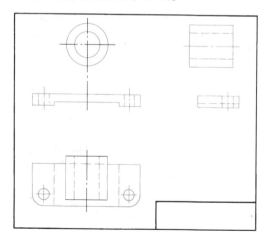

b) 画空心圆柱和底板

图 5-8　轴承座的画图步骤

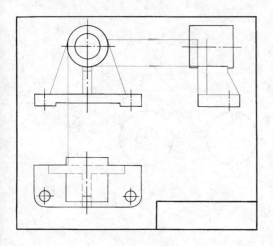

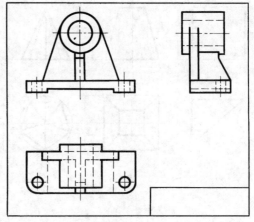

c) 画支承板和肋板　　　　　　　　d) 画细部，补细虚线，描深，完成全图

图 5-8　轴承座的画图步骤(续)

6. 检查描深

底稿完成后，应认真核对各组成部分的投影关系是否正确，分析相邻两形体衔接处的画法有无错误，再以模型或轴测图与三视图对照，无误后再描深图线，完成全图，如图 5-8d 所示。

第三节　组合体的尺寸标注

标注组合体尺寸的要求：正确——尺寸注法符合国家标准规定；完整——所注尺寸不多、不少、不重复；清晰——尺寸标注在明显部位，排列整齐，便于看图。

一、简单体的尺寸标注

1. 几何体的尺寸注法

几何体一般应标注长、宽、高三个方向的尺寸(图 5-9a)；正四棱台两正方形底面的尺寸也可只注一个边长，但须在尺寸数字前加注符号"□"(图 5-9b)；正棱柱、正棱锥也可标注其底的外接圆直径和高(图 5-9c)；圆柱、圆台等应注出高和底圆直径，直径尺寸前加注"ϕ"，如图 5-9d、图 5-9e 所示。圆球在直径尺寸前加注"$S\phi$"(图 5-9f)。图示情况下，这三个回转体只用一个视图就可将其形状和大小表示清楚。

2. 带切口和凹槽几何体的尺寸注法

如图 5-10 所示，它们除了标注几何体长、宽、高三个方向的尺寸外，还应标注切口的位置尺寸或凹槽的定形尺寸和定位尺寸(带括号的尺寸为参考尺寸)。

3. 截断体和相贯体的尺寸注法

如图 5-11 所示，截断体除了注出基本形体的尺寸外，还应注出截平面的位置尺寸(图 5-11a、b)；相贯体除了注出相贯两基本形体的尺寸外，还应注出两相贯体的相对位置尺寸(图 5-11c、d)。由于截交线和相贯线都是相交时形成的，对其不直接注出尺寸(见图 5-11 中打叉或注明处。)

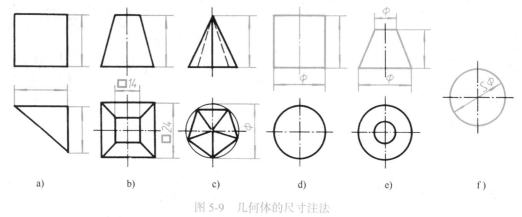

图 5-9　几何体的尺寸注法

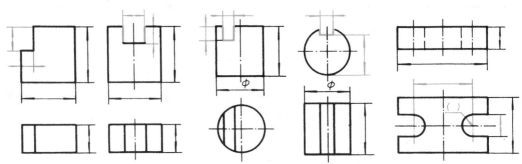

图 5-10　带切口和凹槽几何体的尺寸注法

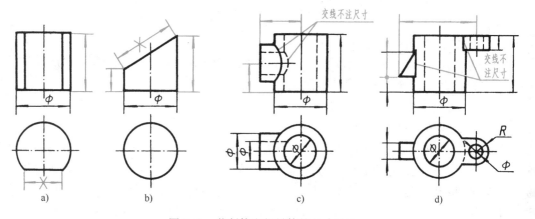

图 5-11　截断体和相贯体的尺寸注法

二、组合体的尺寸标注

1. 尺寸种类

为了将尺寸标注得完整，在组合体的视图上，一般需标注下列三种尺寸：

（1）定形尺寸　确定组合体各组成部分的长、宽、高三个方向的大小尺寸。

（2）定位尺寸　表示组合体各组成部分相对位置的尺寸。

（3）总体尺寸　表示组合体外形大小的总长、总宽、总高尺寸。

下面，以轴承座的三视图为例，说明上述三类尺寸的标注方法，如图 5-12 所示。

首先按形体分析法，将组合体分解为若干个组成部分，然后逐个注出各组成部分的定形尺寸。如图 5-12a 中确定空心圆柱的大小，应标注外径 φ22、孔径 φ14 和长度 24 这三个尺寸。底板的大小，应标注长 60、宽 22、高 6 这三个尺寸。其他尺寸的标注如图 5-12a 所示。

其次标注确定各组成部分相对位置的定位尺寸。图 5-12b 中空心圆柱与底板的相对位置，需标注轴线距底板底面的高 32 和空心圆柱在支承板的后面伸出的长 6 这两个尺寸。底板上的两个 φ6 孔的相对位置，应标注 48 和 16 这两个尺寸。

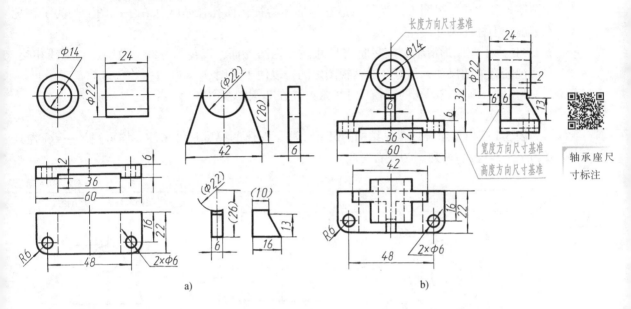

图 5-12　轴承座尺寸标注

最后标注总体尺寸。如图 5-12b 所示，底板的长度 60 为轴承座的总长。总宽由底板宽 22 和支承板后面伸出的长 6 决定。总高由空心圆柱轴线高 32 加上空心圆柱直径的一半决定，这种情况下，总高尺寸不可直接注出，即组合体的一端或两端为回转体时，必须采用这种标注形式，否则就会出现重复尺寸。

2. 尺寸基准

所谓尺寸基准，就是标注尺寸的起点。一般可选组合体的对称平面、底面、重要端面以及回转体的轴线等作为尺寸基准。图 5-13 所示轴承座的尺寸基准：以左右对称面作为长度方向的尺寸基准；以底板和支承板的后面作为宽度方向的尺寸基准；以底板的底面作为高度方向的尺寸基准。

基准选定后，各方向的主要尺寸就应从相应的尺寸基准进行标注。如图 5-12b 所示，主、俯视图中的 6、36、42、48、60 是从长度方向的基准出发标注的；俯、左视图中的 16、22、6、6 是从宽度方向的基准出发标注的；主、左视图中的 2、6、32 是从高度方向的基准出发标注的。

3. 标注尺寸的注意事项

所注尺寸必须完整、清晰。标注时，要从长、宽、高

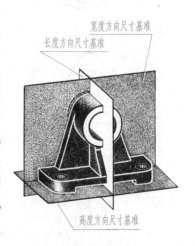

图 5-13　轴承座的尺寸基准

三个方向考虑。检查时，也要从这三个方向检查尺寸注得是否齐全。此外，还应注意：

1）各基本形体的定形、定位尺寸不要分散，要尽量集中标注在一个或两个视图上。例如，图 5-12b 中底板上两圆孔的定形尺寸 φ6 和定位尺寸 48、16 就集中注在俯视图上。这样集中标注对看图是比较方便的。

2）尺寸应注在表达形体特征最明显的视图上，并尽量避免注在细虚线上。如图 5-12b 中圆筒外径注在左视图上是为了表达它的形体特征，而孔径 φ14 注在主视图上是为了避免在细虚线上标注尺寸。

3）为了使图形清晰，应尽量将尺寸注在视图外面，以免尺寸线、数字和轮廓线相交。与两视图有关的尺寸，最好注在两视图之间，以便于看图。

4）同心圆柱或圆孔的直径尺寸，最好注在非圆的视图上。

4. 常见结构的尺寸注法

表 5-1 列出了组合体常见结构的尺寸注法。形体的厚度尺寸未注，均可视为一致（左列图为上下对应,右两列图为左右对应）。

表 5-1　组合体常见结构的尺寸注法

类别	图　　例	正　确　注　法	错误注法（只注出错处）
简化注法	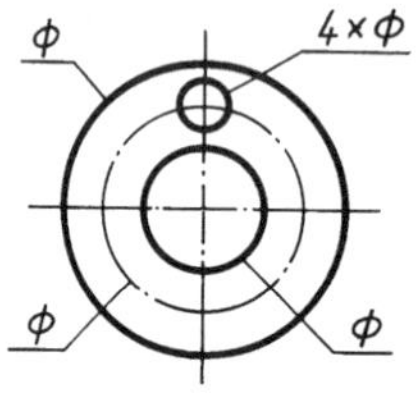	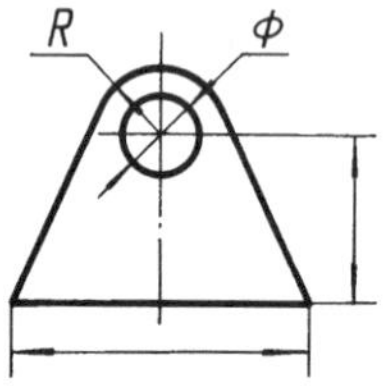	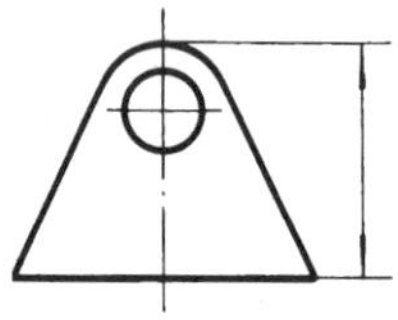
一般注法	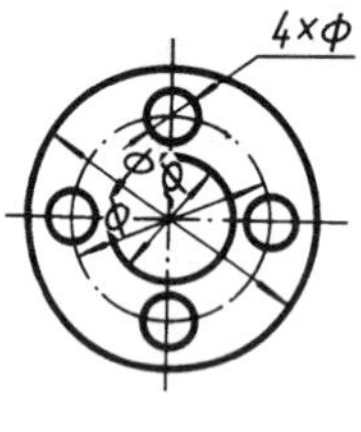	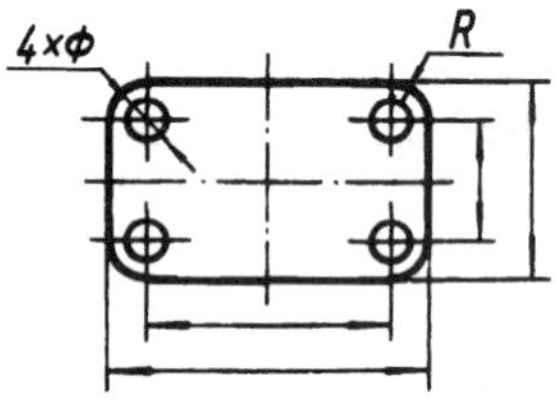	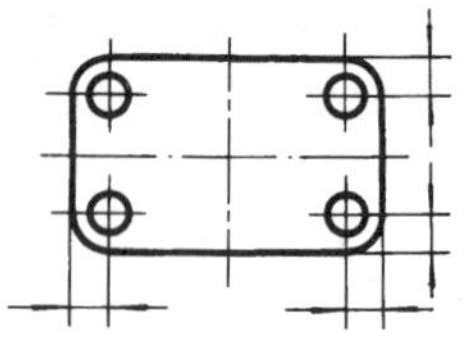
简化注法	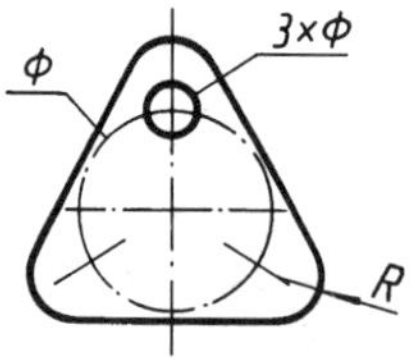	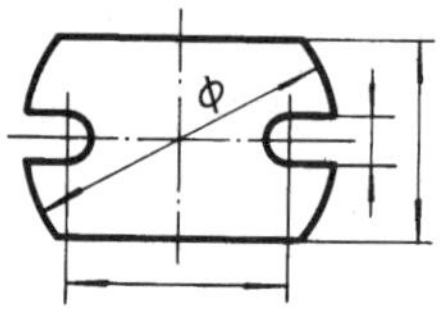	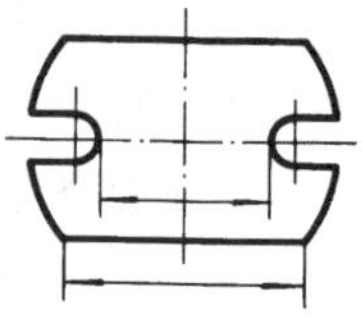
一般注法	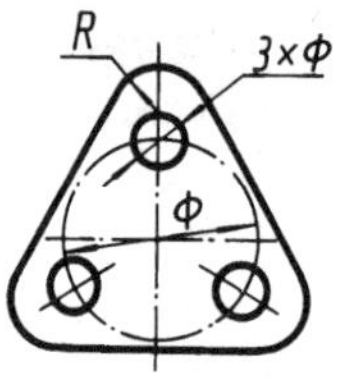	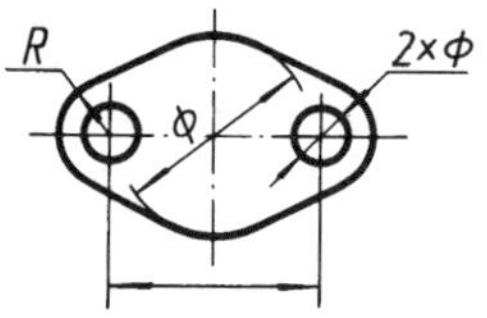	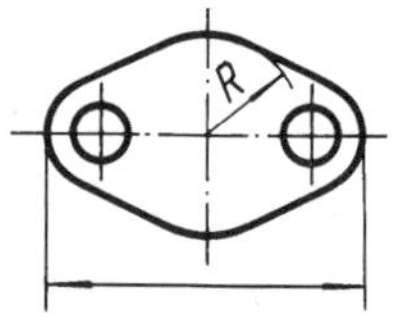

第四节　看组合体视图的方法

一、看图是画图的逆过程

如图 5-14 和图 5-15 所示，画图是通过视图来表达物体形状的过程，看图是将物体上的各点通过"旋转归位""三路还原"来想象物体形状的过程。

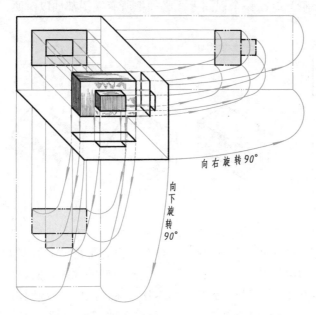

图 5-14　画图过程

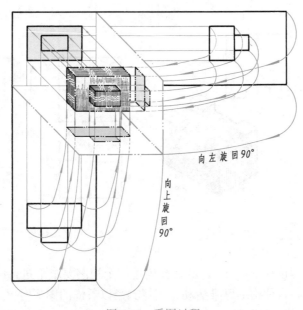

图 5-15　看图过程

由此可见,看图是画图的逆过程。也就是说,看图的实质,就是通过这种正向、逆向反复的思维活动,将视图中对应的点(线、面)返回空间而复原,在头脑中再现物体立体形状的过程。

二、看图的基本要领

1. 要把几个视图联系起来识读

我们已经知道,一个视图不能反映物体的唯一形状。有时两个视图也不能确定物体的形状,如图5-16所示,若只看主、俯两视图,它可以反映四个甚至更多形状不同的物体。因此,看图时不要将眼睛只盯在一个视图上,必须把所有视图都加以对照、分析,才能想象出物体的确切形状。

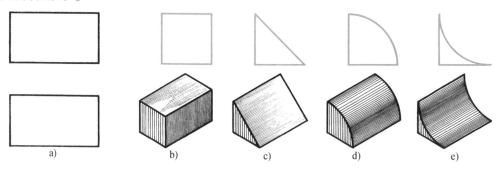

a)　　　　b)　　　　c)　　　　d)　　　　e)

图5-16　补画形状不同的左视图

2. 要注意利用细虚线分析相关组成部分的形状和相对位置

利用好细虚线这个"不可见"的特点,对看图很有帮助,尤其对判定形体之间的相对位置(因它们均处于物体的"中部"或"后部"),会有更好的效果。例如:图5-17中细虚线所示的凹坑为十字形,在下面,对称分布;图5-18主视图中细虚线圆所示的形体为圆柱形,在后部;图5-18俯视图中的两条细虚线,则表示在前方的四棱柱中部开了一个长方形的通孔。

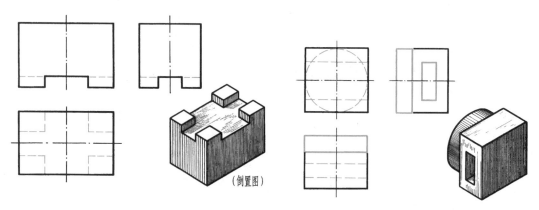

图5-17　利用细虚线分析物体形状(一)　　　　图5-18　利用细虚线分析物体形状(二)

3. 要善于运用"构形思维"

第二章介绍的"识读一面视图",就是在满足一个视图要求下进行的构形思维训练。看三面视图也始终伴随着这种构形思维活动,当遇到难以看懂的图形时更是如此。下面,通过一组图形说明运用构形思维看图的过程和方法。

例如，已知图 5-19a 所示某一物体三视图的外轮廓，要求构思物体的形状，并完成三视图。

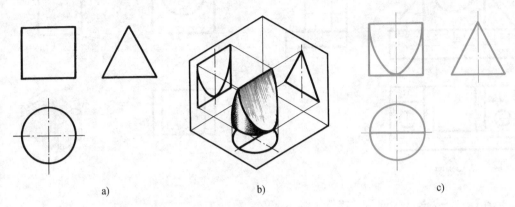

图 5-19　运用构形思维完成三视图

这三个图，一看便可发现，主、俯、左视图不符合投影关系，此时需多设想几种可能的形体，与三视图相对照：

假设是圆柱体——左视图是三角形，显然不对。

如果是圆锥体——主视图是正方形，还是不对。

若是三棱柱——俯视图为圆，无法解释。

至此，圆锥、棱柱(还有圆球、棱锥)等都已排除，也就只能再进一步分析圆柱体了：既然主、俯视图符合其投影关系，看来只要判断出左视图的三角形是怎样得来的，即可解决问题。结果想象出：若是沿圆柱顶圆的水平中心线，用两个相交的侧垂面，切至圆柱最前、最后素线与其底圆的交点处，所得截交线的侧面投影则积聚为两条线，它正是三角形的两个侧边。经过如此反复，解决了构形问题，然后再在主视图上补画两条截交线(半个椭圆)的投影(重合)，在俯视图上补画两个截平面交线的投影就完成作图了，其物体形状及其三视图如图 5-19b、c 所示。

三、看图的方法和步骤

1. 形体分析法

形体分析法也是看组合体视图的基本方法。形体分析法的着眼点是"体"，即组成物体的各基本体；其核心是"分部分"，即将组成物体的各个基本体分解出来。这样，看图时就可把一组复杂的图形分解成几组简单的图形来识读，以起到将"难"变"易"之效。

"分部分"应从视图中反映物体形状特征最明显的线框入手。如识读图 5-20a 所示的三视图，就应分别从具有形状特征的线框 I、II、III 入手，以"一个线框表示一个体"的含义进行分析，将物体的组成部分分解出来。

综上所述，并结合图 5-20a，可将看图步骤概括为：

(1) 抓住特征分部分　如图 5-20a 所示，将其分为三大部分。

(2) 对准投影想形状　如图 5-20b~d 中的粗实线和轴测图所示。

(3) 综合起来想整体　将各部分形体按其相对位置加以组合，即可想象出该体的整体形状，如图 5-21 所示。

应该指出，分部分通常应从主视图入手，但由于物体上每一组成部分的特征并非总是全

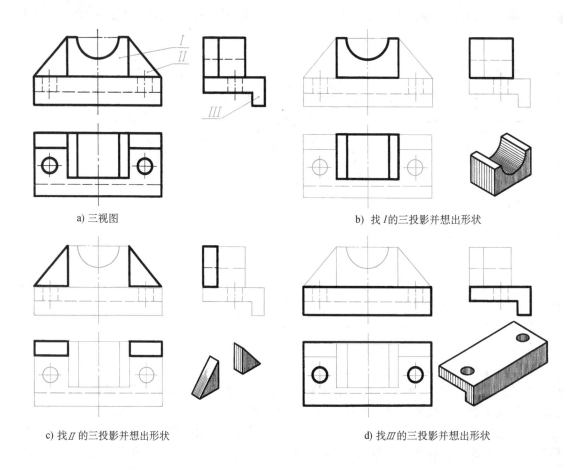

a) 三视图　　　　　　　　　　　　　　　b) 找 *I* 的三投影并想出形状

c) 找 *II* 的三投影并想出形状　　　　　　d) 找 *III* 的三投影并想出形状

图 5-20　运用形体分析法看图

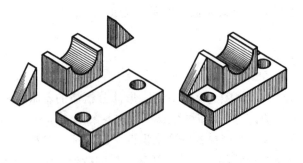

图 5-21　轴承座的轴测图

部集中在主视图上,因此,在抓特征分部分时,无论哪个视图或视图中的哪个部位,只要其形状特征明显,就应从那里入手(图 5-20a),而能够看懂的部分则没有必要细分。

此外,看图时应先看主要部分,后看次要部分;先看容易确定的部分,后看难以确定的部分;先看大体形状,后看细部形状。

2. 线面分析法

将物体的表面进行分解,弄清各个表面的形状和相对位置的分析方法,称为线面分析法。

　　线面分析法常用于分析视图中局部投影复杂之处，将它作为形体分析法的补充。但在看切割体的视图时，主要利用线面分析法。

　　例1　看懂图5-22a所示的三视图。

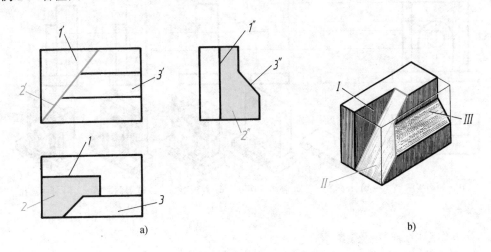

图5-22　利用线面分析法看图

　　该体的原始形状为长方体，经多个平面切割而成，属于切割体，采用线面分析法看图为宜。

　　线面分析法的着眼点是"面"。看图时，一般可采用以下步骤：

　　（1）分线框，定位置　凡"一框对两线"，则表示投影面平行面；"一线对两框"，则表示投影面垂直面；"三框相对应"，则表示一般位置平面。

　　分线框可从平面图形入手，如从三角形 *1'* 入手，找出对应投影 *1* 和 *1"*（一框对两线，表示 I 为正平面）；也可从视图中较长的"斜线"入手，如从 *2'* 入手，找出 *2* 和 *2"*（一线对两框，表示 II 为正垂面）。同样，从斜线 *3"* 入手，找出 *3* 和 *3'*（一线对两框，表示 III 为侧垂面）。其中，尤其应注意视图中的长斜线（特征明显），它们一般为投影面垂直面的投影，抓住其投影的积聚性和另两面投影均为平面原形类似形的特点，便可很快地分出线框，判定出"面"的位置。

　　（2）综合起来想整体　切割体往往是由几何体经切割而形成的，因此，在想象整个物体的形状时，应以几何体的原形为基础，以视图为依据，再将各个表面按其相对位置综合起来，即可想象出整个物体的形状，如图5-22b所示。

　　四、看图举例

　　在看图练习中，常常要求根据已知的视图，补画所缺的第三视图或补画视图中所缺的图线，这是培养和检验看图能力的两种有效方法。下面，将举例说明"补图""补线"的方法和步骤。

　　1. 由两视图补画第三视图

　　补画所缺的第三视图，可以先将已知的两视图看懂再补画，也可以边看、边想、边画，看懂一处，补画一处。

　　例2　根据主、俯两视图（图5-23a），补画左视图。

根据主、俯两视图，经过线框分析可以看出，该物体是由底板、前半圆板和后立板叠加起来后，又切去一个通槽、钻一个通孔而形成的。

具体作图步骤，如图 5-23b~f 所示。

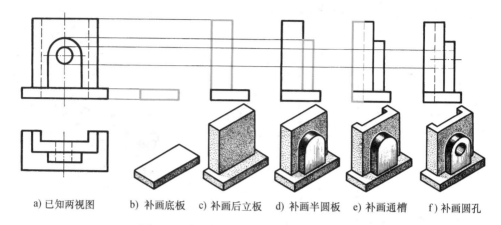

a) 已知两视图　　b) 补画底板　　c) 补画后立板　　d) 补画半圆板　　e) 补画通槽　　f) 补画圆孔

图 5-23　由已知两视图补画第三视图的步骤

2. 补画视图中所缺的图线

补画视图中所缺的图线，应按部分对投影，如发现缺线就应立即补画，要勤于下笔。补出的缺线越多，越容易发现新的缺线。补完缺线之后，再将想象出的物体与三视图相对照，如感到有"不得劲"的地方(往往缺线)，还须再推敲、修正，直至完成。

例 3　补画三视图中所缺的图线(图 5-24a)。

具体作图步骤，如图 5-24b~f 所示(图 5-24f 中附有该体的轴测图)。

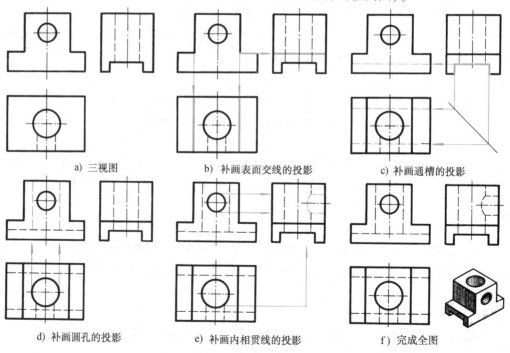

a) 三视图　　　　　b) 补画表面交线的投影　　　c) 补画通槽的投影

d) 补画圆孔的投影　　e) 补画内相贯线的投影　　f) 完成全图

图 5-24　补画缺线的步骤

例4 看懂图 5-25a 所示支架的三视图。

看图步骤如下：

1）抓住特征分部分。通过形体分析可知，该支架可分为五部分：圆筒Ⅰ、底板Ⅱ、支承板Ⅲ、肋板Ⅳ、凸台Ⅴ，如图 5-25a 所示。

2）对准投影想形状。根据每一部分的三面投影，逐个想象出各基本体的形状和位置，如图 5-25b~e 所示。

3）综合起来想整体。如图 5-25f 所示。

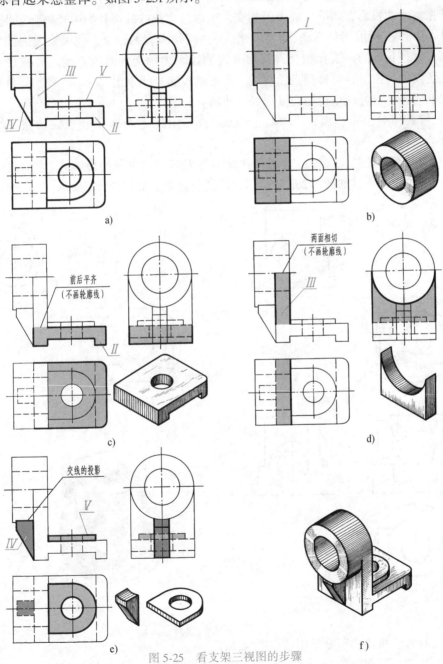

看支架三视图的步骤

图 5-25 看支架三视图的步骤

下面再举两个例子,供读者自行阅读。

例5 根据俯、左两视图(图5-26a),补画主视图。

由俯、左视图的对应投影可以看出,该体是由四个空心圆柱Ⅰ、Ⅱ、Ⅲ、Ⅳ组合而成的,如图5-26a、d所示。圆柱Ⅰ的前、后各有一个切口,分别由水平面和正平面切出,圆柱Ⅰ与Ⅱ属于叠加,圆柱Ⅲ与Ⅱ,Ⅳ与Ⅰ、Ⅱ均属于相贯。可见,补画主视图的关键在于求出这些相贯线及切口截交线的投影。

对于每对相贯的两圆柱,由于其轴线均为垂直正交,且都平行于正面,故可采用近似画法画出其相贯线的投影,两圆柱外表面相交,须以较大圆柱的半径为半径画弧(圆柱Ⅳ同时与圆柱Ⅰ、Ⅱ相交,所取半径不同,切勿取错);两圆孔内表面相交,须以较大圆孔的半径为半径画弧;直径相等的两圆孔相交,其相贯线的投影为相交的两段直线。圆柱Ⅰ前、后切口的截交线投影为矩形,可根据点、直线、平面的投影规律求出。

根据上述分析,补画主视图应采用如下步骤:

1) 先按其相对位置画出四个圆柱的投影,并画出圆柱外表面相贯线及截交线的投影(图5-26b)。

2) 画出所有圆孔的轮廓线的投影,并画出其内表面相贯线的投影(应注意圆柱Ⅳ左端面不可见部分的投影),如图5-26c所示。该体的整体形状如图5-26d所示。

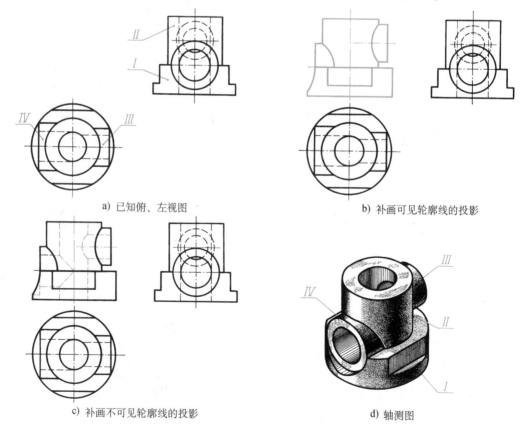

a) 已知俯、左视图　　　　　　　　　　　b) 补画可见轮廓线的投影

c) 补画不可见轮廓线的投影　　　　　　　　d) 轴测图

图5-26 由俯、左视图,补画主视图

例6 补画三视图中所缺的图线(图5-27a)。

分析 从三个不完整的视图可以看出,该体大致由三大部分组成(以俯视图为主进行分析），前部为半圆柱，中部为四棱柱，后部为半圆板（它们基本是按"一个线框表示一个体"的含义分析的），其组合形式为叠加。据此，可补画出半圆柱与四棱柱及半圆板与四棱柱表面之间交线的投影，如图 5-27b（粗实线）所示。下面对图形中的面形进行分析：线框Ⅰ与主、左视图中的对应投影为两条水平线，由此确定该面为水平面。将线框Ⅰ与线框Ⅱ相对照可以看出，在四棱柱的前上方被切出一个小四棱柱。据此，应在左视上补画出两条细虚线，如图 5-27c 所示。左视图中的斜线，表示在四棱柱的前上方又被侧垂面斜切去一块，在其左、右各形成一个小三棱柱（配合补画出的两条细虚线看出），进而补画出它们与四棱柱表面交线的投影，如图 5-27d 所示（同时补画出了圆孔的投影）。描深图线，即完成作图（图 5-27e）。

作图 具体作图步骤如图 5-27b~e 所示，图 5-27f 为该物体的轴测图。

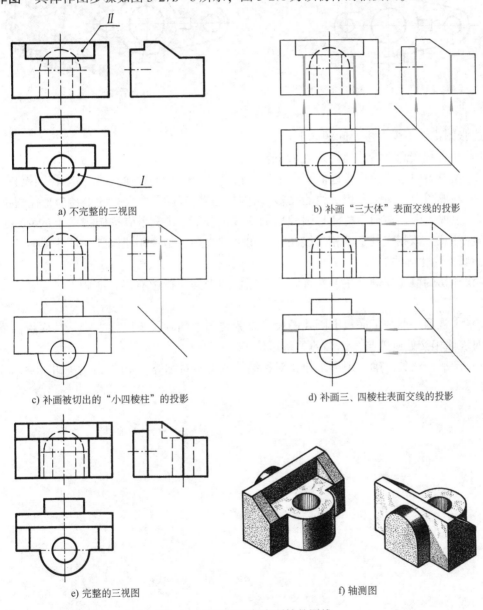

a) 不完整的三视图

b) 补画"三大体"表面交线的投影

c) 补画被切出的"小四棱柱"的投影

d) 补画三、四棱柱表面交线的投影

e) 完整的三视图

f) 轴测图

图 5-27 补画三视图中所缺的图线

例 7 识读三视图(5-28a)。

本例改变一下识图方式,来审核一张三视图。

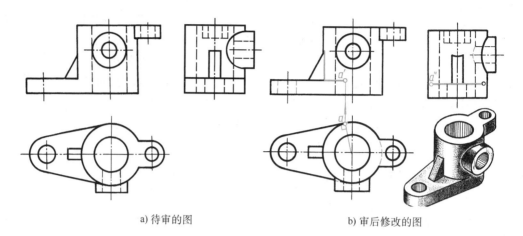

a) 待审的图　　　　　　　　　　　　b) 审后修改的图

图 5-28　审核并修改三视图

这张图错误不少,主要问题如下:

1) 相贯线概念不清,错漏之处如下:

① 左视图中,外相贯线近似画法半径取错(应以图中大圆柱的半径为半径画弧)。

② 左视图中,漏画内相贯线的投影(两内孔相贯,应以图中大孔的半径为半径画弧)。

③ 主视图中,漏画三棱柱与圆柱表面交线的投影(其投影应按俯视图上的对应投影画出)。应注意,该相交处上端相贯线在左视图上的投影,是一小段圆弧,图中画成直线是允许的,属于简化画法。

2) 相切的概念模糊。主、左视图中,底板的上表面投影有误,应画至"切点" *a* 的投影处。

3) 主视图中漏画了底板上圆孔的投影。俯视图中漏画了一段细虚线,其底板前面和圆柱左前表面相交处遮挡与被遮挡的关系错位。

4) 图形画法欠准确,图形歪扭,对称结构画得不对称等。修改后的图如图 5-28b 所示。

机件的表达方法

前面已介绍了用主、俯、左三个视图表达机件的结构形状。在生产实际中，有些简单的机件只用一个或两个视图并注上尺寸，就可以表达清楚了。然而，有些复杂的机件，即使用三个视图也难以将其内外结构形状清楚地表达出来。因此，必须增加表示方法，扩充表达手段。国家标准《技术制图》和《机械制图》对此做出了规定。本章将重点介绍其中的视图、剖视图、断面图、局部放大图和图样简化画法等各种表示法。

第一节 视 图

视图（GB/T 17451—1998、GB/T 4458.1—2002）主要用来表达机件的外部结构和形状，一般只画出机件的可见部分，必要时才用细虚线表达其不可见部分。

视图通常有基本视图、向视图、局部视图和斜视图四种。

一、基本视图

物体向基本投影面投射所得的视图，称为基本视图。

在原有三个投影面的基础上，再增加三个投影面（图6-1）构成一个正六面体，这六个面称为基本投影面。这样，表示一个机件就有六个基本投射方向，可获得六个基本视图，除主视图、俯视图、左视图外，还有右视图、仰视图和后视图，如图6-2所示。

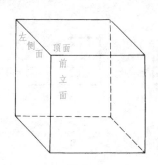

图6-1　六个基本投影面

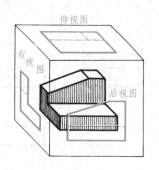

图6-2　右、后、仰视图的形成

新增的三个基本投射方向、三个基本视图的名称如下：

自物体的右方投射——右视图；

自物体的下方投射——仰视图；

自物体的后方投射——后视图。

六个基本投影面的展开如图 6-3 所示。

六个基本视图的配置关系如图 6-4 所示。在同一张图纸内照此配置视图时，可不标注视图名称。

六个基本
投影面

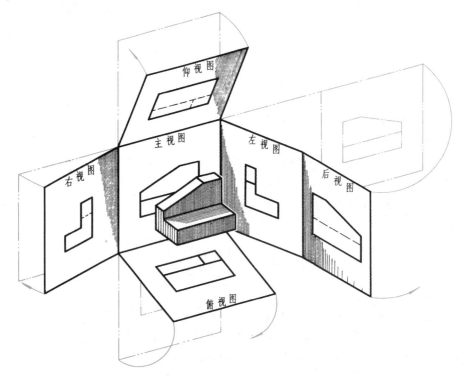

图 6-3　六个基本投影面的展开

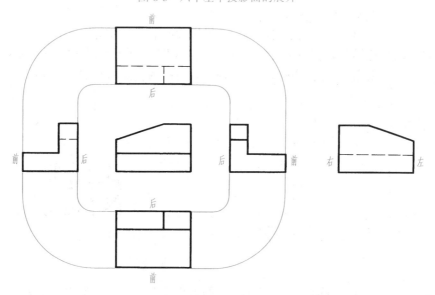

图 6-4　六个基本视图的配置关系

如图 6-4 所示，六个基本视图之间仍符合"长对正、高平齐、宽相等"的投影规律。除后视图外，各视图的里边(靠近主视图的一边)均表示机件的后面；各视图的外边(远离主视图的一边)均表示机件的前面。

二、向视图

在实际设计绘图中，有时不能同时将六个基本视图都画在同一张图纸上。为了解决这一问题，国家标准规定了一种可以自由配置的视图——向视图(图 6-5)。

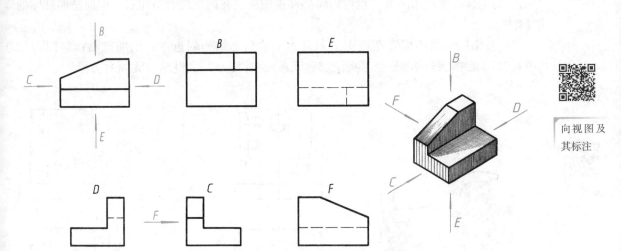

向视图及其标注

图 6-5 向视图及其标注

画向视图时，要注意以下几点：

1) 因为向视图的位置可随意配置，为使看图者不致产生误解，所以必须予以明确标注。即在向视图的上方标注"×"("×"为大写拉丁字母)，在相应视图的附近用箭头指明投射方向，并标注相同的字母，如图 6-5 所示。

2) 向视图是基本视图的另一种表达方式，是移位配置的基本视图。向视图是正射获得的，既不能斜射，也不可旋转配置；否则，就不是向视图，而是斜视图了。

3) 向视图不能只画出部分图形，必须完整地画出投射所得的图形；否则，投射所得的局部图形，就是局部视图而不是向视图了。

4) 表示投射方向的箭头尽可能配置在主视图上，以使所获视图与基本视图相一致。表示后视图投射方向的箭头，应配置在左视图或右视图上。

三、局部视图

将物体的某一部分向基本投影面投射所得的视图，称为局部视图。

图 6-6a 所示的机件采用主、俯两个基本视图，其主要结构已表达清楚，但左、右两个凸台的形状不够明晰。若因此再画两个基本视图(图 6-6c 中的左视图和右视图)，则大部分属于重复表达；若只画出基本视图的一部分，即用两个局部视图来表达(图 6-6b)，则可使图形重点更为突出，左、右凸台的形状更清晰。

画局部视图时，应注意以下几点：

1) 局部视图的断裂边界常以波浪线(或双折线、中断线)表示，如图 6-6b 中的左视图。

2）当所表示的局部结构是完整的，且图形的外形轮廓呈封闭时，可省略表示断裂边界的波浪线(或双折线、中断线)，如图 6-6b 中的 B 视图。

3）局部视图可按基本视图的形式配置(图 6-6b 中的左视图)。也就是说，当局部视图按投影关系配置，中间又没有其他图形隔开时，可省略标注。

4）局部视图可按向视图的形式配置(图 6-6b 中的 B 视图)。也就是说，局部视图通常应配置在投射箭头所指的方向或基本视图的位置，以便与原来的基本视图保持相对应的投影关系。为了合理地利用图纸，也可以将局部视图配置在图纸的合适位置，但应按向视图的规则标注。

5）按第三角画法配置在视图上所需表示的局部结构附近，并用细点画线将两者相连(图 6-7)，无中心线的图形也可用细实线联系两图(图 6-8)，此时，无须另行标注。

局部视图

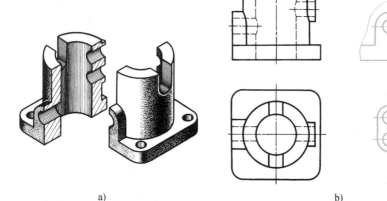

a)　　　　　　　　　　　　　　b)　　　　　　　　　　c)

图 6-6　局部视图(一)

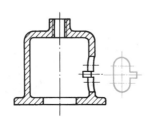

图 6-7　局部视图(二)

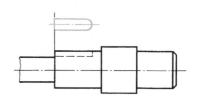

图 6-8　局部视图(三)

四、斜视图

物体向不平行于基本投影面的平面投射所得的视图，称为斜视图。

当机件上某部分的倾斜结构不平行于任何基本投影面时，则在基本视图中不能反映该部分的实形，会给绘图和看图都带来困难。这时，可选择一个新的辅助投影面，使它与机件上倾斜的部分平行(且垂直于某一个基本投影面)。然后，将机件上的倾斜部分向新的辅助投影面投射(图 6-9)，再将新投影面按箭头所指方向旋转到与其垂直的基本投影面重合的位置，即可得到反映该部分实形的斜视图，如图 6-10a 所示。

斜视图只反映机件上倾斜结构的实形，其余部分省略不画。斜视图通常按向视图的配置形式配置并标注，其断裂边界可用波浪线或双折线表示，如图 6-10a 的 *A* 视图所示。

必要时，允许将斜视图旋转配置，但须画出旋转符号(图 6-10b，表示该视图名称的字母应靠近旋转符号的箭头端，也允许将旋转角度标注在字母之后)。斜视图可顺时针旋转或逆时针旋转，但旋转符号的方向要与实际旋转方向一致。

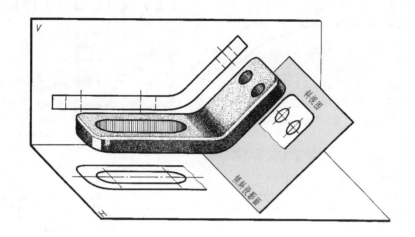

图 6-9　斜视图的形成

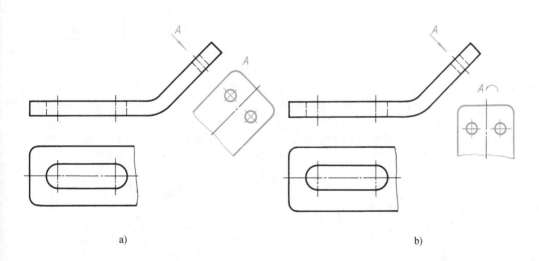

a)　　　　　　　　　　　　　　　　　　　　　　b)

图 6-10　斜视图

斜视图的
形成

下面，再看几张图，见表 6-1。本章的机件表达方法全部具有实用价值，故在主要内容后，都将以同样的形式安排一些自行阅读的看图材料，以扩大视野，了解更多的表达方法，提高看图能力。多数图例(在其左上角标"※"者)配有立体图，统一列在表 6-7 中。

看图时，应先看图例(分析视图名称、投射方向、画法和标注等)，后读说明，再将想象出来的机件形状（指表中左上角画"※"者，后同）从无序排列的立体图(表 6-7)中辨认出来，加以验证。

表 6-1　识读基本视图和辅助视图

识读图例	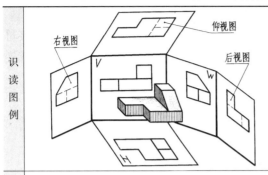	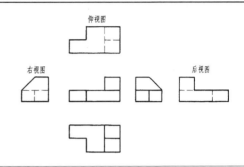
说明	该图展示出六个基本视图的形成和展开过程,从中可清楚地看出物体与视图的方位,即俯视图、左视图、右视图、仰视图的"外前、里后"的对应关系	此为左图展开后六个基本视图的排列方法,即一旦主视图被确定之后,其他视图的位置关系也就随之确定了。通过分析还会发现,俯视图与仰视图,左视图与右视图,主视图与后视图的形状是一一对应且相反的
识读图例	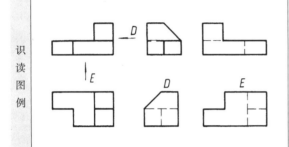	※ 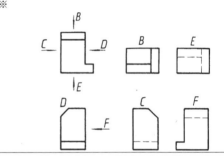
说明	上面的六个图形中,右视图(D)、仰视图(E)未按基本视图的位置配置,即为向视图。看图时,首先应根据向视图上方的字母和在其他视图上注有相同字母的箭头,确定向视图的投射方向和名称,然后再假想将其归于基本视图中原来的位置,与相应视图(如主、俯视图)对照,这样对想象机件的形状是有好处的	根据视图名称和相应的箭头所指,可知 B、C、D、E、F 视图均为向视图,它们依次为俯、左、右、仰、后视图。从中看出,表示投射方向的箭头多注在主视图上,以使所获视图与基本视图相一致,而表示后视图投射方向的箭头通常注在左视图或右视图上。看图时,应先找出主视图,再将向视图与其相对照,想象机件形状
识读图例	※ 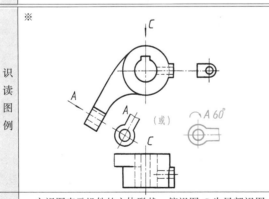	※ 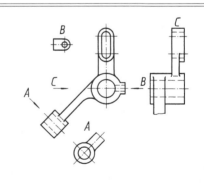
说明	主视图表示机件的主体形状,俯视图 C 为局部视图,因与主视图间有图形隔开,故予标注。A 视图为斜视图,也可旋转配置(见右图):表示它是向右旋转 60°配置的。另一局部视图是按第三角画法配置的,不需另行标注。若移位配置,则必须标注,且为第一角画法	根据视图的位置和标注情况可知,左视图为局部视图;A 视图是斜视图(按投影关系配置);B 视图是局部视图(移位,按向视图配置和标注)。主视图和两个局部视图反映出较大圆筒及其凸台和立板的形状,斜视图 A 则反映出倾斜圆筒及与连接板的连接情况

第二节 剖 视 图

当机件的内部结构比较复杂时，视图中的细虚线较多，这些细虚线以及它们与实线之间往往重叠交错，大大地影响了图形的清晰度，既不便于画图、看图，也不便于标注尺寸。为了解决这些问题，国家标准规定了剖视图的基本表示法。

一、剖视的基本概念

1. 剖视图的定义（GB/T 17452—1998、GB/T 4458.6—2002）

假想用剖切面剖开物体，将处在观察者和剖切面之间的部分移去，而将其余部分向投影面投射所得的图形，称为剖视图，可简称剖视（图6-11）。

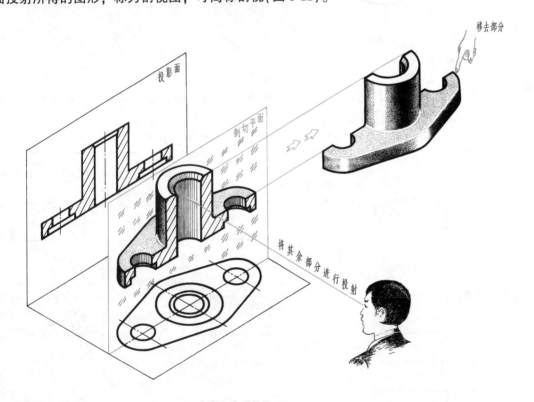

剖视图的
形成

图6-11 剖视图的形成

将视图与剖视图相比较（图6-12），可以看出，由于主视图采用了剖视的画法（图6-12b），将机件上不可见的部分变成了可见的，图中原有的细虚线变成了粗实线，再加上剖面线的作用，使机件内部结构形状的表达既清晰，又有层次感。同时，画图、看图和标注尺寸也都更为简便。

2. 画剖视图的注意事项

（1）分清剖切的真与假　剖切是假想的，并不是真的把机件切开并拿走一部分（但画剖视的图形时则应以假当真），因此当一个视图取剖视后，其余视图应按完整机件画出，如图6-12b中俯视图所示。

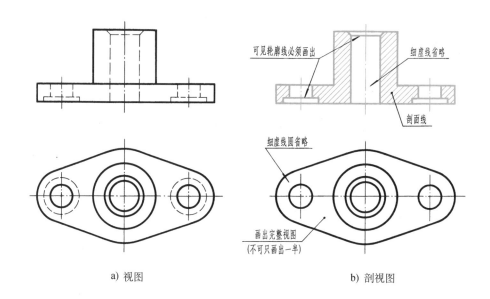

a) 视图   b) 剖视图

图 6-12　视图与剖视图的比较

（2）剖面线的画法　剖切面与物体的接触部分称为剖面区域。在绘制剖视图时，通常应在剖面区域画出剖面线或剖面符号。表 6-2 所列为各种材料的剖面符号。

表 6-2　材料的剖面符号（GB/T 4457.5—2013）

材料类别	图例	材料类别	图例	材料类别	图例
金属材料(已有规定剖面符号者除外)		型砂、填砂、粉末冶金、砂轮、陶瓷刀片、硬质合金刀片等		木材纵断面	
非金属材料(已有规定剖面符号者除外)		钢筋混凝土		木材横断面	
转子、电枢、变压器和电抗器等的叠钢片		玻璃及供观察用的其他透明材料		液体	
线圈绕组元件		砖		木质胶合板(不分层数)	
混凝土		基础周围的泥土		格网(筛网、过滤网等)	

国家标准规定，表示剖面区域的剖面线，应以适当角度的细实线绘制，最好与主要轮廓或剖面区域的对称线成45°，如图6-13所示。

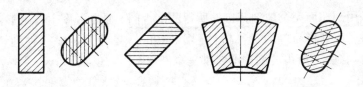

图 6-13　剖面线的角度

应注意：同一物体的各个剖面区域，其剖面线的画法应一致——间距相等、方向相同。

当图形的主要轮廓线与水平成45°时，该图形的剖面线应画成与水平成30°或60°的平行线，其倾斜方向仍与其他图形的剖面线一致，如图6-14所示。

（3）注意细虚线的取舍　当剖视图中看不见的结构形状，在其他视图中已表达清楚时，其细虚线可省略不画（图6-14、图6-15中的俯视图）。对尚未表达清楚的结构形状，也可用细虚线表达，如图6-15左视图中画出一条细虚线圆弧，既不影响剖视图的清晰程度，还可减少一个视图（右视图）。

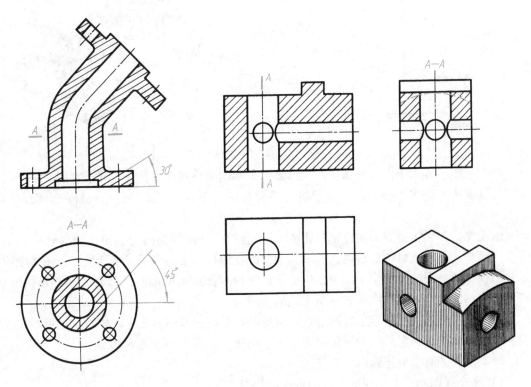

图 6-14　特殊角度的剖面线画法　　　　　图 6-15　剖视图中细虚线的取舍

（4）不可漏画可见的轮廓线　在剖切面后面的可见轮廓线，应全部用粗实线画出（图6-14主视图中阶梯孔的分界线，以及图6-15中的两个圆孔和相贯线的投影等必须画出）。

二、剖视图的种类

剖视图分为以下三种:

1. 全剖视图

全剖视图是用剖切面完全地剖开机件所得的剖视图。全剖视图主要用于表达内部形状复杂的不对称机件,或外形简单的对称机件(图 6-12b)。不论是用哪一种剖切方法,只要是"完全剖开,全部移去"所得的剖视图,都是全剖视图。

2. 半剖视图

当机件具有对称平面时,向垂直于对称平面的投影面上投射所得的图形,可以对称中心线为界,一半画成剖视图,另一半画成视图,这种组合的图形称为半剖视图(图 6-16)。

半剖视图
的概念

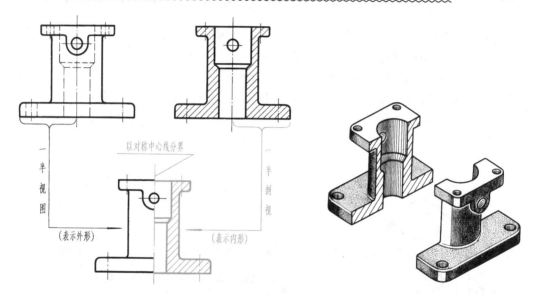

图 6-16　半剖视图的概念

半剖视图主要用于内、外结构形状都需要表示的对称机件。其优点在于它能在一个图形中同时反映机件的内形和外形,由于机件是对称的,很容易想象出整个机件的全貌,如图 6-16 所示。

试设想,如果主视图采用全剖(图 6-16),会把机件前面的凸台剖掉,外形表达则不够完整。同理,由于该机件前后也具有对称面,故在俯视图中也采用了半剖视图,用半个视图反映出顶部的外形,又用半个剖视图表达了原来被顶部遮盖的圆筒及凸台的内部结构形状。该机件完整的表达方案如图 6-17 所示。

有时,机件的形状接近于对称,且不对称的部分已另有图形表达清楚时,也可画成半剖视图,以便将机件的内外结构形状简明地表达出来,如图 6-18、图 6-19 所示。

画半剖视图时,应强调以下三点:

1) 半个视图和半个剖视图应以细点画线为界。

2) 半个视图中,不应画出在半个剖视图中已表示出的机件内部对称结构的细虚线。在半个剖视图中未表达清楚的结构,可在半个视图中作局部剖视(图 6-17 主视图)。

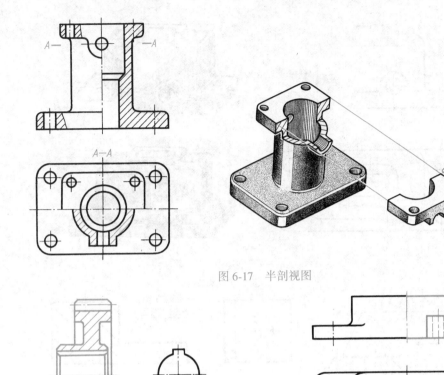

图 6-17　半剖视图

图 6-18　基本对称机件的半剖视图(一)　　　　图 6-19　基本对称机件的半剖视图(二)

3) 半个剖视图的位置，通常可按以下原则配置：主视图中位于对称线右侧，俯视图中位于对称线下方，左视图中位于对称线右侧。

但有时为了表达某些特殊或具体形状，也可另行配置。如图 6-18 所示，为了表达键槽的形状结构，则将剖视部分配置在对称轴线的上方。

3. 局部剖视图

用剖切面局部地剖开机件所得的剖视图，称为局部剖视图(图 6-20)。

局部剖视图主要用以表达机件的局部内部形状结构，或不宜采用全剖视图或半剖视图的地方(如轴、连杆、螺钉等实心零件上的某些孔或槽等)。由于它具有同时表达机件内、外结构形状的优点，且不受机件是否对称的条件限制，剖切的位置、剖切范围的大小，均可根据表达的需要而定，因此应用广泛。

画局部剖视图时，应注意以下两点：

1) 在一个视图中，局部剖切的次数不宜过多，否则就会显得凌乱，甚至影响图形的清晰度。

2) 视图与剖视图的分界线(波浪线)不能超出视图的轮廓线，不应与轮廓线重合或画在其他轮廓线的延长线位置上，也不可穿空(孔、槽等)而过。图 6-21 所示均为波浪线的错误画法。

局部剖视
图

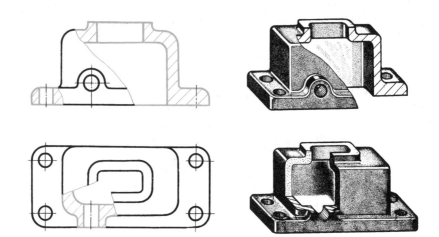

图 6-20　局部剖视图

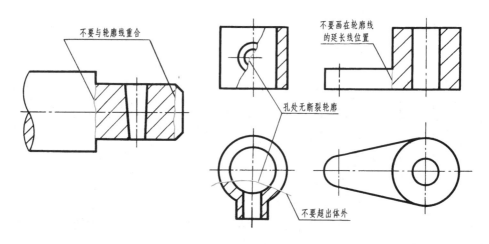

图 6-21　波浪线的错误画法

当对称机件在对称中心线处有图线而不便于采用半剖视图时，应采用局部剖视图表示，如图 6-22、图 6-23 所示。

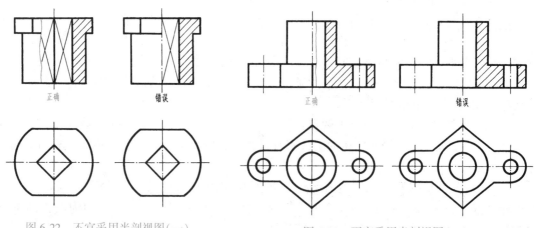

图 6-22　不宜采用半剖视图(一)　　　　图 6-23　不宜采用半剖视图(二)

自行识读图例见表6-3。

表6-3　识读剖视图

识读图例	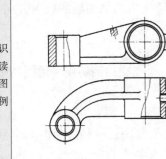	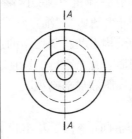	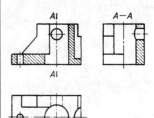
说明	主视图的局部剖是用通过左圆孔轴线的正平面剖切，"打掉"其左、前部分后投射而获得的；俯视图的局部剖是用通过右圆孔轴线的水平面剖切，"打掉"其右、上部分后投射而获得的。重合断面表示肋宽	全剖视图。剖切平面A紧贴机件表面剖切。此时，允许将剖切符号紧贴表面标注，但该表面不画剖面线	主视图为全剖视图。通过机件的前后对称平面剖切，省略了标注；俯视图为外形图；左视图A—A为半剖视图，必须标注。注意分析画剖面线部分的结构形状，而其余部分的粗实线应与俯视图相对照，尤其应注意分析与大圆与大圆弧部分的投影对应关系
识读图例		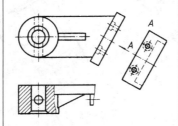	
说明	三个视图均为半剖视图。主、左视图分别通过左右、前后对称平面剖切，省略了标注。从中可以看出半剖视图中剖视部分的配置原则：主视图和左视图中位于对称线右侧，俯视图中位于对称线下方。从中还可以看出，半剖与全剖的标注方法是一样的	主视图为外形图；俯视图为局部视图，并且采用了局部剖；A视图为斜视图，它是按A向视图的形式配置并平移至此的。为便于进行投影对照，看图时可按箭头所指方向，假想将其置于倾斜部分的左上方，这样容易想象该部分的形状	主、俯视图均为局部剖视图。主视图的局部剖是通过左圆孔轴线用正平面剖切的，俯视图也是通过该轴线用水平面剖切的，反映箱壁、箱底的厚度及三个孔的结构。否则，图中细虚线过多，而"箱壁"太薄也难将其画清楚。此外，由于波浪线不能穿孔而过，故本图的波浪线均未相连

三、剖切面的种类

剖切被表达机件的假想平面或曲面，称为剖切面。

在图形中，剖切面的位置用剖切符号表示。即在剖切面的起、迄和转折处画上短画粗实线(尽可能不与图形的轮廓线相交)，并在粗短画的两端外侧用箭头指明剖切后的投射方向，如图 6-24b 所示。剖切面的位置也可用剖切线(细点画线)表示。

剖视图能否清晰地表达机件的结构形状，剖切面的选择是很重要的。

剖切面共有三种，即单一剖切面、几个平行的剖切平面和几个相交的剖切面。运用其中任何一种都可得到全剖视图、半剖视图和局部剖视图。

1. 单一剖切面

（1）单一剖切平面　单一剖切平面(平行于基本投影面)是最常用的一种。前面的全剖视图、半剖视图和局部剖视图都是采用单一剖切平面获得的，希望读者自行分析。

（2）单一斜剖切平面　单一斜剖切平面的特征是不平行于任何基本投影面，用它来表达机件上倾斜部分的内部结构形状。图 6-24b 所示"*B—B*"即用单一斜剖切平面获得的全剖视图。

这种剖视图通常按向视图或斜视图的形式配置并标注。一般按投影关系配置在与剖切符号相对应的位置上。在不致引起误解的情况下，也允许将图形旋转，如图 6-24 所示。

单一斜剖切平面获得的全剖视图

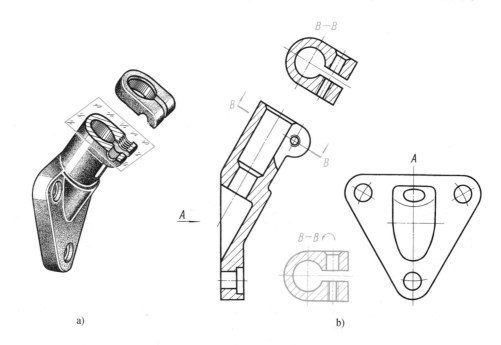

a)　　　　　　　　　　　　　　　b)

图 6-24　单一斜剖切平面获得的全剖视图

2. 几个平行的剖切平面

当机件上的几个欲剖部位不处在同一个平面上时，可采用这种剖切方法。几个平行的剖切平面可能是两个或两个以上，各剖切平面的转折处必须是直角，如图 6-25b、c 所示。

画这种剖视图时，应注意以下两点：

1）图形内不应出现不完整要素（图 6-25a）。若在图形内出现不完整要素，则应适当调配剖切平面的位置，如图 6-25b 所示。

2）采用几个平行的剖切平面剖开机件所绘制的剖视图，规定要表示在同一个图形上，所以不能在剖视图中画出各剖切平面的交线，如图 6-25a 所示。图 6-25b 为正确画法。

图 6-26 是采用两个侧平面剖切获得的全剖视图。

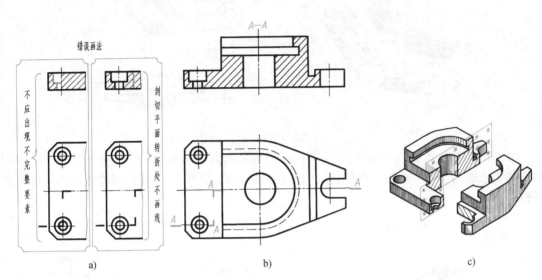

图 6-25　两个平行的剖切平面获得的全剖视图（一）

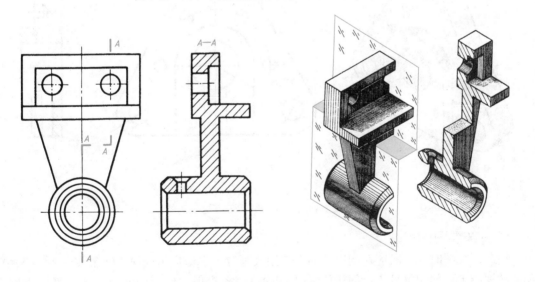

图 6-26　两个平行的剖切平面获得的全剖视图（二）

3. 几个相交的剖切面（交线垂直于某一投影面）

画这种剖视图，是先假想按剖切位置剖开机件，然后将被倾斜剖切平面剖开的结构及其有关部分旋转到与选定的投影面平行后再进行投射，如图 6-27 所示（两平面的交线垂直于正面）。

画图时应注意：在剖切平面后的其他结构，应按原来的位置投射，如图 6-27 中的油孔。

相交剖切面

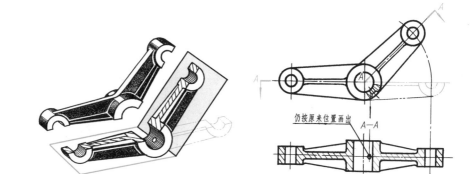

仍按原来位置画出

图 6-27　旋转绘制的全剖视图

又如图 6-28、图 6-29 所示的剖视图，它们都是由两个与投影面平行和一个与投影面倾斜的剖切平面剖切的，此时，由倾斜剖切平面剖切到的结构，应旋转到与投影面平行后再进行投射。

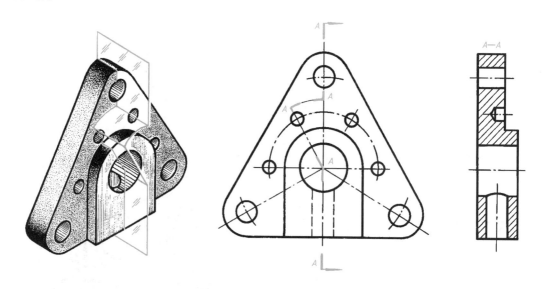

图 6-28　由三个相交的剖切平面获得的全剖视图(一)

四、剖视图的标注

绘制剖视图时，一般应在剖视图的上方用大写拉丁字母标出剖视图的名称"×—×"，在相应的视图上用剖切符号表示剖切位置(用粗短画)和投射方向(用箭头表示)，并注上同样的字母，如图 6-24、图 6-27～图 6-29 所示。

以下一些情况可省略标注或不必标注：

1) 当剖视图按投影关系配置，中间又没有其他图形隔开时，可省略箭头，如图 6-17、图 6-25 所示。

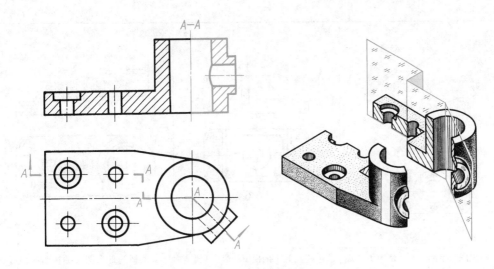

图 6-29　由三个相交的剖切平面获得的全剖视图(二)

2) 当单一剖切平面通过机件的对称平面或基本对称平面，且剖视图按投影关系配置，中间又没有其他图形隔开时，不必标注，如图 6-12、图 6-17 中的主视图。

3) 当单一剖切平面的剖切位置明确时，局部剖视图不必标注，如图 6-20、图 6-22 所示。

需要注意的是，可省略标注和不必标注的含义是不同的。"不必标注"是指不需要标注；"可省略标注"则可理解为，当不致引起误解时，才可省略不标。

自行识读图例见表 6-4。

表 6-4　识读剖视图

识读图例	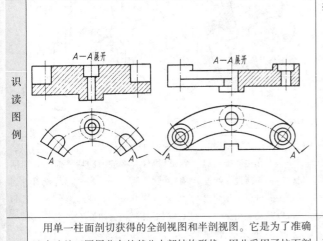	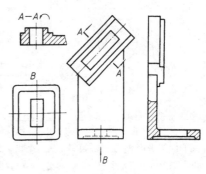
说明	用单一柱面剖切获得的全剖视图和半剖视图。它是为了准确地表达处于圆周分布的某些内部结构形状，因此采用了柱面剖切。此时通常采用展开画法，并仅画出剖面展开图，剖切柱面后面的有关结构省略不画。该画法必须标注，全剖、半剖的标注方法相同	主视图为外形图；左视图的局部剖用以表示方孔和凹坑在底板上的位置；A—A 是用单一斜剖切平面剖切获得的局部剖视图，旋转配置。B 为局部视图，按向视图配置、标注，由于外形轮廓封闭，省略了波浪线

(续)

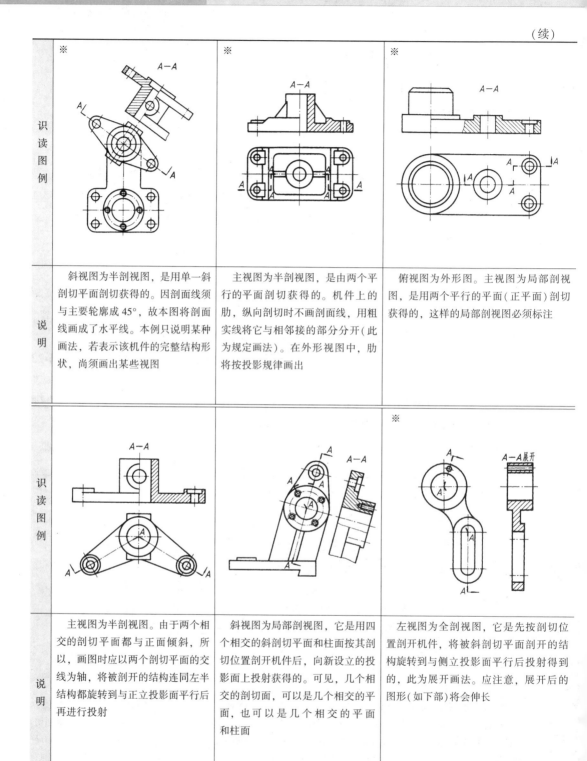

识读图例	斜视图为半剖视图，是用单一斜剖切平面剖切获得的。因剖面线须与主要轮廓成 45°，故本图将剖面线画成了水平线。本例只说明某种画法，若表示该机件的完整结构形状，尚须画出某些视图	主视图为半剖视图，是由两个平行的平面剖切获得的。机件上的肋，纵向剖切时不画剖面线，用粗实线将它与相邻接的部分分开(此为规定画法)。在外形视图中，肋将按投影规律画出	俯视图为外形图。主视图为局部剖视图，是用两个平行的平面(正平面)剖切获得的，这样的局部剖视图必须标注
识读图例			
说明	主视图为半剖视图。由于两个相交的剖切平面都与正面倾斜，所以，画图时应以两个剖切平面的交线为轴，将被剖开的结构连同左半结构都旋转到与正立投影面平行后再进行投射	斜视图为局部剖视图，它是用四个相交的斜剖切平面和柱面按其剖切位置剖开机件后，向新设立的投影面上投射获得的。可见，几个相交的剖切面，可以是几个相交的平面，也可以是几个相交的平面和柱面	左视图为全剖视图，它是先按剖切位置剖开机件，将被斜剖切平面剖开的结构旋转到与侧立投影面平行后投射得到的，此为展开画法。应注意，展开后的图形(如下部)将会伸长

第三节　断　面　图

一、断面图的定义（GB/T 17452—1998、GB/T 4458.6—2002）

假想用剖切面将物体的某处切断，仅画出该剖切面与物体接触部分的图形，称为断面图，可简称断面（图6-30）。

断面图，实际上就是使剖切平面垂直于结构要素的中心线（轴线或主要轮廓线）进行剖切，然后将断面图形旋转90°，使其与纸面重合而得到的，如图6-30所示。该图中的轴，主视图上表明了键槽的形状和位置，键槽的深度虽然可用视图或剖视图来表达，但通过比较不难发现，用断面表达，图形更清晰、简洁，同时也便于标注尺寸。

二、断面图的种类

1. 移出断面

画在视图之外的断面，称为移出断面。移出断面的轮廓线用粗实线绘制（图6-30）。移出断面通常按以下原则绘制和配置：

1）移出断面可配置在剖切符号的延长线上（图6-30），或剖切线的延长线上（图6-31）。

2）移出断面的图形对称时，也可配置在视图的中断处（图6-32）。

3）由两个或多个相交的剖切平面剖切所得到的移出断面图，中间一般应断开（图6-31）。

断面图的形成及其与视图、剖视图的比较

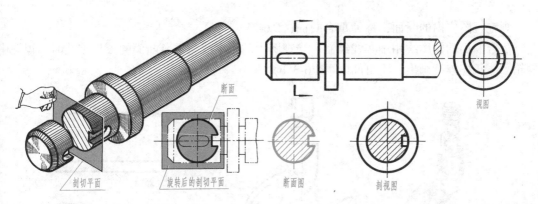

图 6-30　断面图的形成及其与视图、剖视图的比较

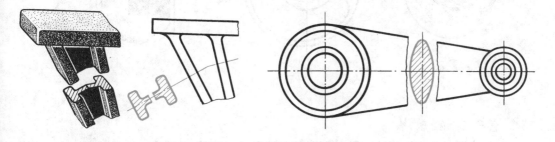

图 6-31　移出断面图的配置示例（一）　　　　图 6-32　移出断面图的配置示例（二）

画移出断面图时，应注意以下两点：

1）当剖切面通过回转而形成的孔或凹坑的轴线时，这些结构应按剖视图要求绘制，如图6-33 所示。

2）当剖切面通过非圆孔，会导致出现完全分离的剖面区域时，这些结构应按剖视图要求绘制，如图 6-34 所示。

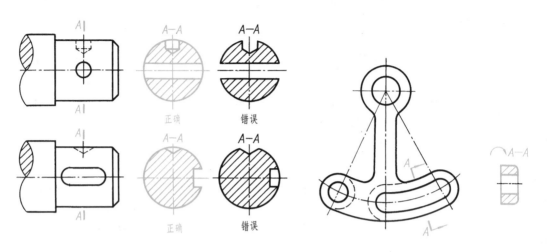

图6-33 带有孔或凹坑的断面图示例   图6-34 按剖视图绘制的非圆孔的断面图示例

2. 重合断面

画在视图之内的断面，称为重合断面（图 6-35）。

重合断面的轮廓线用细实线绘制。当视图中的轮廓线与重合断面的图形重叠时，视图中的轮廓线仍应连续画出，不可间断（图 6-35b）。

重合断面
图示例

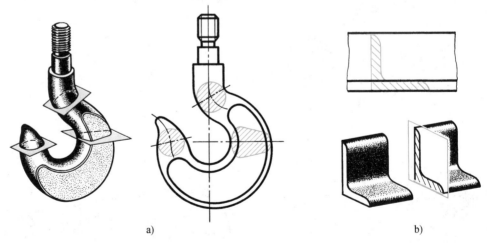

a)   b)

图 6-35 重合断面图示例

三、断面图的标注

1. 移出断面的标注

1）移出断面的标注形式，随其图形的配置部位及图形是否对称的不同而不同，其标注示例见表 6-5（阅读时应分别进行横、竖向比较）。

表 6-5 移出断面图的配置及标注

断面 \ 配置		断面图的配置与标注的关系		
对称性		配置在剖切线或剖切符号延长线上	移位配置	按投影关系配置
断面图的对称性与标注的关系	对称	剖切线（细点画线）	A ... $A-A$	$A-A$ ... A
	说明	配置在剖切线延长线上的对称图形：不必标注剖切符号和字母	移位配置的对称图形：不必标注箭头	按投影关系配置的对称图形：不必标注箭头
	不对称		A ... $A-A$	$A-A$ ... A
	说明	配置在剖切符号延长线上的不对称图形：不必标注字母	移位配置的不对称图形：完整标注剖切符号、箭头和字母	按投影关系配置的不对称图形：不必标注箭头

下面，再看一张移出断面图的标注示例(图 6-36)。

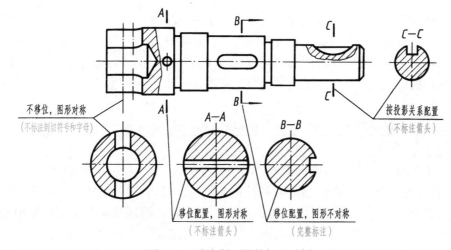

图 6-36 移出断面图的标注示例

2）配置在视图中断处的对称断面不必标注(图形不对称时,移出断面不得画在视图的中断处)，如图 6-32 所示。

2. 重合断面的标注

对称的重合断面不必标注(图 6-35a)，不对称的重合断面可省略标注(图 6-35b)。

第四节　其他表达方法

为使图形清晰和画图简便，制图标准中规定了局部放大图和简化画法，供绘图时选用。

一、局部放大图

将机件的部分结构用大于原图形所采用的比例画出的图形，称为局部放大图，如图 6-37、图 6-38 所示。当机件上的细小结构在视图中表达不清楚，或不便于标注尺寸和技术要求时，可采用局部放大图。

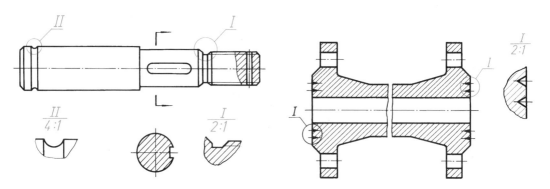

图 6-37　局部放大图示例(一)　　　　　图 6-38　局部放大图示例(二)

局部放大图可以根据需要画成视图、剖视图和断面图，它与被放大部分的表达方式无关。局部放大图应尽量配置在被放大部位的附近。

绘制局部放大图时，一般应用细实线圈出被放大的部位。当同一机件上有几处被放大的部分时，必须用罗马数字依次标明被放大的部位，并在局部放大图的上方标注出相应的罗马数字和所采用的比例(图 6-37)。当机件上被放大的部分仅一个时，在局部放大图的上方只需注明所采用的比例。同一机件上不同部位的局部放大图，当图形相同或对称时，只需画出一个(图 6-38)。

应特别指出，局部放大图的比例，系指该图形中机件要素的线性尺寸与实际机件相应要素的线性尺寸之比，而不是与原图形所采用的比例之比。

二、简化画法(摘自 GB/T 16675. 1—2012、GB/T 4458. 1—2002)

1) 机件中呈规律分布的重复结构(齿或槽等)，允许只画出一个或几个完整的结构，并反映其分布情况。不对称的重复结构用细实线连接，并注明该结构的总数，如图 6-39b 所示。对称的重复结构用细点画线表示各对称结构要素的位置，如图 6-39c 所示。

2) 若干直径相同且呈规律分布的孔，可以仅画出一个或少量几个，其余只需用细点画线或"＋"表示其中心位置(图 6-40)。

3) 对于机件的肋、轮辐及薄壁等，如按纵向剖切，这些结构都不画剖面符号，而用粗实线将它与其邻接部分分开(图 6-41)。

当零件回转体上均匀分布的肋、轮辐、孔等结构不处于剖切平面上时，可将这些结构旋转到剖切平面上画出(图 6-41b)。

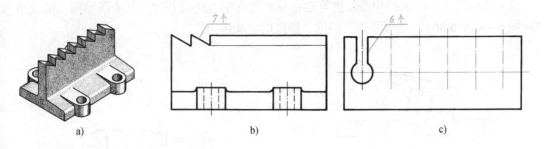

图 6-39　重复结构的简化画法

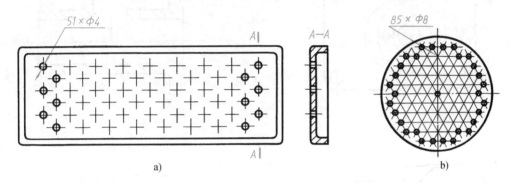

图 6-40　相同孔的简化画法

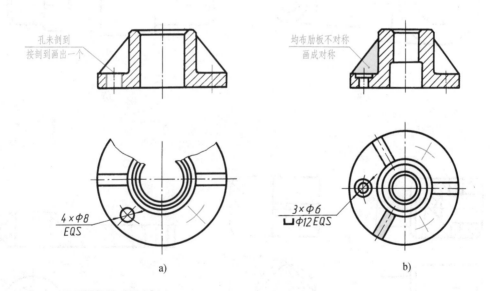

图 6-41　零件回转体上均布结构的简化画法

4) 与投影面倾斜角度小于或等于 30° 的圆或圆弧，手工绘图时，其投影可用圆或圆弧代替(图 6-42)。

5) 圆柱形法兰和类似零件上均匀分布的孔，可按图 6-43 所示的方法表示(由机件外向该法兰端面方向投射)。

6) 较长的机件(轴、杆、型材、连杆等)沿长度方向的形状一致或按一定规律变化时，可断开后缩短绘制(图 6-44)。

7) 当机件上较小的结构及斜度等已在一个图形中表达清楚时，其他图形应当简化或省略(图 6-45、图 6-46)，也可只按其斜度、锥度的小端画出。

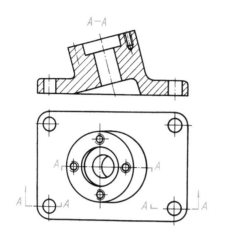

图 6-42 倾斜圆的简化画法

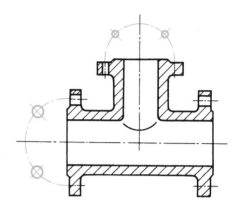

图 6-43 圆柱形法兰均布孔的简化画法

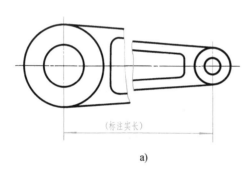

a)

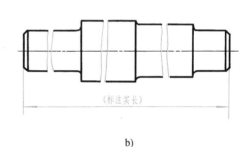

b)

图 6-44 较长机件可断开后缩短绘制

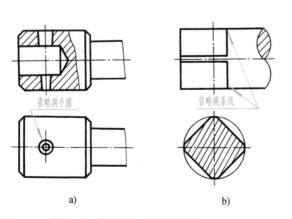

a)   b)

图 6-45 较小结构的省略画法(一)

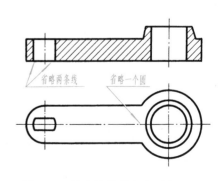

图 6-46 较小结构的省略画法(二)

8) 在不致引起误解时，对于对称机件的视图可只画一半或四分之一，并在对称中心线的两端画出两条与其垂直的平行细实线(图 6-47)。

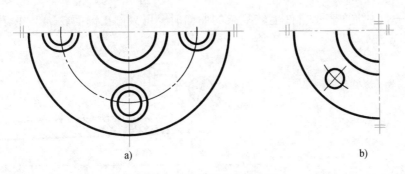

图 6-47 对称机件的简化画法

9）在不致引起误解的情况下，剖面符号可省略（图 6-48）；在零件图中，可以用涂色代替剖面符号（图 6-49）。

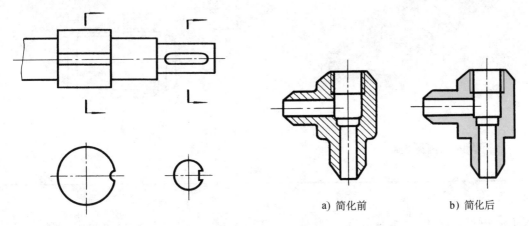

a) 简化前　　　　b) 简化后

图 6-48 剖面符号可省略　　　　图 6-49 剖面符号可涂色

10）当回转体零件上的平面在图形中不能充分表达时，可用两条相交的细实线表示这些平面（图 6-50）。

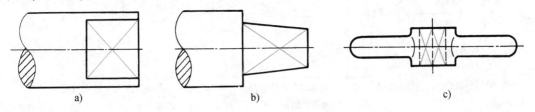

a)　　　　　b)　　　　　c)

图 6-50 表示回转体上平面的画法示例

11）滚花一般采用在轮廓线附近用粗实线局部画出的方法表示（图 6-51），也可省略不画。

简化前　　简化后　　　　简化前　　简化后

图 6-51 机件上滚花的画法

145

12）用一系列剖面表示机件上较复杂的曲面时，可只画出剖面轮廓，并可配置在同一个位置上(图 6-52)。

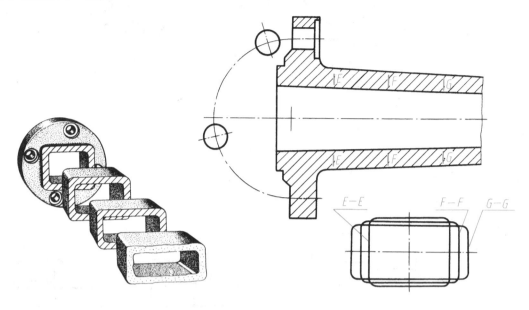

图 6-52　复杂曲面的规定画法

自行识读图例见表 6-6。

表 6-6　识读剖视图和断面图

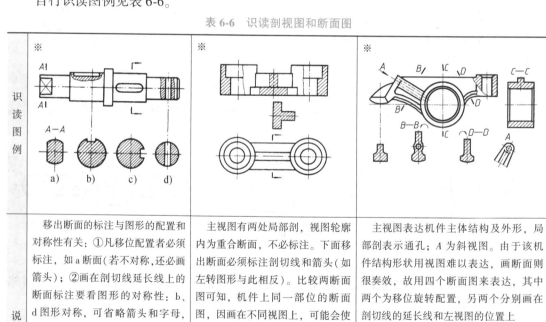

识读图例	※ a) b) c) d)	※	※
说明	移出断面的标注与图形的配置和对称性有关：①凡移位配置者必须标注，如 a 断面(若不对称,还必画箭头)；②画在剖切线延长线上的断面标注要看图形的对称性：b、d 图形对称，可省略箭头和字母，c 图形不对称，只注箭头；③如将断面按投影关系配置在左视图位置上，必须标注，不画箭头；④拿不准标与不标者，宁可多标，不可少标	主视图有两处局部剖，视图轮廓内为重合断面，不必标注。下面移出断面必须标注剖切线和箭头(如左转图形与此相反)。比较两断面图可知，机件上同一部位的断面图，因画在不同视图上，可能会使图形的方向不同	主视图表达机件主体结构及外形，局部剖表示通孔；A 为斜视图。由于该机件结构形状用视图难以表达，画断面则很奏效，故用四个断面图来表达，其中两个为移位旋转配置，另两个分别画在剖切线的延长线和左视图的位置上

识读图例	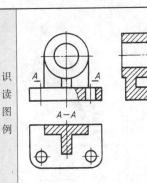	※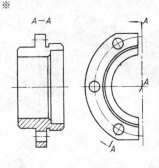	※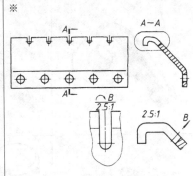
说明	主视图为局部剖视图，俯视图和左视图均为全剖视图。该图主要说明机件上的肋（轮辐及薄壁等）的画法，即如按纵向剖切，肋不画剖面线（如左视图）；如按横向剖切，则必画剖面线（如俯视图）	该剖视图用两个相交的平面剖切，但上部并未切到机件。此时允许将剖切符号悬空标注，而悬空剖切的那部分机件的结构形状应按视图投射绘制	主视图为外形图，左视图为全剖视图。另一局部放大图和旋转配置的斜视图，是为了放大该部分的局部结构，显现实形，以便于标注尺寸和技术要求等

各表识读图例中的部分立体图见表 6-7。

表 6-7　各表识读图例中的部分立体图

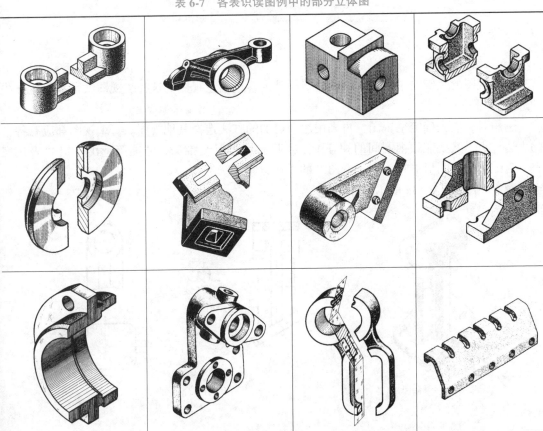

（续）

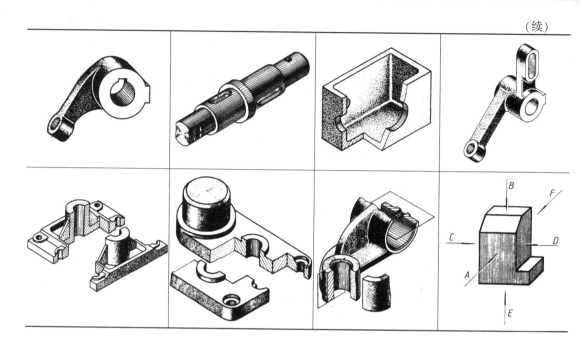

第五节　画、看剖视图举例

一、画图举例

画剖视图的关键在于表达方案的选择，其内容包括主视图的选择、视图数量和表达方法的选择。

选用时，应先确定主视图，再采用逐个增加的方法选择其他视图。每个视图都应有各自的表达重点，又要兼顾视图间的相互配合。只有经过反复推敲，才能筛选出一组"表达完整、搭配适当、图形清晰、利于看图"的表达方案。

例 1　表达图 6-53a 所示机件。

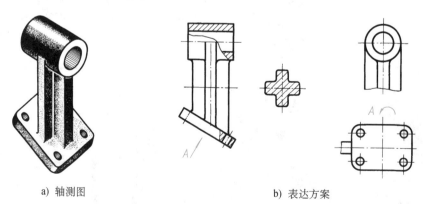

a) 轴测图　　　　　　　　　b) 表达方案

图 6-53　根据机件选择表达方案(一)

经过形体分析，确定用四个图形来表达该机件的结构形状：

1）主视图：以表达机件的外形为主，并用两个局部剖表达圆筒上的大孔和斜板上的小孔。

2）局部视图：画在左视图的位置上，有利于看图。它明确地表示出圆筒和十字肋的连接关系。

3）移出断面图：为了更清晰地表达十字肋的形状，也利于标注其尺寸。

4）斜视图：旋转配置的斜视图，反映斜板的实形及其四个小孔的分布情况，其左侧画波浪线的部分，是为了表示肋板与斜板之间的前、后相对位置关系。

例2　表达图 6-54b 所示机件。

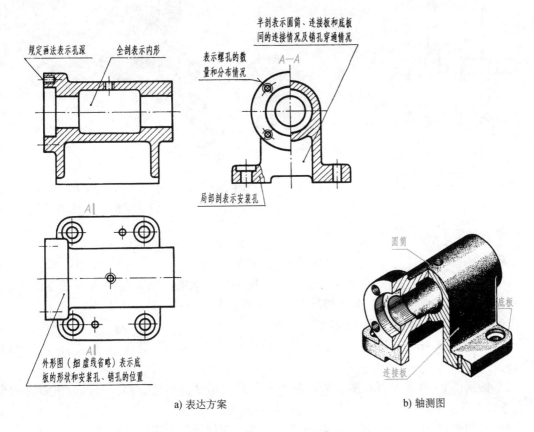

a) 表达方案　　　　　　　b) 轴测图

图 6-54　根据机件选择表达方案(二)

表达方案如图 6-54a 所示、所述，请读者自行分析、归纳。

二、看图举例

1. 看剖视图的方法

看剖视图的基本方法依然是以形体分析法为主，以线面分析法为辅。但剖视图具有表达方式灵活、"内、外、断层"形状兼顾、投射方向和视图位置多变等特点，因此看剖视图应注意以下两点：

1）弄清各视图之间的联系。先找出主视图，再根据其他视图的位置和名称，分析哪些是视图、剖视图和断面图，它们是从哪个方向投射的，是在哪个视图的哪个部位、用什么面剖切的, 是不是移位、旋转配置的等。只有明确投影关系, 才能为想象物体形状创造条件。

2) 要注意利用有、无剖面线的封闭线框, 来分析物体上面与面间的"远、近"位置关系。

如图 6-55 所示主视图的半个剖视图中, 线框 *I* 所示的面在前, 线框 *II*、*III*、*IV* 所示的面(含半圆弧所示的孔洞)在后, 当然, 表示外形面的线框 *V* 等更为靠前。

同理, 俯视图中的 *VI* 面在上, *VII* 面居中, *VIII* 面在下。

运用好这个规律看图, 对物体表面的同向位置将产生层次感, 甚至立体感。

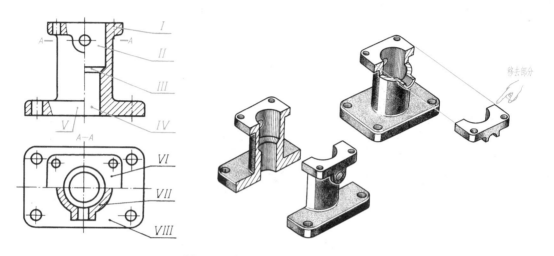

图 6-55　有、无剖面线的线框分析

2. 看剖视图举例

下面以图 6-56 为例, 说明看剖视图的一般方法和步骤。

(1) 概括了解　根据图形位置及其标注, 明确视图名称, 从而根据视图数量的多少、图线的疏密和表达方法的繁、简等情况, 对机件的复杂程度有个初步认识。

(2) 分析视图, 想象各部分形状

1) 主视图 *B—B* 是全剖视图, 采用两个相交的剖切平面剖切获得, 可看出四通管四个方向的连通情况。

2) 俯视图 *A—A* 是全剖视图, 采用两个平行的剖切平面剖切获得, 可以看出斜管的形状、位置, 两水平管的夹角, 以及底板的形状和四个孔的位置。

3) 右视图 *C—C* 是全剖视图, 采用单一剖切平面剖切、由右向左投射而得。由此看出左边横管的形状及圆形凸缘上四个小孔的分布情况。

4) 图形 *E—E* 是斜剖视图, 采用单一斜剖切平面(铅垂面)剖切获得, 按向视图的配置形式配置、标注, 反映出斜管的形状及卵圆形凸缘上两个小孔的位置。

5) 局部视图 *D* 也是按向视图的配置形式配置并标注的, 可看出上端凸缘的形状和四个小孔的分布情况。

(3) 综合起来, 想象整体形状　以主、俯视图为中心, 环顾所有图形, 将分散想象出的各部分结构形状及它们之间的相对位置和连接形式加以综合, 便能想象出四通管的整体形状, 如图 6-57 所示。

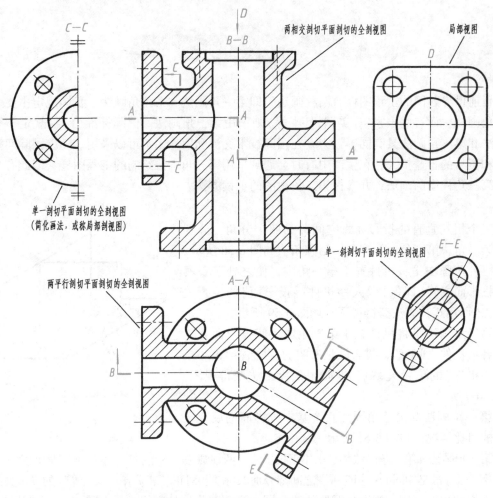

C—C

单一剖切平面剖切的全剖视图
（简化画法，或称局部剖视图）

两相交剖切平面剖切的全剖视图

B—B

D

局部视图

两平行剖切平面剖切的全剖视图

A—A

单一斜剖切平面剖切的全剖视图

E—E

图 6-56　根据视图想象机件形状

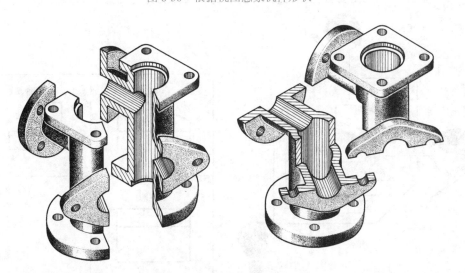

图 6-57　机件的轴测图

第六节　第三角画法简介

目前世界各国的工程图样有两种画法，即第一角画法和第三角画法。我国规定主要采用第一角画法，而有些国家(如美国、日本等)则采用第三角画法。国际标准(ISO)规定，第一角画法和第三角画法具有同等效力，在国际技术交流和贸易中都可以采用。随着国际间技术交流和贸易的日益扩大，在生产中有时会遇到采用第三角画法绘制的工程图样，因此有必要了解第三角视图的画法，并掌握第三角视图的识读方法。

一、第三角画法

三个相互垂直的投影面将空间分为四个分角，分别称为第一角、第二角、第三角、第四角，如图6-58所示。

第一角画法是将机件置于第一角内，使之处于观察者与投影面之间(即保持"人→机件→投影面"的位置关系)，进而用正投影法获得视图，如图6-59所示。

第三角画法是将机件置于第三角内，使投影面处于观察者与机件之间(假设投影面是透明的，并保持"人→投影面→机件"的位置关系)，进而用正投影法获得视图，如图6-60所示。

第一角画法和第三角画法六个基本投影面的展开及视图的对比情况，如图6-61所示。

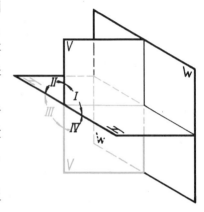

图6-58　四个分角

第一角画法和第三角画法都是采用正投影法；两种画法的六个投射方向、所获得的六个基本视图及其名称都是相同的；相应视图之间都分别保持"长对正、高平齐、宽相等"的投影关系。

它们的主要区别：视图的配置位置不同，视图与物体的方位关系不同。

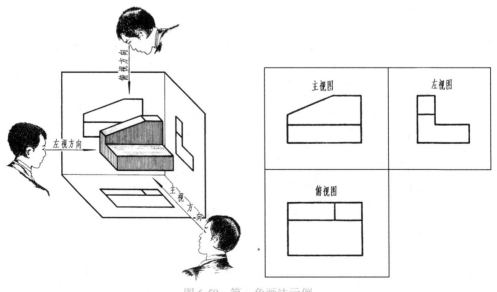

图6-59　第一角画法示例

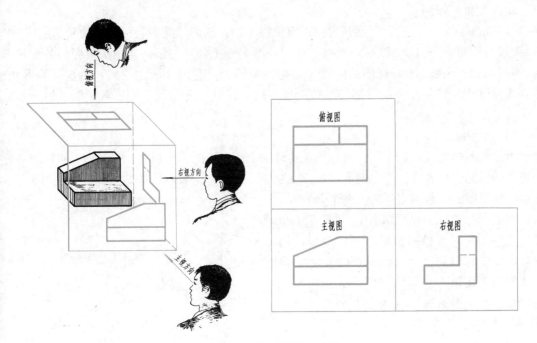

图 6-60　第三角画法示例

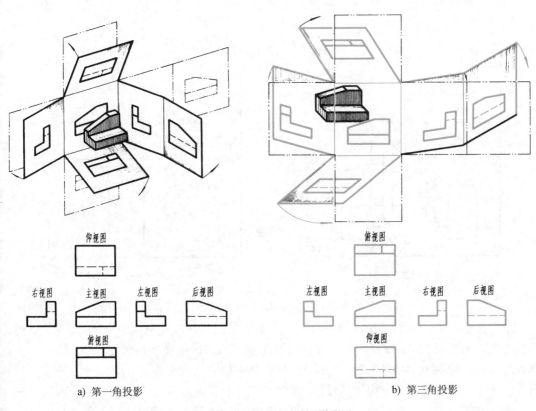

a) 第一角投影

b) 第三角投影

图 6-61　投影面展开及视图配置

1. 视图位置不同

第三角画法规定,投影面展开时,正面保持不动,顶面、底面及两侧面均向前旋转 90° (后面随右侧面旋转 180°),与正面摊平在同一个平面上。这与第一角画法投影面的旋转方向(向后)正好相反,所以视图的配置位置也就不同了。它们除了主视图、后视图的形状、位置相同以外,其余各个视图都一一对应且相反,即上、下对调,左、右颠倒,如图 6-61 所示。

2. 方位关系不同

由于视图的配置位置不同,所以第三角画法中的俯视图、仰视图、左视图、右视图靠近主视图的一侧,均表示物体的前面;远离主视图的一侧,均表示物体的后面(图 6-61b)。这与第一角视图的"外前里后"正好相反。

在国际标准(ISO)中规定,当采用第一角或第三角画法时,必须在标题栏中专设的格内画出相应的识别符号,如图 6-62 所示。由于我国仍采用第一角画法,所以无须画出识别符号。当采用第三角画法时,则必须画出识别符号。

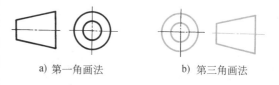

a) 第一角画法   b) 第三角画法

图 6-62　第一、三角画法的识别符号

二、第三角视图的识读

看第三角视图与看第一角视图一样,应运用"看图是画图的逆过程"这一原理,如图 6-63 所示(详细说明见本书第五章)。

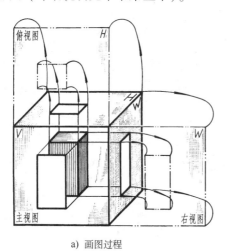

a) 画图过程

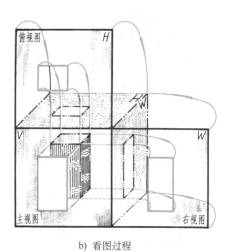

b) 看图过程

图 6-63　看图是画图的逆过程

值得注意的是,由于第三角画法与第一角画法的投射顺序不同(前者为"人→图→物",后者为"人→物→图"),投影面的展开方向不同(前者是"向前转",后者是"向后转"),由此导致两种画法的视图(主视图、后视图除外)位置及方位关系的根本变化,因此在看第三角视图时,脑际中应时刻浮现出物体的投射(方向、顺序)及视图随其投影面展开、旋回的空间情状。因为看图的实质,就是通过这种"正向""逆向"反复交叉的思维活动,经过分析、判断、想象,在头脑中呈现物体立体形象的过程。

看第三角视图的方法(形体分析法和线面分析法)和步骤与看第一角视图相同,不再赘述。

例1 识读图 6-64a 所示的三视图。

图 6-64a 为第三角画法,其左视图是从机件的左方向右投射,将其视图向前(逆时针方向)旋转 90°得到的。看图时,应假想将左视图向后(顺时针方向)回转 90°,与主视图左端相对照,轴端的形状就会想象出来。

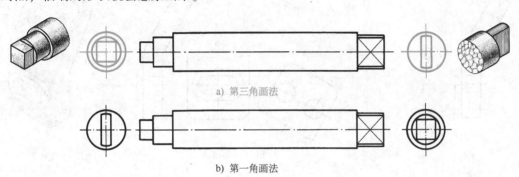

a) 第三角画法

b) 第一角画法

图 6-64 识读第三角视图(一)

右视图是从机件的右方向左投射,将其视图向前旋转 90°得到的。同样,将右视图向后回转 90°,与主视图右端一对照,就会产生立体感。

图 6-64b 为第一角画法,左视图配置在主视图的右边,右视图配置在主视图的左边,看图时需横跨主视图左顾右盼,显然不太方便。相比之下,第三角画法,除后视图外,其他所有视图均配置在相邻视图的近侧,所以识读起来比较方便,这也是第三角画法的一个特点,较长的轴、杆类零件显得尤其明显。

例2 识读图 6-65a 所示的三视图。

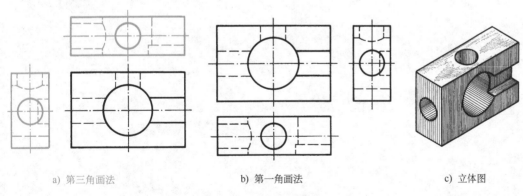

a) 第三角画法

b) 第一角画法

c) 立体图

图 6-65 识读第三角视图(二)

图 6-65a 为第三角画法,看图时只要善于想象,将其俯视图和左视图向主视图靠拢,并以其各自靠近的边棱为轴向后旋转 90°,即可很容易地想象出该体的立体形状,如图 6-65c 所示。图 6-65b 为第一角画法,看图时与图 6-65a 对比,有助于加深理解第三角视图的画法。

例3 识读图 6-66a 所示的视图。

图 6-66a 为第三角画法,一个主视图,一个局部视图(右视图),一个斜视图。由于两个辅助视图都配置在适当位置上,所以均未标注投射方向的箭头和加注字母。看图时,分别以

　　两个辅助视图靠近主视图的边棱为轴，按画图的逆过程将其反转90°，与主视图加以对照，即可想象出物体的形状，如图6-66c所示。

　　图6-66b为第一角画法，斜视图A(也可以旋转配置)必须按规定进行标注。

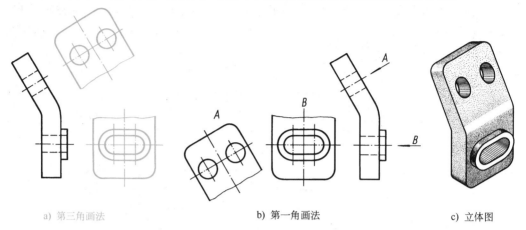

a) 第三角画法　　　　　　　　b) 第一角画法　　　　　　　c) 立体图

图6-66　识读第三角视图(三)

第七章 常用零件的特殊表示法

在机械设备中，除一般零件外，还有许多种常用零件，如螺栓、螺母、垫圈、齿轮、键、销、滚动轴承(部件)等，如图7-1所示。

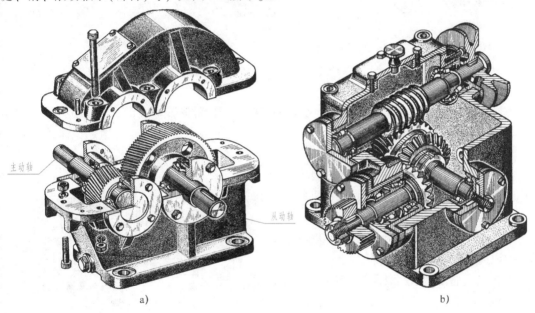

主动轴

从动轴

a)

b)

图 7-1 减速机

由于这些常用零部件的应用极为广泛，为了便于批量生产和使用，以及减少设计、绘图工作量，国家标准对它们的结构、规格及技术要求等都已全部或部分标准化，并对其图样规定了特殊表示法：一是以简单易画的图线代替繁琐难画结构(如螺纹、轮齿等)的真实投影；二是以标注代号、标记等方法，表示结构要素的规格和对精度方面的要求。

本章主要介绍常用零部件的画法规定、标注方法和识读方法。

第一节 螺　　纹

螺纹是零件上常见的一种结构。螺纹分外螺纹和内螺纹两种，成对使用。在圆柱或圆锥外表面上所形成的螺纹称为外螺纹；在圆柱或圆锥内表面上加工的螺纹称为内螺纹。

一、螺纹的形成

螺纹是根据螺旋线原理加工而成的。图 7-2 表示在车床上加工螺纹的情况。这时圆柱形工件做等速旋转运动,车刀则与工件相接触做等速的轴向移动,刀尖相对工件即形成螺旋线运动。由于切削刃的形状不同,在工件表面切去部分的截面形状也不同,可加工出各种不同的螺纹。

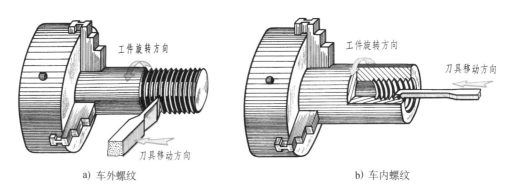

a) 车外螺纹　　　　　　　　　　　　　　　b) 车内螺纹

图 7-2　在车床上加工螺纹

二、螺纹的要素

螺纹的要素有牙型、直径、线数、螺距和旋向。当内外螺纹联接时,上述五要素必须相同,如图 7-3 所示。

1. 牙型

在通过螺纹轴线的断面上,螺纹的轮廓形状称为牙型。螺纹的牙型不同,其用途也不同,现结合图 7-4,说明如下:

图 7-4a:普通螺纹(牙型角为 60° 的三角形),用于联接零件(参见附表 1);

图 7-4b:管螺纹(牙型角为 55°),常用于联接管道;

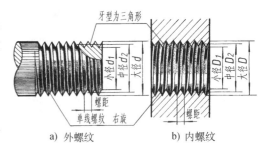

a) 外螺纹　　　　　　b) 内螺纹

图 7-3　螺纹的要素

图 7-4c:梯形螺纹(牙型为等腰梯形),用于传递动力;

图 7-4d:锯齿形螺纹(牙型为不等腰梯形),用于单方向传递动力。

2. 直径

螺纹直径有大径(外螺纹用 d 表示,内螺纹用 D 表示)、中径和小径之分(图 7-3)。外螺纹的大径和内螺纹的小径也称为顶径。

螺纹的公称直径为大径。

3. 线数 n

螺纹有单线和多线之分。沿一条螺旋线所形成的螺纹,称为单线螺纹(图 7-5a);沿两条或两条以上在轴向等距分布的螺旋线所形成的螺纹,称为多线螺纹(图 7-5b)。

4. 螺距 P 和导程 P_h

螺距是指相邻两牙在中径线上对应两点间的轴向距离。

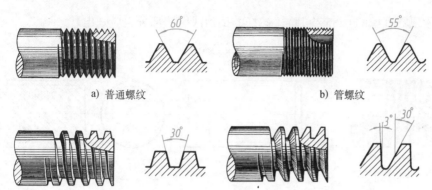

a) 普通螺纹　　　　　　　　　　　b) 管螺纹

c) 梯形螺纹　　　　　　　　　　　d) 锯齿形螺纹

图 7-4　常用标准螺纹的牙型

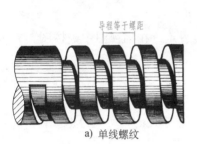

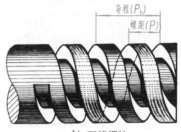

a) 单线螺纹　　　　　　　　　　b) 双线螺纹

图 7-5　螺距与导程

　　导程是指在同一条螺旋线上的相邻两牙在中径线上对应两点间的轴向距离。螺距与导程如图 7-5 所示。

　　螺距、导程、线数的关系为

　　多线螺纹：螺距 P = 导程 P_h/线数 n

　　单线螺纹：螺距 P = 导程 P_h

5. 旋向

　　螺纹分右旋和左旋两种。顺时针旋转时旋入的螺纹为右旋螺纹，逆时针旋转时旋入的螺纹为左旋螺纹。

　　旋向可按下列方法判定：

　　将外螺纹轴线垂直放置，螺纹的可见部分右高左低者为右旋螺纹；左高右低者为左旋螺纹，如图 7-6 所示。

　　凡是牙型、直径和螺距符合标准的螺纹，称为标准螺纹（普通螺纹牙型、直径与螺距见附表 1）。牙型符合标准，而直径或螺距不符合标准的，称为特殊螺纹。牙型不符合标准的，称为非标准螺纹。

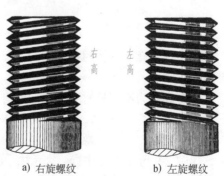

a) 右旋螺纹　　　　b) 左旋螺纹

图 7-6　螺纹的旋向

三、螺纹的规定画法

1. 外螺纹的画法

　　如图 7-7 所示，外螺纹牙顶圆的投影用粗实线表示，牙底圆的投影用细实线表示（其直径通常按牙顶圆直径的 0.85 绘制)，螺杆的倒角或倒圆部分也应画出。

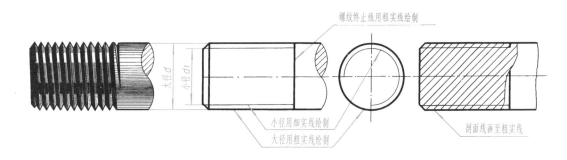

图 7-7　外螺纹的画法

在垂直于螺纹轴线的投影面的视图中，表示牙底圆的细实线只画约 3/4 圈(空出约 1/4 圈的位置不做规定)。此时，螺杆的倒角投影不应画出。

螺纹长度终止线(简称"螺纹终止线")用粗实线表示。在剖视图中则按图 7-7 右边图中的画法绘制。

2. 内螺纹的画法

如图 7-8 所示，在剖视图中，内螺纹牙顶圆的投影用粗实线表示，牙底圆的投影用细实线表示，螺纹终止线用粗实线绘制，剖面线应画到表示小径的粗实线为止。

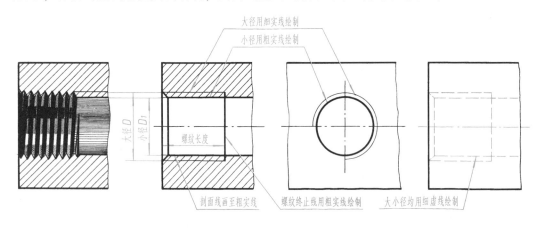

图 7-8　内螺纹的画法

在垂直于螺纹轴线的投影面的视图上，表示大径的细实线圆只画约 3/4 圈，表示倒角的投影不应画出。

当内螺纹为不可见时，螺纹的所有图线均用细虚线绘制，如图 7-8 中右边图所示。

3. 螺纹联接的画法

在剖视图中，内外螺纹旋合的部分应按外螺纹的画法绘制，其余部分仍按各自的画法表示，如图 7-9 所示。应注意，表示内、外螺纹大径的细实线和粗实线，以及表示内、外螺纹小径的粗实线和细实线必须分别对齐。

四、螺纹的种类和标注

1. 螺纹的种类

螺纹按用途不同，可分为两种：

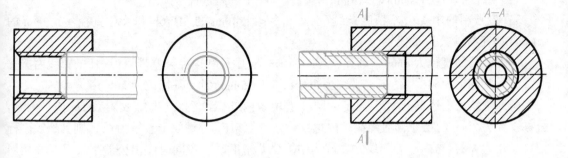

图 7-9　螺纹联接的画法

（1）联接螺纹　起联接作用的螺纹称为联接螺纹。常用的有四种标准螺纹：粗牙普通螺纹、细牙普通螺纹和管螺纹。管螺纹又分为 55°非密封管螺纹、55°密封管螺纹和 60°密封管螺纹。

（2）传动螺纹　用于传递动力和运动的螺纹称为传动螺纹。常用的有梯形螺纹和锯齿形螺纹。

2. 螺纹的标注

由于各种螺纹的画法都是相同的，无法表示出螺纹的种类和要素，因此绘图时，必须通过标记予以明确。普通螺纹的标记内容及格式：

| 特征代号 | 公称直径 | × | Ph 导程 P 螺距 | - 公差带代号 | - 旋合长度代号 | - 旋向代号 |

下面以一多线的左旋普通螺纹为例，说明其标记中各部分代号的含义及注写规定。

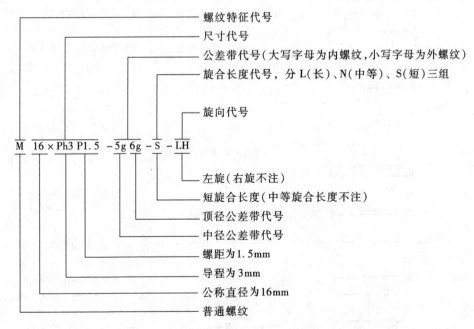

上述示例是普通螺纹的完整标记，一般情况下，其标记可以简化：

1）单线螺纹的尺寸代号为"公称直径×螺距"，此时不必注写 Ph 和 P 字样。当为粗牙螺纹时，不注螺距。

2) 中径与顶径公差带代号相同时，只注写一个公差带代号。

3) 最常用的中等公差精度螺纹(公称直径 ≤ 1.4mm 的 5H、6h 和公称直径 ≥ 1.6mm 的 6H 和 6g)不标注公差带代号。

例如，公称直径为 8mm，细牙，螺距为 1mm，中径和顶径公差带均为 6H 的单线右旋普通螺纹，其标记为 M8×1；当该螺纹为粗牙(P = 1.25mm)时，其标记为 M8。

普通螺纹的上述简化标记规定，同样适用于内外螺纹配合(即螺纹副)的标记。例如：公称直径为 8mm 的粗牙普通螺纹，内螺纹公差带为 6H，外螺纹公差带为 6g，则其螺纹副标记可简化为 M8；当内、外螺纹并非同为中等公差精度时，应同时注出公差带代号，并用斜线隔开两代号，如 M20-6H/5g6g。

常用螺纹的标记及其标注示例见表 7-1。

表 7-1　常用螺纹的标记及其标注示例

螺纹种类		标记及其标注示例	标记的识别	标注要点说明
紧固螺纹	普通螺纹 (M)	M20-5g6g-S	粗牙普通螺纹，公称直径为 20mm，右旋，中径、顶径公差带分别为 5g、6g，短旋合长度	1) 粗牙螺纹不注螺距，细牙螺纹标注螺距(螺距参见附表 1) 2) 右旋省略不注，左旋以 LH 表示(各种螺纹皆如此) 3) 中径、顶径公差带相同时，只注一个公差带代号。中等公差精度(如 6H、6g)不注公差带代号 4) 旋合长度分短(S)、中(N)、长(L)三种，中等旋合长度不注 5) 螺纹标记应直接注在大径的尺寸线或延长线上
		M20×2-LH	细牙普通螺纹，公称直径为 20mm，螺距为 2mm，左旋，中径、顶径公差带皆为 6H，中等旋合长度	
管螺纹	55° 非密封管螺纹 (G)	G1¹/₂A	55°非密封管螺纹，尺寸代号为 1½，公差等级为 A 级，右旋	1) 管螺纹的尺寸代号是指管子内径(通径)"英寸"的数值，不是螺纹大径 2) 55°非密封管螺纹，其内、外螺纹都是圆柱螺纹 3) 外螺纹的公差等级分为 A、B 两级。内螺纹的公差等级只有一种，不标记
		G1¹/₂LH	55°非密封管螺纹，尺寸代号为 1½，左旋	

（续）

螺纹种类		标记及其标注示例	标记的识别	标注要点说明
管螺纹	55°密封管螺纹（R_1）（R_2）（Rc）（Rp）	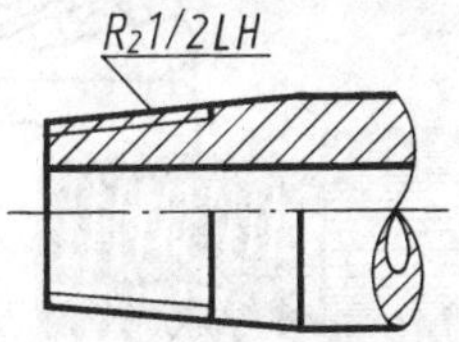 $R_2 1/2LH$ 	R_2 表示与圆锥内螺纹相配合的圆锥外螺纹，1/2 为尺寸代号，左旋	1）55°密封管螺纹，只注螺纹特征代号、尺寸代号和旋向 2）55°密封管螺纹一律标注在引出线上，引出线应由大径处引出或由对称中心线处引出 3）55°密封螺纹的特征代号为： R_1 表示与圆柱内螺纹相配合的圆锥外螺纹 R_2 表示与圆锥内螺纹相配合的圆锥外螺纹 Rc 表示圆锥内螺纹 Rp 表示圆柱内螺纹
		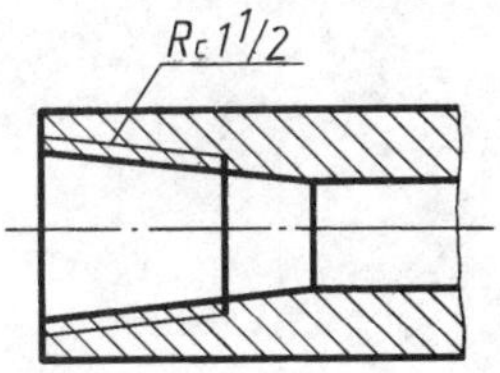 $Rc 1\frac{1}{2}$ 	圆锥内螺纹，尺寸代号为 $1\frac{1}{2}$，右旋	
		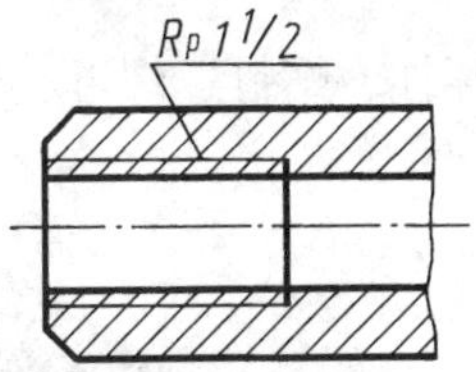 $Rp 1\frac{1}{2}$ 	圆柱内螺纹，尺寸代号为 $1\frac{1}{2}$，右旋	
传动螺纹	梯形螺纹（Tr）	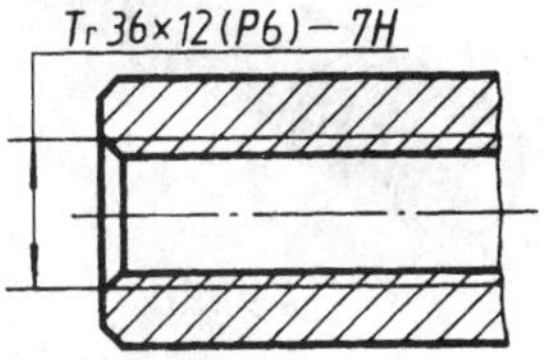 $Tr 36 \times 12(P6)-7H$ 	梯形螺纹，公称直径为 36mm，双线，导程为 12mm，螺距为 6mm，右旋，中径公差带为 7H，中等旋合长度	1）单线螺纹标注螺距，多线螺纹标注导程（P 螺距） 2）两种螺纹只标注中径公差带代号 3）旋合长度只有中等旋合长度（N）和长旋合长度（L）两组 4）中等旋合长度规定不标
	锯齿形螺纹（B）	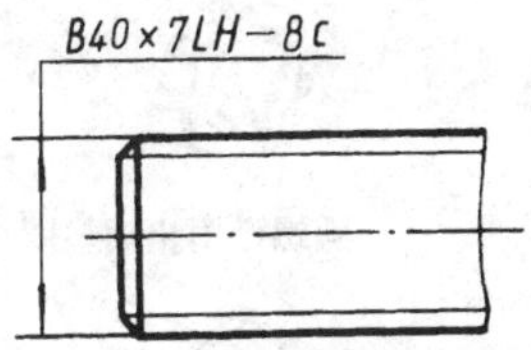 $B40 \times 7LH-8c$ 	锯齿形螺纹，公称直径为 40mm，单线，螺距为 7mm，左旋，中径公差带为 8c，中等旋合长度	

五、螺纹的测绘

测绘螺纹时，可采用如下步骤：

1）确定螺纹的线数和旋向。

2）测量螺距。可用拓印法，即将螺纹放在纸上压出痕迹，量出几个螺距的长度 L，如图 7-10 所示。然后，按 $P = L/n$ 计算出螺距。若有螺纹样板，可直接确定牙型及螺距，如图 7-11 所示。

3）用游标卡尺测大径。内螺纹的大径无法直接测出，可先测出小径，再据此由螺纹标准中查出螺纹大径；或测量与之相配合的外螺纹制件，再推算出内螺纹的大径。

4）查标准、定标记。根据牙型、螺距及大径，查有关标准，确定螺纹标记（参看附表 1）。

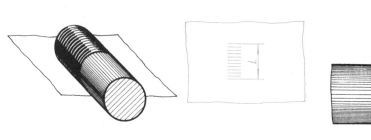

图 7-10　拓印法

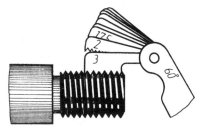

图 7-11　用螺纹样板测量

第二节　螺纹紧固件

螺纹紧固件的种类很多，常用的紧固件有螺栓、双头螺柱、螺钉、螺母、垫圈等，如图 7-12 所示。

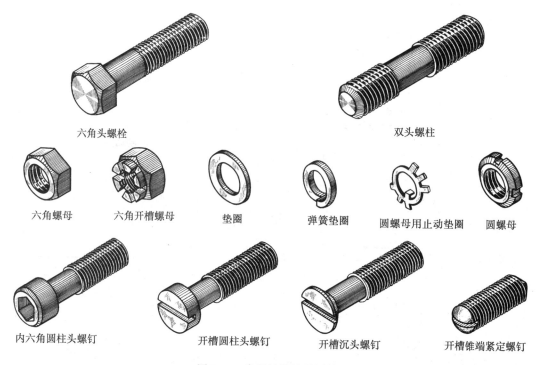

六角头螺栓　　　　　　　　　　　　双头螺柱

六角螺母　　六角开槽螺母　　垫圈　　　弹簧垫圈　　圆螺母用止动垫圈　　圆螺母

内六角圆柱头螺钉　　开槽圆柱头螺钉　　开槽沉头螺钉　　开槽锥端紧定螺钉

图 7-12　常见的螺纹紧固件

一、螺纹紧固件的标记规定

螺纹紧固件的结构形式及尺寸都已标准化，属于标准件，一般由专门的工厂生产。各种标准件都有规定标记，需用时，根据其标记即可从相应的国家标准中查出它们的结构形式、尺寸及技术要求等内容。表 7-2 中列出了常用螺纹紧固件的图例、标记及解释。

表 7-2 常用螺纹紧固件的图例、标记及解释

名称及国标号	图 例	标记及解释
六角头螺栓 GB/T 5782—2016	M10 50	螺栓　GB/T 5782　M10×50 表示螺纹规格 d=M10，公称长度 l=50mm、性能等级为8.8级、表面不经处理、杆身半螺纹、A 级的六角头螺栓
双头螺柱 GB/T 897—1988 （b_m=1d）	M10 10 50	螺柱　GB/T 897　M10×50 表示两端均为粗牙普通螺纹，螺纹规格 d=M10，公称长度 l=50mm、性能等级为 4.8 级、不经表面处理、B 型、b_m=1d 的双头螺柱
开槽圆柱头螺钉 GB/T 65—2016	M10 50	螺钉　GB/T 65　M10×50 表示螺纹规格 d=M10，公称长度 l=50mm、性能等级为 4.8 级、表面不经处理的 A 级开槽圆柱头螺钉
开槽盘头螺钉 GB/T 67—2016	M10 50	螺钉　GB/T 67　M10×50 表示螺纹规格 d=M10，公称长度 l=50mm、性能等级为 4.8 级、表面不经处理的 A 级开槽盘头螺钉
内六角圆柱头螺钉 GB/T 70.1—2008	M10 40	螺钉　GB/T 70.1　M10×40 表示螺纹规格 d=M10，公称长度 l=40mm、性能等级为 8.8 级、表面氧化的 A 级内六角圆柱头螺钉
开槽沉头螺钉 GB/T 68—2016	M10 50	螺钉　GB/T 68　M10×50 表示螺纹规格 d=M10，公称长度 l=50mm、性能等级为 4.8 级、表面不经处理的 A 级开槽沉头螺钉
十字槽沉头螺钉 GB/T 819.1—2016	M10 50	螺钉　GB/T 819.1　M10×50 表示螺纹规格 d=M10，公称长度 l=50mm、性能等级为 4.8 级、表面不经处理的 A 级 H 型十字槽沉头螺钉
开槽锥端紧定螺钉 GB/T 71—1985	M12 35	螺钉　GB/T 71　M12×35 表示螺纹规格 d=M12，公称长度 l=35mm、性能等级为 14H 级、表面氧化的开槽锥端紧定螺钉
开槽 长圆柱端紧定螺钉 GB/T 75—1985	M12 35	螺钉　GB/T 75　M12×35 表示螺纹规格 d=M12，公称长度 l=35mm、性能等级为 14H 级、表面氧化的开槽长圆柱端紧定螺钉
1 型六角螺母 GB/T 6170—2015	M12	螺母　GB/T 6170　M12 表示螺纹规格 D=M12、性能等级为 8 级、表面不经处理、A 级的 1 型六角螺母

（续）

名称及国标号	图　例	标记及解释
1型六角开槽螺母 GB/T 6178—1986	M12	螺母　GB/T 6178　M12 表示螺纹规格 D = M12、性能等级为8级、不经表面处理、A级的1型六角开槽螺母
平垫圈 A 级 GB/T 97.1—2002	$\phi13$	垫圈　GB/T 97.1　12 表示标准系列、公称规格 12mm、由钢制造的硬度等级为200HV级、不经表面处理、产品等级为A级的平垫圈
标准型弹簧垫圈 GB/T 93—1987	$\phi12.2$	垫圈　GB/T 93　12 表示规格12mm、材料为65Mn、表面氧化处理的标准型弹簧垫圈

二、螺纹紧固件的联接画法

螺纹紧固件联接的基本形式有螺栓联接、双头螺柱联接和螺钉联接。采用哪种联接按需要选定。但无论采用哪种联接，其画法(装配画法)都应遵守下列规定：

1) 两零件的接触面只画一条线，不接触面必画两条线。

2) 在剖视图中，相互接触的两个零件的剖面线方向应相反。但同一个零件在各剖视图中，剖面线的倾斜角度、方向和间隔都应相同。

3) 在剖视图中，当剖切平面通过紧固件的轴线时，紧固件均按不剖绘制。

1. 螺栓联接

螺栓用来联接不太厚并钻成通孔的零件，如图 7-13a 所示。

螺栓联接
图画法

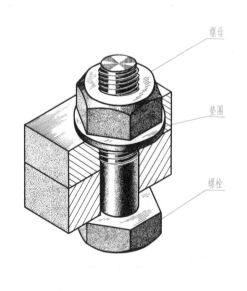

a) 轴测图

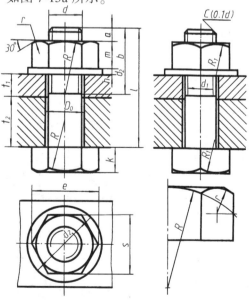

b) 近似画法

图 7-13　螺栓联接图画法

画螺栓联接图，应根据紧固件的标记，按其相应标准中的各部分尺寸绘制。但为了方便作图，通常可按其各部分尺寸与螺栓大径 d 的比例关系近似地画出，如图 7-13b 所示。其比例关系见表 7-3。

表 7-3　螺栓紧固件近似画法的比例关系

部位	尺　寸　比　例	部位	尺　寸　比　例	部位	尺　寸　比　例
螺栓	$b=2d$　　$e=2d$ $R=1.5d$　$C=0.1d$ $k=0.7d$　$d_1=0.85d$ $R_1=d$　　s 由作图决定	螺母	$e=2d$ $R=1.5d$ $R_1=d$ $m=0.8d$ r 由作图决定 s 由作图决定	垫圈	$h=0.15d$ $d_2=2.2d$
				被联 接件	$D_0=1.1d$

画图时，需知道螺栓的形式、大径和被联接两零件的厚度，由图 7-13b 可知，螺栓的长度 l 为

$$l=t_1+t_2+h+m+a$$

式中　a——螺栓伸出螺母的长度，一般取 $(0.2\sim0.3)d$。

计算出 l 后，还需从螺栓的标准长度系列中选取与 l 相近的标准值（附表 2）。例如算出 $l=48\text{mm}$，可选 $l=50\text{mm}$。螺母、垫圈的尺寸可参见表 7-3 和附表 3、附表 7。

2. 双头螺柱联接

当两个被联接的零件中，有一个较厚，不宜加工成通孔时，可采用双头螺柱联接，如图 7-14a 所示。双头螺柱联接和螺栓联接一样，通常采用近似画法，其联接图的近似画法如

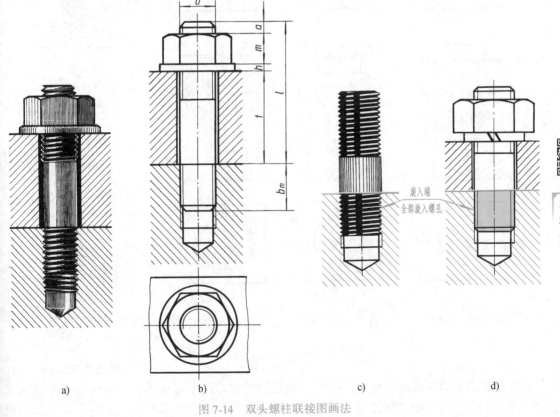

双头螺柱
联接图画
法

a)　　　　　　　b)　　　　　　　c)　　　　　　　d)

图 7-14　双头螺柱联接图画法

图 7-14b 所示(其俯视图及各部分的画法比例,与图 7-13b 相同)。

画双头螺柱联接图时,应注意以下两点:

1) 为了保证联接牢固,旋入端应全部旋入螺孔(图 7-14c),即旋入端的螺纹终止线在图上应与螺纹孔口的端面平齐(图 7-14d)。弹簧垫圈的尺寸参见附表 8。

2) 旋入端的螺纹长度 b_m,根据被旋入零件材料的不同而不同(钢与青铜:$b_m = d$;铸铁:$b_m = 1.25d$;铸钢:$b_m = 1.5d$;铝合金:$b_m = 2d$)。计算出 l 后,从附表 4 中选取相近的系列值。

3. 螺钉联接

螺钉用以联接一个较薄、另一个较厚的两个零件,常用在受力不大和不需经常拆卸的场合。螺钉的种类很多(参见表 7-2,其尺寸参见附表 5、附表 6),图 7-15a、b、c 分别为常用的开槽盘头螺钉、内六角圆柱头螺钉、开槽沉头螺钉联接的直观图及主、俯视图的简化画法。

图 7-16 为双头螺柱联接的直观图及简化画法。各种螺栓、螺钉的头部及螺母在装配图中的简化画法可查阅相应的国家标准。

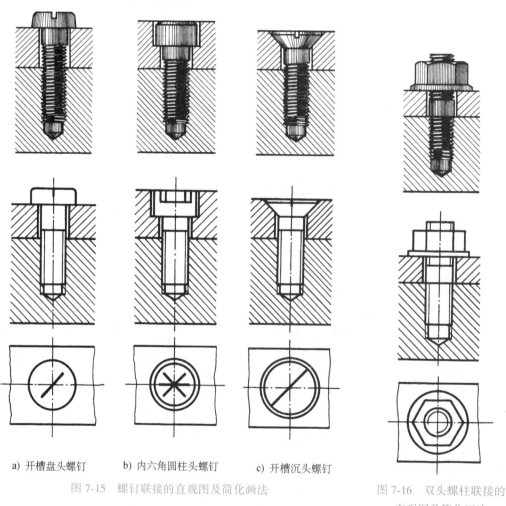

a) 开槽盘头螺钉 b) 内六角圆柱头螺钉 c) 开槽沉头螺钉

图 7-15　螺钉联接的直观图及简化画法

图 7-16　双头螺柱联接的直观图及简化画法

紧定螺钉也是在机器上经常使用的一种螺钉。它常用来防止两个相配零件产生相对运动。图 7-17 示出了用开槽锥端紧定螺钉限定轮和轴的相对位置,使它们不能产生轴向相对移动的图例，图 7-17a 表示零件图上螺孔和锥坑的画法，图 7-17b 为装配图上的画法。紧定螺钉的尺寸见附表 6。

在螺纹联接中，螺母虽然可以拧得很紧，但由于长期振动，往往也会松动甚至脱落。因此，为了防止螺母松脱现象的发生，常常采用弹簧垫圈（图 7-14d）或两个重叠的螺母防松，或采用开口销和槽形螺母予以锁紧，如图 7-18 所示。

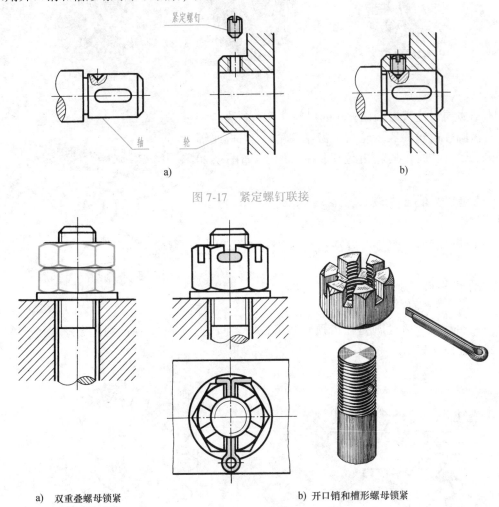

紧定螺钉

轴   轮

a)   b)

图 7-17   紧定螺钉联接

a) 双重叠螺母锁紧   b) 开口销和槽形螺母锁紧

图 7-18   螺纹联接的锁紧

第三节 齿 轮

齿轮是传动零件，能将一根轴的动力及旋转运动传递给另一根轴，也可改变转速和旋转方向，图 7-1 为齿轮传动的应用实例。其中，图 7-1a 中的圆柱齿轮（斜齿）用于两平行轴之间的传动；图 7-1b 中的锥齿轮用于相交两轴之间的传动；蜗轮蜗杆则用于交错两轴之间的传动。

圆柱齿轮按轮齿方向的不同，可分为直齿轮、斜齿轮和人字齿轮等，如图 7-19 所示。

a) 直齿轮

b) 斜齿轮

c) 人字齿轮

图 7-19　圆柱齿轮

本节主要讨论直齿圆柱齿轮的尺寸计算和画法。

直齿圆柱齿轮一般由轮齿、齿盘、轮辐(辐板或辐条)和轮毂等组成，其轮齿位于圆柱面上，如图 7-20 所示。

一、直齿圆柱齿轮的各部分名称及代号(图 7-21)

（1）齿顶圆　通过轮齿顶面的圆，其直径以 d_a 表示。

（2）齿根圆　通过轮齿根部的圆，其直径以 d_f 表示。

图 7-20　齿轮的结构

（3）分度圆　分度圆是在齿顶圆和齿根圆之间的假想圆，在该圆上齿厚 s 和槽宽 e 相等，其直径以 d 表示。

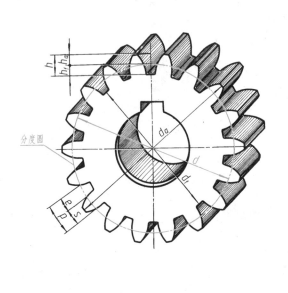

a)

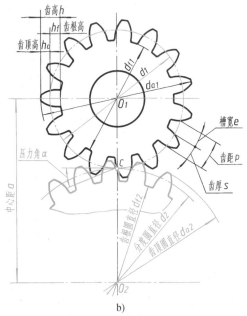

b)

图 7-21　轮齿各部分名称及代号

（4）齿顶高　齿顶圆与分度圆之间的径向距离，以 h_a 表示。

（5）齿根高　齿根圆与分度圆之间的径向距离，以 h_f 表示。

（6）齿高　齿顶圆与齿根圆之间的径向距离，以 h 表示（齿高 $h=h_a+h_f$）。

（7）齿距　分度圆上相邻两个轮齿上对应点之间的弧长，以 p 表示。齿距由齿厚 s 和槽宽 e 组成。在标准齿轮中，$s=e=p/2$，$p=s+e$。

（8）中心距　两啮合齿轮轴线之间的距离，以 a 表示，$a=(d_1+d_2)/2$。

二、直齿圆柱齿轮的基本参数

（1）齿数　一个齿轮的轮齿总数，以 z 表示。

（2）模数　由于齿轮分度圆的周长 $\pi d=pz$（z 为齿数），则 $d=z\dfrac{p}{\pi}$，式中 π 为无理数，为了计算方便，令 $m=\dfrac{p}{\pi}$，即将齿距 p 除以圆周率 π 所得的商，称为齿轮的模数，用代号 m 表示，其单位为 mm。由此得出：$d=mz$，$m=\dfrac{d}{z}$。两齿轮啮合，其模数必须相等。

模数是设计、制造齿轮的重要参数。模数大，齿距 p 也大，齿厚 s 和齿高 h 也随之增大，因而齿轮的承载能力也增大。为了便于设计和加工，模数已标准化，其数值见表 7-4。

表 7-4　圆柱齿轮模数（摘自 GB/T 1357—2008）　　　　　　（单位：mm）

第一系列	1，1.25，1.5，2，2.5，3，4，5，6，8，10，12，16，20，25，32，40，50
第二系列	1.125，1.375，1.75，2.25，2.75，3.5，4.5，5.5，(6.5)，7，9，11，14，18，22，28，36，45

注：选用圆柱齿轮模数时，应优先选用第一系列，还应避免采用第二系列中的模数 6.5。

（3）压力角　在图 7-21b 中，在点 C 处，齿廓受力方向与齿轮瞬时运动方向的夹角，称为压力角，以 α 表示（分度圆上的压力角又称为齿形角）。标准齿轮的压力角为 20°。

三、直齿圆柱齿轮各部分的尺寸计算

确定出齿轮的齿数 z 和模数 m，齿轮的各部分尺寸即可按表 7-5 中的公式计算出。

表 7-5　直齿圆柱齿轮各部分的尺寸计算

名称及代号	公　式	名称及代号	公　式
模数 m	$m=p/\pi=d/z$	齿顶圆直径 d_a	$d_a=d+2h_a=m(z+2)$
齿顶高 h_a	$h_a=m$	齿根圆直径 d_f	$d_f=d-2h_f=m(z-2.5)$
齿根高 h_f	$h_f=1.25m$	齿距 p	$p=\pi m$
齿高 h	$h=h_a+h_f=2.25m$	中心距 a	$a=(d_1+d_2)/2=m(z_1+z_2)/2$
分度圆直径 d	$d=mz$		

四、单个齿轮的规定画法（GB/T 4459.2—2003）

1）一般用两个视图（图 7-22a），或者用一个视图和一个局部视图表示单个齿轮。

2）齿顶圆和齿顶线用粗实线绘制。

3）分度圆和分度线用细点画线绘制。

4）齿根圆和齿根线用细实线绘制，也可省略不画；在剖视图中，齿根线用粗实线绘制

（图 7-22b）。

5）在剖视图中，当剖切平面通过齿轮的轴线时，轮齿一律按不剖处理。

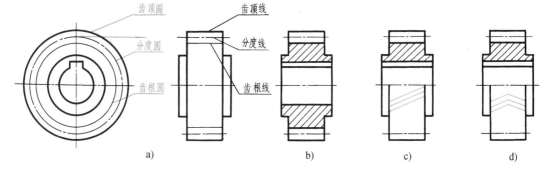

图 7-22 单个齿轮的规定画法

6）当需要表示齿线的特征时，可用三条与齿线方向一致的细实线表示（图 7-22c、d）。直齿则不需表示。

五、两齿轮啮合的规定画法

1）在垂直于圆柱齿轮轴线的投影面的视图中，啮合区内的齿顶圆均用粗实线绘制（图 7-23a），两节圆（分度圆）相切，其省略画法如图 7-23b 所示。

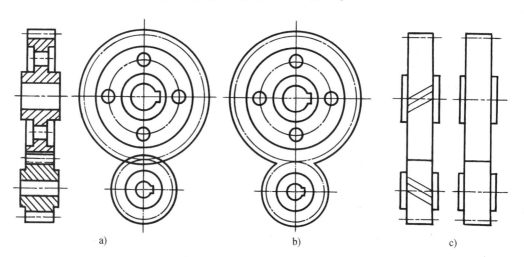

图 7-23 两齿轮啮合的规定画法

2）在平行于圆柱齿轮轴线的投影面的视图中，啮合区的齿顶线不需画出，节线用粗实线绘制，其他处的节线用细点画线绘制，如图 7-23c 所示。

3）在通过轴线的剖视图中，啮合区内将一个齿轮的轮齿用粗实线绘制，另一个齿轮的轮齿被遮挡的部分画成细虚线（也可省略不画），而且一个齿轮的齿顶线与另一个齿轮的齿根线之间应有 $0.25m$ 的间隙，如图 7-23a、图 7-24 所示。

图 7-25 所示为齿轮、齿条啮合的规定画法。齿条可以看成是直径无穷大的齿轮，这时的齿顶圆、分度圆、齿根圆和齿廓都是直线。它的模数与其啮合齿轮的模数相同，画法与两圆柱齿轮啮合的规定画法一样。

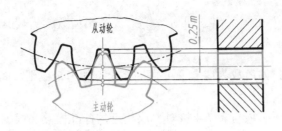

图 7-24　两个齿轮啮合的间隙

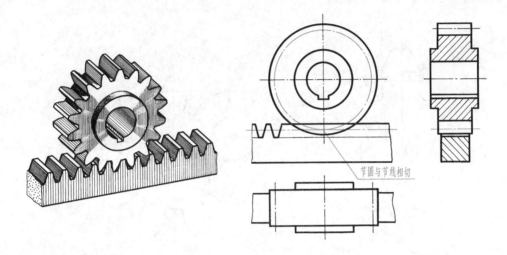

节圆与节线相切

图 7-25　齿轮、齿条啮合的规定画法

六、渐开线齿形的近似画法

当铸造齿轮时，因需根据齿形制造木模，所以在其工作图上应画出齿形。图 7-26 所示为渐开线齿形的近似画法。其画图步骤如下：

1）以直径 d_a、d_f、d 分别画三个圆，再画一个基圆。基圆直径按下式计算：

$$d_b = d\cos\alpha = 0.94d \qquad (标准齿 \ \alpha = 20°)$$

2）在分度圆周上截取 AB 等于齿厚（标准齿厚 $s = p/2 = m\pi/2$）。

3）取 OA 的中点 O_1 为圆心，以 O_1A 为半径作圆弧交基圆于 O_2 点。

4）以 O_2 点为圆心，O_2A 为半径画弧与顶圆和基圆分别交于 A' 与 C 点，$A'C$ 即为齿形上一段齿廓。

5）由 C 点到齿根圆的一段齿廓，是在 C 点至一辅助圆的切线上（辅助圆：以 O 为圆心，以基圆与分度圆的半径差为半径所作的圆）。

依此法画出对称的部分，即完成全图。

七、直齿圆柱齿轮的测绘

根据齿轮实物，通过测量和计算，以确定主要参数并画出齿轮工作图的过程，称为齿轮测绘。

啮合角：标准齿轮 $\alpha = 20°$，无须测量。

模数的确定：可按 d_a 公式导出，即 $m = \dfrac{d_a}{z+2}$。先数出齿数 z，再测得齿顶圆的直径(d_a)，即可计算出模数。

测量齿顶圆直径时，如齿数为偶数，可直接测出；如为奇数则需间接测量，其测量方法如图 7-27 所示。

模数计算出来后，还必须与表 7-4 核对，取相近的标准模数。根据标准模数，再计算出轮齿的各基本尺寸。

齿轮的其他尺寸可按实物测量。

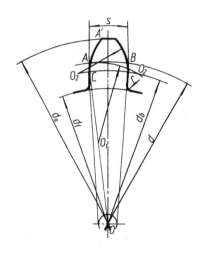
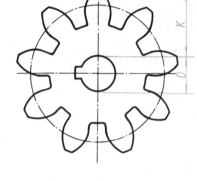

图 7-26 渐开线齿形的近似画法　　　　图 7-27 奇数齿的测量方法

例　直齿圆柱齿轮，通过测量得知 $d_a = 49$mm，数出齿数 $z = 18$，试绘制齿轮工作图。

1）求模数 m。

$$m = \frac{d_a}{z+2} = \frac{49}{18+2}\text{mm} = 2.45\text{mm}$$

与表 7-4 核对，在表的第一系列中与 2.45mm 最接近的标准模数为 2.5mm，故取 $m = 2.5$mm。

2）轮齿各部分的尺寸计算。

$$h_a = m = 2.5\text{mm}$$
$$h_f = 1.25m = 1.25 \times 2.5\text{mm} = 3.125\text{mm}$$
$$h = h_a + h_f = 2.5\text{mm} + 3.125\text{mm} = 5.625\text{mm}$$
$$d = mz = 2.5\text{mm} \times 18 = 45\text{mm}$$
$$d_a = m(z+2) = 2.5\text{mm} \times (18+2) = 50\text{mm}$$
$$d_f = m(z-2.5) = 2.5\text{mm} \times (18-2.5) = 38.75\text{mm}$$

3）测量和确定齿轮其他部分的尺寸。包括齿轮宽度($b = 15$mm)，轮孔尺寸($D = 20$mm)，键槽尺寸(宽 6mm，槽顶至孔底 22.8mm)等。

4）绘制齿轮工作图(图 7-28)。

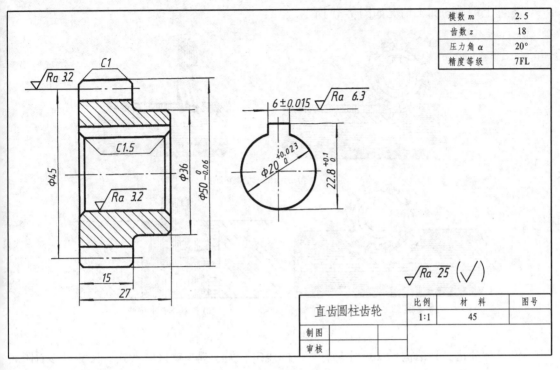

模数 m	2.5
齿数 z	18
压力角 α	20°
精度等级	7FL

直齿圆柱齿轮	比例	材　料	图号
	1:1	45	
制图			
审核			

图 7-28　齿轮工作图

第四节　键联结、销联接

一、键联结

为了使齿轮、带轮等零件和轴一起转动，通常在轮孔和轴上分别切制出键槽，用键将轴、轮联结起来进行传动，如图7-29所示。

1. 常用键的形式和标记

键的种类很多，常用的有普通型平键、普通型半圆键和钩头型楔键等，如图7-30所示。

平键应用最广，按轴槽结构可分为普通 A 型平键、普通 B 型平键和普通 C 型平键三种形式。

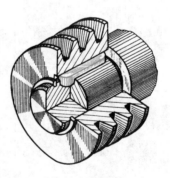

图 7-29　键联结

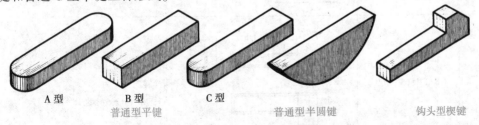

A 型　　　B 型　　　C 型
普通型平键　　　　　普通型半圆键　　　　　钩头型楔键

图 7-30　常用的几种键

零件上键槽的加工情况如图 7-31 所示。

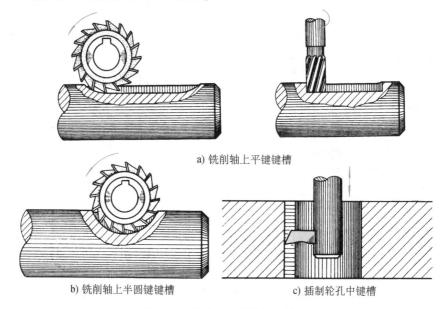

a) 铣削轴上平键键槽

b) 铣削轴上半圆键键槽　　　　　　c) 插制轮孔中键槽

图 7-31　零件上键槽的加工情况

键已标准化，其结构形式尺寸都有相应的规定。关于键与键槽的形式、尺寸可参看附表 12。表 7-6 列举了常用键的形式和标记示例。

表 7-6　常用键的形式和标记示例

名称	标准号	图　例	标记示例
普通型平键	GB/T 1096—2003		$b=18mm$、$h=11mm$、$L=100mm$ 普通 B 型平键的标记为 GB/T 1096　键 B 18×11×100 （左图的普通 A 型平键可不标出 A）
普通型半圆键	GB/T 1099.1—2003	注：$x \leqslant s_{max}$	$b=6mm$、$h=10mm$、$D=25mm$ 普通型半圆键的标记为 GB/T 1099.1　键 6×10×25
钩头型楔键	GB/T 1565—2003		$b=18mm$、$h=11mm$、$L=100mm$ 钩头型楔键的标记为 GB/T 1565　键 18×100

2. 花键的规定画法与标注

花键是一种常用的标准结构，其结构和尺寸都已经标准化。

花键的齿形有矩形、三角形和渐开线形等。常用的是矩形花键，矩形花键主要有三个基本参数，即大径 D、小径 d 和键宽 B。矩形花键基本尺寸系列可查阅 GB/T 1144—2001。

外花键与内花键的画法如图 7-32b 所示：在平行于花键轴线投影面的剖视图中，外花键的大径用粗实线、小径用细实线绘制，并在断面图中画出一部分或全部齿形；在平行于花键轴线投影面的剖视图中，内花键的大径和小径均用粗实线绘制，并在局部视图中画出一部分或全部齿形。

花键尺寸的一般注法：标注大径、小径、键宽和工作长度，如图 7-32b 所示；另一种注法是将其标记——$N×d×D×B$（N 表示键数，d 表示小径，D 表示大径，B 表示键宽）注写在指引线的基准线上，如外花键：Π 6×23f7×26a11×6d10 GB/T 1144—2001；内花键：Π6×23H7×26H10×6H11 GB/T 1144—2001（"Π"为矩形花键的图形符号，6 为键数，23 为小径，26 为大径，6 为键宽，f7、a11、d10 等为相应的公差带代号）。

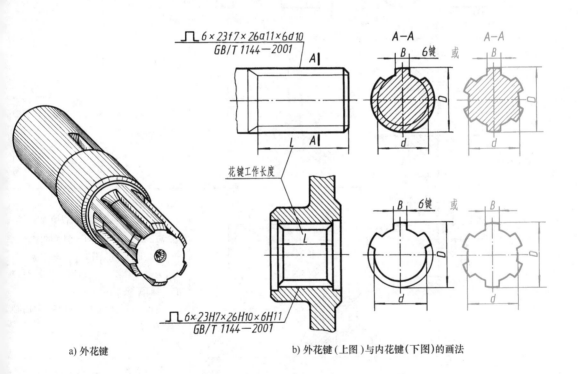

a) 外花键
b) 外花键（上图）与内花键（下图）的画法

图 7-32 外花键与内花键的规定画法

3. 常用键、花键的联结画法与识读（表 7-7）

二、销联接

常用的销有圆柱销、圆锥销和开口销。圆柱销和圆锥销可用于联接零件和传递动力，也可在装配时定位用。开口销常用在螺纹联接的锁紧装置中，以防止螺母松动。

表7-7 常用键、花键的联结画法与识读

名称	联结的画法	说　明
普通型平键	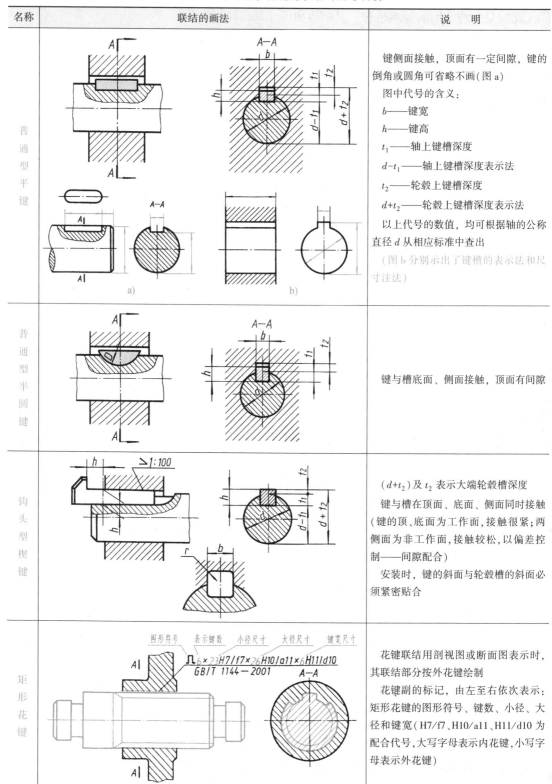	键侧面接触，顶面有一定间隙，键的倒角或圆角可省略不画(图a) 　图中代号的含义： b——键宽 h——键高 t_1——轴上键槽深度 $d-t_1$——轴上键槽深度表示法 t_2——轮毂上键槽深度 $d+t_2$——轮毂上键槽深度表示法 　以上代号的数值，均可根据轴的公称直径 d 从相应标准中查出 (图b分别示出了键槽的表示法和尺寸注法)
普通型半圆键		键与槽底面、侧面接触，顶面有间隙
钩头型楔键		$(d+t_2)$ 及 t_2 表示大端轮毂槽深度 　键与槽在顶面、底面、侧面同时接触(键的顶、底面为工作面，接触很紧；两侧面为非工作面，接触较松，以偏差控制——间隙配合) 　安装时，键的斜面与轮毂槽的斜面必须紧密贴合
矩形花键		花键联结用剖视图或断面图表示时，其联结部分按外花键绘制 　花键副的标记，由左至右依次表示：矩形花键的图形符号、键数、小径、大径和键宽(H7/f7、H10/a11、H11/d10 为配合代号，大写字母表示内花键，小写字母表示外花键)

常用销的形式、画法、标记示例及联接画法列于表 7-8 中。它们的尺寸参见附表 9~附表 11。

表 7-8　常用销的形式、画法、标记示例及联接画法

名称	圆 柱 销	圆 锥 销	开 口 销
标准号	GB/T 119.1—2000	GB/T 117—2000	GB/T 91—2000
图例	≈15°　c　d　l　c	1:50　d　r₁　r₂　a　l　a $r_1 \approx d \quad r_2 \approx \dfrac{a}{2} + d + \dfrac{0.021^2}{8a}$	b　l　a　c
标记示例	销　GB/T 119.1　6 m6×30 表示公称直径 $d=6$mm、公差为 m6、公称长度 $l=30$mm、材料为钢、不经淬火、不经表面处理的圆柱销	销　GB/T 117　6×30 表示公称直径 $d=6$mm、公称长度 $l=30$mm、材料为 35 钢、热处理硬度 28~38HRC、表面氧化处理的 A 型圆锥销 圆锥销公称尺寸指小端直径	销　GB/T 91　4×20 表示公称规格为 4mm、公称长度 $l=20$mm、材料为低碳钢、不经表面处理的开口销
联接画法			

用圆锥销联接或定位的两个零件，它们的销孔是一起加工的，以保证相互位置的准确性。因此，在零件图上除了注明销孔的尺寸外，还要注明其加工情况。图 7-33 以圆柱销孔为例，示出了销孔的加工过程和销孔尺寸的标注方法（"与件×同钻铰"，通常注写为"配作"）。

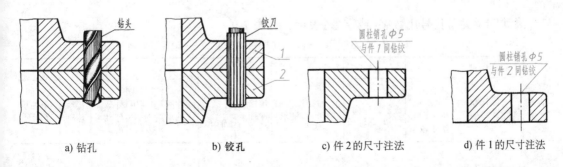

a) 钻孔　　　　b) 铰孔　　　　c) 件 2 的尺寸注法　　　　d) 件 1 的尺寸注法

图 7-33　销孔的加工及尺寸注法

第五节　滚　动　轴　承

　　滚动轴承是支承旋转轴的标准组件，它具有摩擦阻力小、效率高、结构紧凑、维护简单等优点，因此在机器中得到了广泛的应用。

一、滚动轴承的结构和种类

　　如图 7-34 所示，滚动轴承的结构一般由外圈、内圈、滚动体和保持架组成。

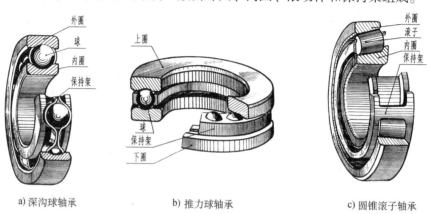

a) 深沟球轴承　　　　　b) 推力球轴承　　　　　c) 圆锥滚子轴承

图 7-34　滚动轴承的结构与种类

　　在机器中，将滚动轴承的外圈装在机座的孔内，一般不动；将内圈装在轴上，随轴转动，如图 7-1 所示。

　　滚动轴承的种类很多，按承受载荷方向的不同，可将其分为三类：

　　（1）向心轴承　　主要承受径向载荷，如深沟球轴承（图 7-34a）。

　　（2）推力轴承　　主要承受轴向载荷，如推力球轴承（图 7-34b）。

　　（3）向心推力轴承　　能同时承受径向载荷和轴向载荷，如圆锥滚子轴承（图 7-34c）。

二、滚动轴承的基本代号

　　滚动轴承的基本代号由三部分内容构成，即

| 轴承类型代号 | 尺寸系列代号 | 内径代号 |

1. 轴承类型代号

　　滚动轴承类型代号用数字（或字母）表示，见表 7-9。

表 7-9　滚动轴承类型代号（摘自 GB/T 272—2017）

代号	0	1	2	3	4	5	6	7	8	N	U	QJ	C
轴承类型	双列角接触球轴承	调心球轴承	调心滚子轴承和推力调心滚子轴承	圆锥滚子轴承	双列深沟球轴承	推力球轴承	深沟球轴承	角接触球轴承	推力圆柱滚子轴承	圆柱滚子轴承　双列或多列用字母 NN 表示	外球面球轴承	四点接触球轴承	长弧面滚子轴承（圆环轴承）

2. 尺寸系列代号

　　尺寸系列代号由轴承的宽（高）度系列代号和直径系列代号组合而成，用两位阿拉伯数字来表示。它的主要作用是区别内径相同而宽度和外径不同的轴承。具体代号需查阅相关的国家标准。

3. 内径代号

内径代号表示轴承的公称内径，一般用两位阿拉伯数字表示：

——代号数字为 00、01、02、03 时，分别表示轴承内径 $d = 10$mm、12mm、15mm、17mm；

——代号数字为 04~96 时，代号数字乘 5，即为轴承内径；

——轴承公称内径为 1~9mm，大于或等于 500mm 以及 22mm、28mm、32mm 时，用公称内径毫米数直接表示，但应与尺寸系列代号之间用"/"隔开。

轴承基本代号及其标记举例：

规定标记：滚动轴承　6208　GB/T 276—2013

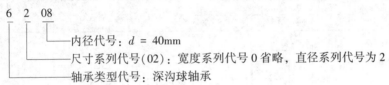

规定标记：滚动轴承　62/22　GB/T 276—2013

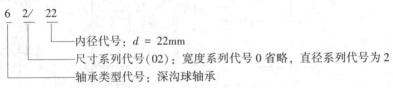

规定标记：滚动轴承　30312　GB/T 297—2015

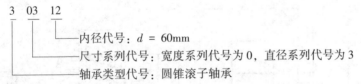

规定标记：滚动轴承　51310　GB/T 301—2015

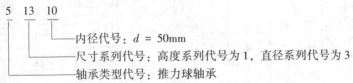

三、滚动轴承的画法

当需要在图样上表示滚动轴承时，可采用简化画法或规定画法。现将三种滚动轴承的各式画法均列于表 7-10 中，其各部尺寸可根据轴承代号由标准中查得（参见附表 13）。

1. 简化画法

（1）通用画法　在剖视图中，当不需要确切地表示滚动轴承的外形轮廓、载荷特性、结构特征时，可用矩形线框及位于线框中央正立的十字形符号表示滚动轴承，十字形符号不应与矩形线框接触。

（2）特征画法　在剖视图中，如需较形象地表示滚动轴承的结构特征时，可采用在矩形线框内画出其结构要素符号表示滚动轴承。

通用画法和特征画法应绘制在轴的两侧。矩形线框、符号和轮廓线均用粗实线绘制。

2. 规定画法

必要时，在滚动轴承的产品图样、产品样本、产品标准、用户手册和使用说明书中可采用规定画法绘制滚动轴承。绘制剖视图时，轴承的滚动体不画剖面线，其内外座圈可画成方向和间隔相同的剖面线；规定画法一般绘制在轴的一侧，另一侧按通用画法绘制。

在垂直于滚动轴承轴线的投影面的视图上，无论滚动体的形状（球、柱、针等）及尺寸如何，均可按图 7-35 的方法绘制。

图 7-35 滚动轴承轴线垂直于投影面的特征画法

表 7-10 滚动轴承的通用画法、特征画法和规定画法（摘自 GB/T 4459.7—2017）

名称和标准号	查表主要数据	画 法			装配示意图
		简化画法		规定画法	
		通用画法	特征画法		
深沟球轴承（GB/T 276—2013）	D d B				
圆锥滚子轴承（GB/T 297—2015）	D d B T C				
推力球轴承（GB/T 301—2015）	D d T				

第六节　弹　簧

弹簧是一种用来减振、夹紧、测力和储存能量的零件，种类很多，用途很广。本节仅简要介绍圆柱螺旋压缩弹簧的尺寸计算和规定画法(参见 GB/T 4459.4—2003)。

圆柱螺旋弹簧根据用途不同可分为压缩弹簧、拉伸弹簧和扭转弹簧，如图 7-36 所示。

一、圆柱螺旋压缩弹簧的各部分名称及尺寸计算(图 7-37)

(1) 弹簧丝直径 d

(2) 弹簧直径

弹簧中径 D　弹簧的规格直径。

弹簧内径 D_1　$D_1 = D - d$

弹簧外径 D_2　$D_2 = D + d$

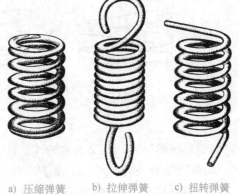

a) 压缩弹簧　　b) 拉伸弹簧　　c) 扭转弹簧

图 7-36　圆柱螺旋弹簧

(3) 节距 t　除支承圈外，相邻两圈沿轴向的距离。一般 $t = (D/3) \sim (D/2)$。

(4) 有效圈数 n、支承圈数 n_2 和总圈数 n_1　为了使压缩弹簧工作时受力均匀，保证轴线垂直于支承端面，两端常并紧且磨平。这部分圈数仅起支承作用，称为支承圈。支承圈数(n_2)有 1.5 圈、2 圈和 2.5 圈三种。2.5 圈用得较多，即两端各并紧 1¼ 圈，其中包括磨平 3/4 圈。压缩弹簧除支承圈外，具有相等节距的圈数称有效圈数，有效圈数 n 与支承圈数 n_2 之和称为总圈数 n_1，即

$$n_1 = n + n_2$$

(5) 自由高度(或自由长度) H_0　弹簧在不受外力时的高度(或长度)，即

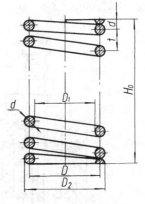

$$H_0 = nt + (n_2 - 0.5)d$$

当 $n_2 = 1.5$ 时　　$H_0 = nt + d$

当 $n_2 = 2$ 时　　$H_0 = nt + 1.5d$

当 $n_2 = 2.5$ 时　　$H_0 = nt + 2d$

图 7-37　圆柱螺旋压缩弹簧的尺寸

(6) 弹簧展开长度 L　制造时弹簧簧丝的长度，即

$$L \approx \pi D n_1$$

二、圆柱螺旋压缩弹簧的规定画法

圆柱螺旋压缩弹簧可画成视图、剖视图或示意图，如图 7-38 所示。

画图时，应注意以下几点：

1) 圆柱螺旋弹簧在平行于轴线的投影面上的视图中，其各圈的轮廓应画成直线。

2) 螺旋弹簧均可画成右旋，对必须保证的旋向要求应在"技术要求"中注明。

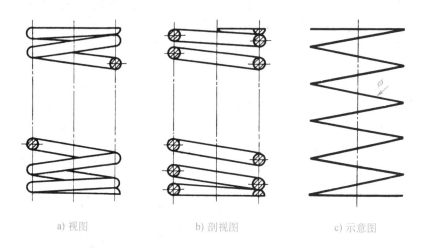

a) 视图　　　　　　b) 剖视图　　　　　　c) 示意图

图 7-38　圆柱螺旋压缩弹簧的画法

3）螺旋压缩弹簧，如要求两端并紧且磨平时，不论支承圈的圈数多少和末端贴紧情况如何，均按图 7-38 的形式绘制。必要时也可按支承圈的实际结构绘制。

4）有效圈数在四圈以上的螺旋弹簧，中间部分可省略不画，只画通过簧丝剖面中心的两条细点画线。当中间部分省略后，允许适当地缩短图形的长度，如图 7-38a、b 所示。

5）在装配图中，被弹簧挡住的结构一般不画出，可见部分应从弹簧的外轮廓线或从弹簧钢丝剖面的中心线画起，如图 7-39a 所示。

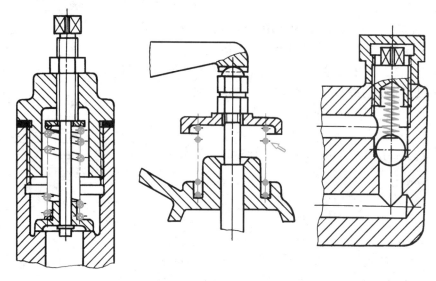

a) 装配图中被弹簧遮挡处的画法　　　b) $d \leqslant 2mm$ 的断面画法　　　c) $d \leqslant 2mm$ 的示意画法

图 7-39　装配图中螺旋弹簧的规定画法

6）当簧丝直径在图上小于或等于 2mm 时，断面可以涂黑表示，如图 7-39b 所示；也可以采用示意画法，如图 7-39c 所示。

三、圆柱螺旋压缩弹簧的作图步骤

例 1　某弹簧簧丝直径 $d = 5mm$，弹簧外径 $D_2 = 43mm$，节距 $t = 10mm$，有效圈数 $n = 8$，

支承圈 $n_2 = 2.5$。试画出该弹簧的剖视图。

（1）计算

总　圈　数　$n_1 = n + n_2 = 8 + 2.5 = 10.5$

自由高度　$H_0 = nt + 2d = 8 \times 10\text{mm} + 2 \times 5\text{mm} = 90\text{mm}$

弹簧中径　$D = D_2 - d = 43\text{mm} - 5\text{mm} = 38\text{mm}$

展开长度　$L \approx \pi D n_1 = 3.14 \times 38\text{mm} \times 10.5 = 1253\text{mm}$

（2）画图

1）根据弹簧中径 D 和自由高度 H_0 作矩形 $ABCD$（图7-40a）。

2）画出支承圈部分弹簧钢丝的断面（图7-40b）。

3）画出有效圈部分弹簧钢丝的断面（图7-40c）。先在 CD 线上根据节距 t 画出圆 2 和圆 3，然后从 1、2 和 3、4 的中点作垂线与 AB 线相交，画圆 5 和圆 6。

4）按右旋方向作相应圆的公切线及画剖面线，即完成作图（图7-40d）。

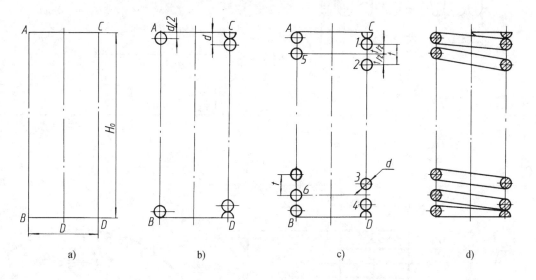

图 7-40　圆柱螺旋压缩弹簧的画图步骤

图7-41 为弹簧的零件图。当需要表达弹簧负荷与高度之间的变化关系时，必须用图解表示。主视图上方的力学性能曲线均画成直线，其中：F_1——弹簧的预加负荷，F_2——弹簧的最大负荷，F_3——弹簧的允许极限负荷。

下面希望读者自行阅读两张常用零件的实际应用图例，以加深理解、巩固所学知识。

例2　标准件在联轴器装配图上的联接画法与识读（图7-42）。要求：①查表确定标准件的规格；②完成在装配图上的联接画法；③在指引线上对标准件进行简化标注；④看懂联轴器装配图。

1. 确定标准件的规格

根据图7-42中所示两个法兰和轴的位置、结构及将两轴联接在一起的情况可知，该联轴器须用螺栓、螺母、垫圈等紧固件和普通平键、圆柱销及紧定螺钉联接。其规格的确定方法如下：

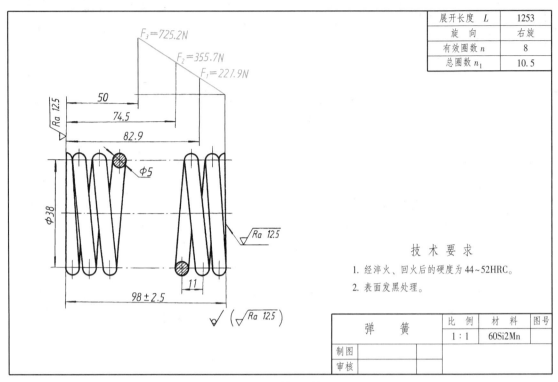

展开长度 L	1253
旋 向	右旋
有效圈数 n	8
总圈数 n_1	10.5

技 术 要 求

1. 经淬火、回火后的硬度为 44~52HRC。
2. 表面发黑处理。

弹 簧	比 例	材 料	图号
	1 : 1	60Si2Mn	
制图			
审核			

图 7-41　弹簧的零件图

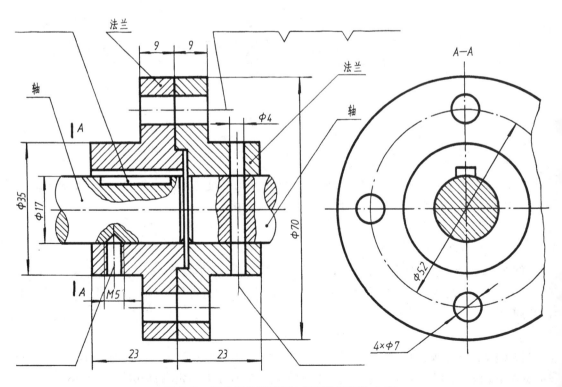

图 7-42　联轴器的装配图(未安装标准件之前)

（1）螺栓、螺母、垫圈的规格　螺栓孔为 $\phi7$，故选用公称直径为 6 的螺栓、螺母和垫圈为宜。查附表 3（GB/T 6170—2015）得螺母厚为 5.2；查附表 7（GB/T 95—2002）得垫圈厚为 1.6；螺栓的长度 $l=9+9+5.2+1.6+1.8$（螺栓伸出螺母的长度按 $0.3d$ 计算）$=26.6$，故在附表 2（GB/T 5780—2016）中取标准长度 30。结果：螺栓为 M6×30；螺母为 M6；垫圈为 6。

（2）键的规格　根据轴的直径 $\phi17$ 查附表 12（GB/T 1096—2003）确定用 A 型普通平键：键的宽度和高度均为 5，键的长度根据尺寸 23，可选标准长度 20。

（3）圆柱销的规格　根据 $\phi4$ 及 $\phi35$ 从附表 9（GB/T 119.1—2000）中可选取圆柱销的公称尺寸为 4×35。

（4）紧定螺钉的规格　从 $\phi35$ 及 $\phi17$ 可知，紧定螺钉联接处的壁厚为 9，从附表 6（GB/T 71—1985）中选用开槽锥端紧定螺钉，其公称长度为 10，即规格为 M5×10。

2. 标准件的联接画法（图 7-43）

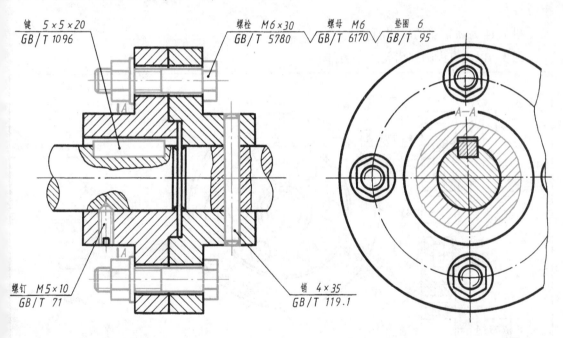

图 7-43　联轴器的装配图（安装上标准件之后）

（1）螺栓联接的画法　该螺栓、螺母是采用简化画法绘制的，应注意光孔与螺杆之间有缝隙，画成两条线。

（2）键联结的画法　键与键槽的两侧有配合关系，键与键槽的底面相接触，都只画一条线，键的上面与法兰键槽的上面有缝隙，应画成两条线。

（3）圆柱销的联接画法　圆柱销与销孔是配合关系，销的两侧均应画成一条线。

（4）紧定螺钉的联接画法　螺钉杆全部旋入螺孔内，按外螺纹的画法绘制，螺钉的锥端应顶住轴上的锥坑。

3. 标准件在图上的标注

标准件在图上的标注如图 7-43 所示。

4. 联轴器装配图的识读

如图 7-43 所示，该装配图采用了两个视图，主视图取全剖，因剖切平面是通过标准件的对称平面或轴线剖切的，这些标准件均按不剖绘制。为了表示键、销、螺钉的装配情况，都采用了局部剖；被联接的两轴都采用了断裂画法；左视图主要是表示螺栓联接在法兰盘上的分布情况。其中，为了表示键与轴和法兰的横向联结情况，采用了局部剖视，这是假想采用平面切至左法兰圆筒的大部分，在其中间部位移去一部分而显露的；为了有效地利用图纸，法兰盘的前部被打掉一部分，以波浪线表示。关于同一零件及相邻两零件的剖面线画法，希望读者自行分析。

图 7-44 为联轴器的轴测图。

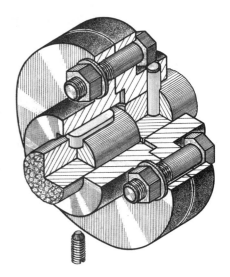

图 7-44 联轴器的轴测图

例 3 识读直齿圆柱齿轮工作图(图 7-45)。

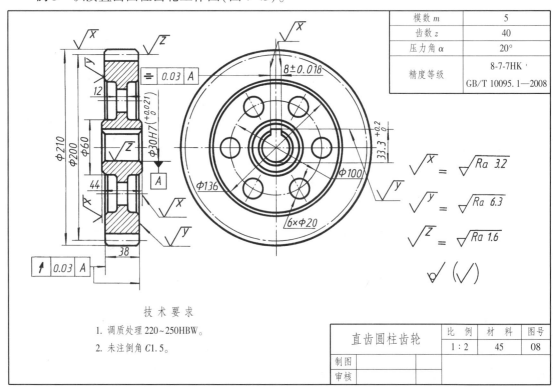

模数 m	5
齿数 z	40
压力角 α	20°
精度等级	8-7-7HK GB/T 10095.1—2008

技术要求

1. 调质处理 220~250HBW。
2. 未注倒角 C1.5。

直齿圆柱齿轮	比 例	材 料	图号
	1:2	45	08
制图			
审核			

图 7-45 直齿圆柱齿轮工作图

识读齿轮工作图，应注意把握以下几点：

（1）齿轮的图形 该齿轮共有两个视图。主视图采用了全剖视，轮齿不剖，齿顶线和齿根线为粗实线，分度线为细点画线。辐板上均匀分布的孔是采用简化画法，将其旋转到剖切平面上画出的；左视图为齿轮的端面视图，齿顶圆为粗实线，分度圆为细点画线，齿根圆省略了。齿轮的其他结构都是按投影关系绘制的。

（2）齿轮的参数表　参数表位于图 7-45 的右上角。从表中可知，该齿轮的模数 m 为 5，齿数 z 为 40，由此可计算出齿轮的分度圆直径 $d = mz = 200$，齿顶圆直径 $d_a = m(z+2) = 210$，齿根圆直径 $d_f = m(z-2.5) = 187.5$。须注意：齿顶圆直径、分度圆直径及有关齿轮的基本尺寸必须直接注出，齿根圆直径一般在加工时由刀具决定，规定不注。

（3）键槽的尺寸及偏差　键槽宽度和深度应根据轮毂轴孔的公称直径查附表 12 而得，即查公称直径>22~30，对应键槽宽 $b = 8$，按"正常联结"，其极限偏差为 JS9(± 0.018)，即得槽宽尺寸及公差为 8 ± 0.018；槽深 $t_2 = 3.3$，图中应表示为 $30+3.3 = 33.3$，其极限偏差为 $\binom{+0.2}{0}$，由此得图中的槽深尺寸及公差为 $33.3^{+0.2}_{0}$。其余内容可根据零件图的读图方法识读。

零件图

任何机器或部件都是由零件组成的。表示零件结构、大小及技术要求的图样，称为零件图，它是制造和检验零件的主要依据。

本章将介绍绘制和识读零件图的基本方法，并简要介绍零件图的尺寸标注、零件的工艺结构及表面粗糙度、极限与配合、几何公差等内容。

第一节　零件图的作用与内容

图 8-1 所示为一齿轮油泵，图 8-2 是该油泵上左端盖的零件图。因为零件图是直接用于生产的，所以它应具备制造和检验零件所需要的全部内容(图 8-2)，主要包括：一组图形(表示零件的结构形状)；一组尺寸(表示零件各部分的大小及其相对位置)；技术要求(即制造、检验零件时应达到的各项技术指标)，如表面粗糙度 $Ra1.6\mu m$、尺寸的极限偏差 $\phi16^{+0.018}_{0}$、几何公差 $\boxed{//\,|\,0.04\,|\,C}$、热处理和表面处理要求及其他文字说明等；标题栏(注写零件名称、绘图比例、所用材料及制图者姓名等)。

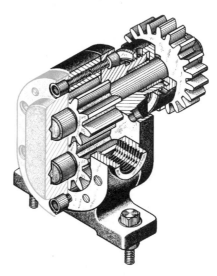

图 8-1　齿轮油泵立体图

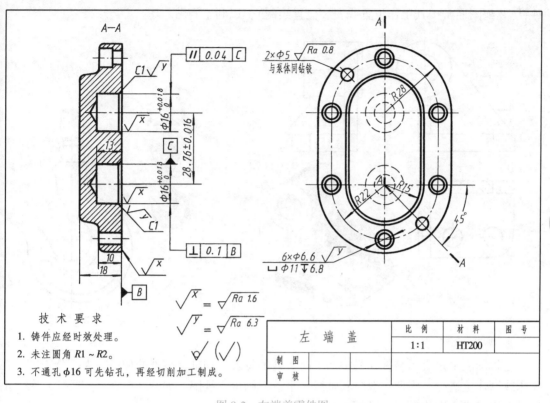

技术要求

1. 铸件应经时效处理。
2. 未注圆角 $R1 \sim R2$。
3. 不通孔 $\phi16$ 可先钻孔，再经切削加工制成。

$\sqrt{x} = \sqrt{Ra\ 1.6}$

$\sqrt{y} = \sqrt{Ra\ 6.3}$

$\sqrt{} (\sqrt{})$

左 端 盖	比 例	材 料	图 号
	1:1	HT200	
制 图			
审 核			

图 8-2　左端盖零件图

<h2>第二节　零件图的视图选择</h2>

零件图的视图选择，是根据零件的结构形状、加工方法，以及它在机器中所处位置等因素的综合分析来确定的。

视图选择的内容包括主视图的选择、其他视图数量和表达方法的选择。

一、主视图的选择

主视图是一组图形的核心，主视图选择得恰当与否将直接影响到其他视图位置和数量的选择，关系到画图、看图是否方便，甚至牵扯到图纸幅面的合理利用等问题，因此主视图的选择一定要慎重。

选择主视图的原则：将表示零件信息量最多的那个视图作为主视图，通常是零件的工作位置或加工位置或安装位置。具体地说，一般应从以下三个方面来考虑。

1. 表示零件的工作位置或安装位置

主视图应尽量表示零件在机器上的工作位置或安装位置。例如图 8-3 所示的支座和图 8-4 所示的吊钩，其主视图就是根据它们的工作位置、安装位置并尽量多地反映其形状特征的原则选定的。

由于主视图按零件的实际工作位置或安装位置绘制，看图者很容易通过头脑中已有的形象储备将其与整台机器或部件联系起来，从而获取某些信息；同时，也便于与其装配图直接对照(装配图通常按其工作位置或安装位置绘制)，以利于看图。

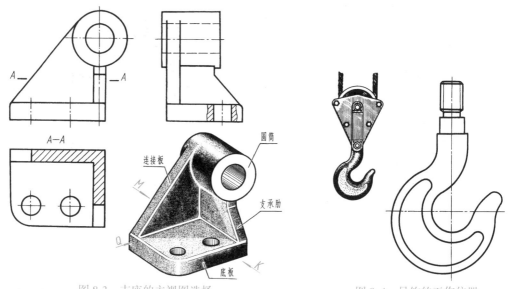

图 8-3　支座的主视图选择　　　　　　　　图 8-4　吊钩的工作位置

2. 表示零件的加工位置

主视图应尽量表示零件在机械加工时所处的位置。如轴类零件的加工，大部分工序是在车床或磨床上进行，因此一般将其轴线水平放置画出主视图，如图 8-5 所示。这样，在加工时可以直接进行图物对照，既便于看图，又可减少差错。

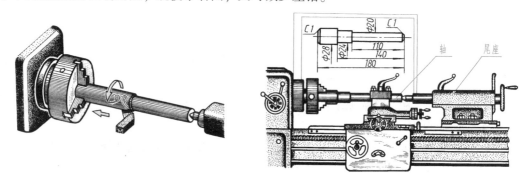

图 8-5　轴类零件的加工位置

3. 表示零件的结构形状特征

主视图应尽量多地反映零件的结构形状特征。这主要取决于投射方向的选定，如图 8-3 所示的支座，以 *K* 向、*Q* 向投射都反映其工作位置。但经过比较，*K* 向则将圆筒、连接板的形状和四个组成部分的相对位置表现得更清楚，故以此作为主视图的投射方向。此外，选择主视图的投射方向时，还应考虑使主视图和其他视图尽量少出现细虚线，这就是不能以 *M* 向投射的道理。

二、其他视图数量和表达方法的选择

主视图确定后，应运用形体分析法对零件的各组成部分逐一进行分析，对主视图表达未尽部分，再选其他视图完善其表达。具体选用时，应注意以下几点：

1) 所选视图应具有独立存在的意义和明确的表达重点，各个视图所表达的内容应相互配合，彼此互补，注意避免不必要的细节重复。在明确表示零件的前提下，使视图的数量为最少。

2）先选用基本视图，后选用其他视图（剖视、断面等表示方法应兼用）；先表达零件的主要部分（较大的结构），后表达零件的次要部分（较小的结构）。

3）零件结构的表达要内外兼顾，大小兼顾。选择视图时要以"物"对"图"，以"图"对"物"，反复盘查，不可遗漏任何一个细小的结构。不要以为自己见过实物，就主观地认为各部分的形状、位置已经表达清楚，而实际上它们并没有确定，给看图造成困难。

据此，再对图 8-3 所示支座的视图选择进行仔细分析，即再选用两个基本视图（俯视图和左视图）并采用适当的剖视，便可将支座的形状表示清楚。

主视图为外形图，主要表示圆筒、连接板的形状和四个组成部分的相对位置。俯视图为全剖视图，主要表示底板的形状、两个小孔的相对位置和连接板与支承肋的连接关系及其板厚。左视图表示支承肋的形状及底板、连接板、支承肋、圆筒之间的相对位置，小孔采用了局部剖。每个视图的表达重点都很明确，三个视图缺一不可。

总之，选择表达方案的能力，应通过看图、画图的实践，并在积累生产实际知识的基础上逐步提高。初学者选择视图时，应首先致力于表达得完整，再力求视图简洁、精练。

三、典型零件的视图选择举例

零件的结构形状虽然千差万别，但根据它们在机器或部件中的作用，仍可以大体将其分为轴套类、轮盘类、叉架类和箱体类等四类典型零件。

1. 轴套类零件

轴套类零件包括轴、螺杆、阀杆和空心套等。

（1）结构特点　图 8-6 所示为铣刀头的轴测图。从其中的轴可以看出常用轴所具有的结

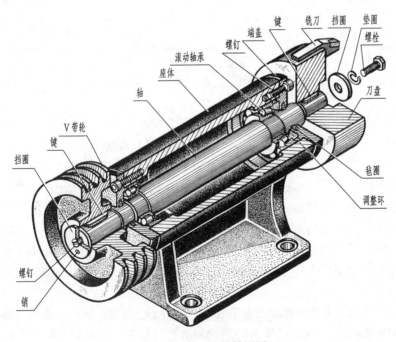

图 8-6　铣刀头的轴测图

构：轴的主体是由几段不同直径的圆柱体(或圆锥体)所组成。轴上常有键槽、螺纹、挡圈槽、倒角、退刀槽和中心孔等结构。

(2) 视图选择　轴类零件多在车床和磨床上加工。为了加工时看图方便，轴类零件的主视图一般将轴线水平放置，用一个基本视图来表达轴的主体结构，如图 8-7 所示。

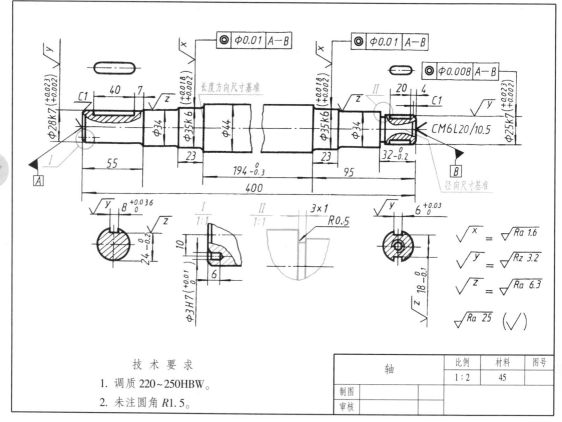

图 8-7　铣刀头中阶梯轴的零件图

轴上的局部结构，一般采用局部视图、局部剖视图、断面图、局部放大图和其他表达方法来表达。

2. 轮盘类零件

轮盘类零件一般包括手轮、带轮、齿轮、法兰盘、端盖和盘座等。

(1) 结构特点　轮盘类零件的基本形状是扁平的盘状，由几个回转体组成。零件上常见的结构有凸缘、凹坑、螺孔、沉孔、肋等。图 8-8 所示的零件为铣刀头上的端盖，它在铣刀头上起连接、轴向定位及密封作用，具有盘盖类零件的典型结构。

(2) 视图选择　轮盘类零件的主要加工表面是以车削为主，其主视图也应将轴线放成水平，且多做全剖视。除主视图外，还需用左(或右)视图，以表达零件上沿圆周分布的孔、槽及轮辐、肋条等结构。对于零件上的一些小的结构，可选取局部视图、局部剖视图、断面图和局部放大图表示。

图 8-8 所示的端盖，主视图将轴线水平放置，且做了全剖视，表达端盖的主体结构。左视图(只画一半——简化画法)反映出端盖的形状和沉孔的位置。局部放大图则反映出密封槽的内部结构形状。

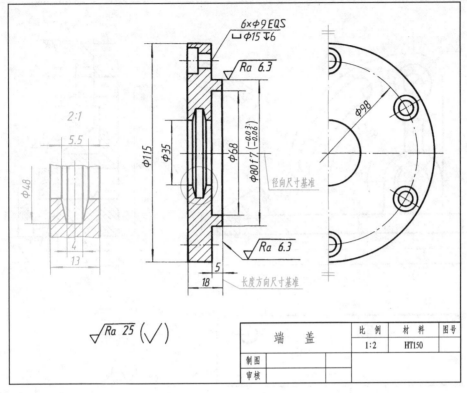

图 8-8　端盖零件图

3. 叉架类零件

叉架类零件包括拨叉、连杆、杠杆和各种支架等。拨叉主要用在机床和内燃机等各种机器的操纵机构上，起操纵和调速作用。支架主要起支承和连接作用。

（1）结构特点　叉架类零件形式多样，结构较为复杂，多为铸件，经多道工序加工而成。

这类零件一般由三部分构成，即支承部分、工作部分和连接部分。连接部分多为肋板结构，且形状弯曲、扭斜的较多。支承部分和工作部分，细部结构也较多，如圆孔、螺孔、油孔、油槽、凸台和凹坑等。图 8-9 所示的托架，由底板、立板、拱形凸台、圆形凸台、腰圆形凸台和肋板等六部分组成，如图 8-10 所示的轴测图。

（2）视图选择　由于叉架类零件的加工工序较多，其加工位置经常变化，因此选择主视图时，主要考虑零件的形状特征和工作位置。

这类零件一般需用两个或两个以上的基本视图。为了表达零件上的弯曲或扭斜结构，还要常常采用斜视图、局部视图、用斜剖切平面剖切的剖视图和断面图等。

该托架共采用五个图形：主视图表达六个组成部分的形状和位置，大部分为外形图；左视图 A—A 为全剖视图，主要是表达各组成部分的宽向尺度和肋板的形状；移出断面表示肋的宽度；向视图 B 是表示底板形状的仰视图，移位配置在主视图的正下方；C—C 移出断面反映腰圆形凸台和通孔。

图 8-11 所示为一张杠杆类零件的零件图。

这类零件的工作位置有时不固定，甚至是倾斜的，因此在选择视图时，应将零件摆正，再将反映形状特征明显的方向作为主视图的投射方向，如图 8-11 所示。

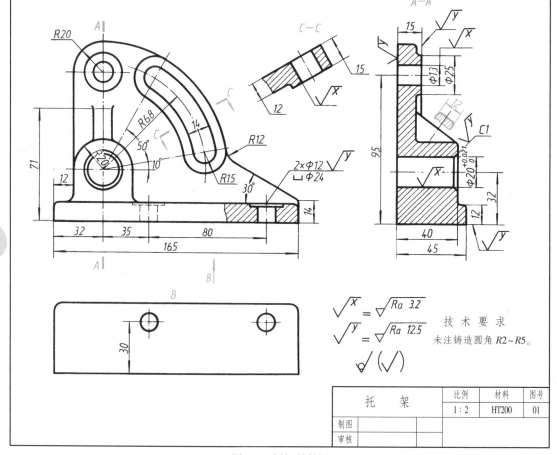

AR 👉

图 8-9　托架零件图

4. 箱体类零件

箱体类零件包括各种箱体、壳体、泵体以及减速机的机体等。这类零件主要用来支承、包容和保护体内的零件，也起定位和密封作用。

（1）结构特点　箱体类零件多为铸件，通常都有一个由薄壁所围成的较大空腔和与其相连供安装用的底板；在箱壁上有多个供安装轴承用的圆筒或半圆筒，且常有肋板加固。此外，箱体类零件上还有许多细小结构，如凸台、凹坑、起模斜度、铸造圆角、螺孔、销孔和倒角等。图8-12所示为铣刀头上座体的零件图。

（2）视图选择　箱体类零件由于结构复杂，加工位置变化也较多，一般以零件的工作位置和最能反映其形状特征及各部分相对位置的一面作为主视图的投射方向，如图8-12 所示。

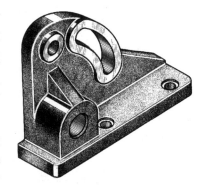

图 8-10　托架的轴测图

表达箱体类零件，一般需用三个以上的基本视图和其他视图，并常常取剖视。对细小结构可采用局部视图、局部剖视图和断面图来表达。此外，由于铸件上圆角很多，还应注意过渡线的画法等。

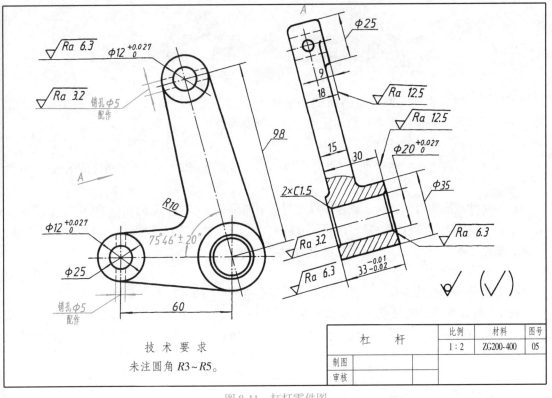

技术要求
未注圆角 R3~R5。

杠 杆	比例	材料	图号
	1:2	ZG200-400	05
制图			
审核			

图 8-11　杠杆零件图

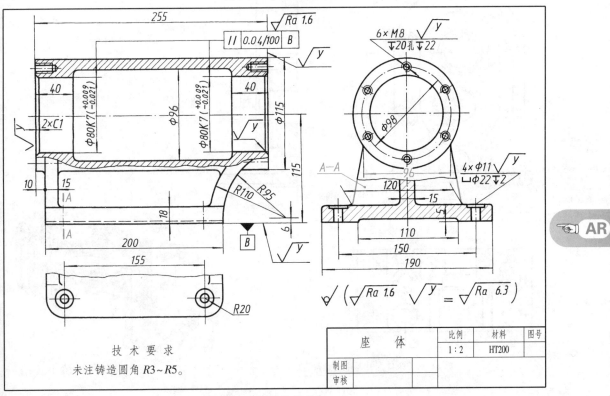

技术要求
未注铸造圆角 R3~R5。

座 体	比例	材料	图号
	1:2	HT200	
制图			
审核			

图 8-12　座体零件图

第三节 零件图的尺寸标注

零件图中的尺寸，不但要按前面的要求注得正确、完整、清晰，而且必须符合生产实际——注得合理。本节将重点介绍标注尺寸的合理性问题。

一、正确选择尺寸基准

通常选择零件上的一些"面"（如底面、对称面、端面等）和"线"（如回转体的轴线）作为尺寸基准。

选择尺寸基准的目的，一是确定零件在机器中的位置或零件上几何元素的位置，以符合设计要求；二是在制作零件时，确定测量尺寸的起点位置，便于加工和测量，以符合工艺要求。因此，根据基准作用的不同，可把基准分为两类：

1. 设计基准

根据机器的构造特点及对零件结构的设计要求所选定的基准，称为设计基准。

图 8-13a 是齿轮泵的泵座，它是齿轮泵（图 8-13b）的一个主要零件。长度方向的尺寸，应当以左、右对称平面为基准。因此，标注出了 240、180、85、88 等对称尺寸，以便保证安装

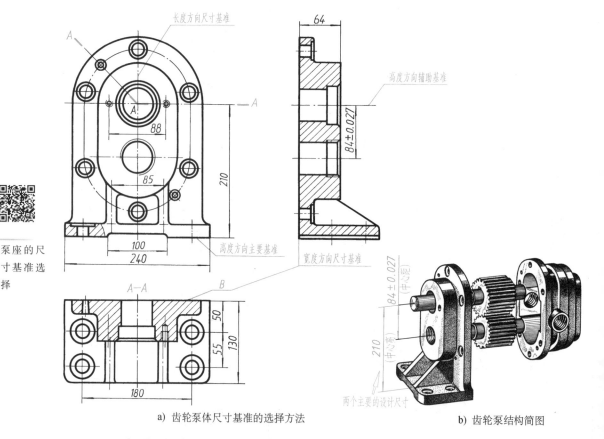

a) 齿轮泵体尺寸基准的选择方法　　　　　　b) 齿轮泵结构简图

图 8-13　泵座的尺寸基准选择

孔、螺钉孔之间的长向距离及其对于轴孔的对称关系。在制作这个零件的木模时，要以这个基准确定其外形；在加工前划线时，也是首先划出这条基准线（参见图 8-14a），然后根据它来确定各个圆孔的中心位置。

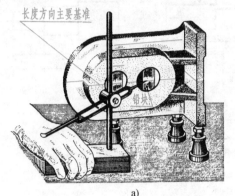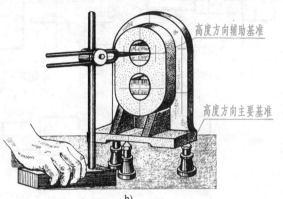

零件划线简图

图 8-14　零件划线简图

高度方向的尺寸，应当以泵座的底面为基准，以便保证主动轴孔到底面的距离 210 这个重要尺寸。宽度方向的尺寸，应当选择 B 面为基准（图 8-13）。因为 B 面是一个安装结合面，而且是一个最大的加工表面，同时也可保证底板上安装孔间的宽向距离。这三个基准均为设计基准。

在高度方向上，两个齿轮的中心距 84 是一个有严格要求的尺寸。为保证其尺寸精度，这个尺寸必须以上轴孔的轴线为基准往下注，而不能再以底面为基准往上注。这样，在高度方向就出现了两个基准。其中，底面这个基准（即决定主要尺寸的基准）称为主要基准，上孔轴线这个基准称为辅助基准（在加工划线时，应先定出这两个基准，然后才能定出其他定位线，参见图 8-14b）。也就是说，在零件长、宽、高的每一个方向上都应有一个主要基准（有时与设计基准重合），而除了主要基准之外的附加基准，称为辅助基准。应注意，辅助基准与主要基准之间必须直接有尺寸相联系，如图 8-13 中的辅助基准是靠尺寸 210 与主要基准底面相联系的。

2. 工艺基准

为便于对零件加工和测量所选定的基准，称为工艺基准。

图 8-15a 所示的小轴，在车床上加工时，车刀每一次车削的最终位置，都是以右端面为基准来定位的（图 8-15b）。因此，右端面即为轴向尺寸的工艺基准。

在图 8-15 中，工艺基准与设计基准重合。

基准确定之后，主要尺寸即应从设计基准出发标注，一般尺寸则应从工艺基准出发标注。

二、避免注成封闭的尺寸链

图 8-16 中的轴，除了对全长尺寸进行了标注，又对轴上各组成段的长度都进行了标注，这就形成了封闭的尺寸链。如按这种方式标注尺寸，轴上各段尺寸可以得到保证，而总长尺寸则可能得不到保证。加工时，各段尺寸的误差积累起来，最后都集中反映到总长尺寸上。为此，应将次要轴段的尺寸空出不注（称为开口环），如图 8-17a 所示。这样，其他各段加工的误差都积累至这个不要求检验的尺寸上，而全长及主要轴段的尺寸则因此得到保证。如需标注开口环的尺寸时，可将其注成参考尺寸，如图 8-17b、c 所示。

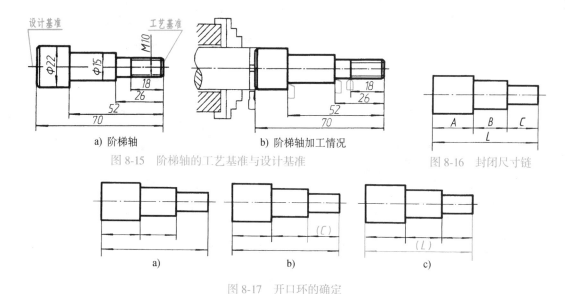

a) 阶梯轴   b) 阶梯轴加工情况

图 8-15   阶梯轴的工艺基准与设计基准

图 8-16   封闭尺寸链

a)   b)   c)

图 8-17   开口环的确定

三、按加工要求标注尺寸

1）图 8-18 为滑动轴承的下轴衬。因它的外圆与内孔是与上轴衬对合起来一起加工的，所以轴衬上的半圆尺寸要以直径形式注出。

2）为使不同工种的工人看图方便，应将零件上的加工面与非加工面尺寸，尽量分别注在图形的两边（图 8-19）。

3）对同一工种的加工尺寸，要适当集中（如图 8-20 中的铣削尺寸注在上面，车削尺寸注在下面），以便于加工时查找。

图 8-18   下轴衬的尺寸标注

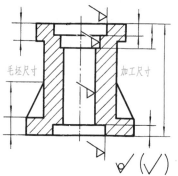

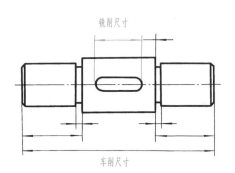

图 8-19   加工面与非加工面的尺寸注法

图 8-20   同工种加工的尺寸注法

四、按测量要求标注尺寸

对所注尺寸，要考虑零件在加工过程中测量的方便。如图 8-21a 和图 8-22a 中孔深尺寸的测量就很方便，而图 8-21b 中 A、B 和图 8-22b 中 9、10 的注法就不合理了，既不便于测量，也很难量得准确。

五、零件上常见孔的尺寸注法

光孔、锪孔、沉孔和螺孔是零件上常见的结构，它们的尺寸标注分为普通注法和旁注法，见表 8-1。

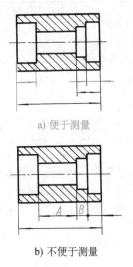

a) 便于测量

b) 不便于测量

图 8-21　按测量要求标注尺寸(一)

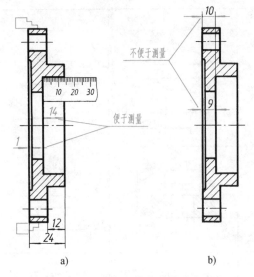

a)　　　　　　　　　　b)

图 8-22　按测量要求标注尺寸(二)

表 8-1　零件上常见孔的尺寸注法

类型	普通注法	旁　注　法		说　明
光孔	4×φ4 C1 10	4×φ4▽10 C1	4×φ4▽10 C1	"▽"为孔深符号 "C"为45°倒角符号
	4×φ4H7 10 12	4×φ4H7▽10 孔▽12	4×φ4H7▽10 孔▽12	钻孔深度为12，精加工孔（铰孔）深度为10，H7表示孔的配合要求
	该孔无普通注法。注意：φ4是指与其相配的圆锥销的公称直径(小端直径)	锥销孔φ4 配作	锥销孔φ4 配作	"配作"系指该孔与相邻零件的同位锥销孔一起加工
锪孔	φ13 4×φ6.6	4×φ6.6 ⊔φ13	4×φ6.6 ⊔φ13	"⊔"为锪平、沉孔符号 锪孔通常只需锪出圆平面即可，因此沉孔深度一般不注

（续）

类型	普通注法	旁注法		说 明
沉孔	90° Φ13 / 6×Φ6.6	6×Φ6.6 / ⌵Φ13×90°	6×Φ6.6 / ⌵Φ13×90°	"⌵"为埋头孔符号 该孔为安装开槽沉头螺钉所用
	Φ11 / 6.8 / 4×Φ6.6	4×Φ6.6 / ⊔Φ11▼6.8	4×Φ6.6 / ⊔Φ11▼6.8	该孔为安装内六角圆柱头螺钉所用，承装头部的孔深应注出
螺孔	3×M6-7H / 2×C1	3×M6-7H / 2×C1	3×M6-7H / 2×C1	"2×C1"表示两端倒角均为 C1
	3×M6 / EQS / 10 / 12	3×M6▼10 / 孔▼12 EQS	3×M6▼10 / 孔▼12 EQS	"EQS"为均布孔的缩写词 各类孔均可采用旁注加符号的方法进行简化标注。应注意：引出线应从在装配时的装入端引出
	3×M6 / EQS / 10	3×M6▼10 / EQS	3×M6▼10 / EQS	

第四节　表面结构的表示法

　　所谓表面结构是指零件表面的几何形貌。它是表面粗糙度、表面波纹度、表面纹理、表面缺陷和表面几何形状的总称。国家标准（GB/T 131—2006）对表面结构的表示法做了全面的规定。本节只介绍其中应用最广的表面粗糙度在图样上的表示法及其符号、代号的标注与识读方法。

　　表面粗糙度是指加工表面上具有较小的间距和峰谷所组成的微观几何形状特征。

经过加工的零件表面，看起来很光滑，但将其断面置于放大镜(或显微镜)下观察时，则可见其表面具有微小的峰谷，如图 8-23 所示。这种情况，是由于在加工过程中，刀具从零件表面上分离材料时的塑性变形、机械振动及刀具与被加工表面的摩擦而产生的。表面粗糙度对零件摩擦、磨损、抗疲劳、抗腐蚀，以及零件间的配合性能等有很大影响。表面粗糙度值越高，零件的表面性能越差；表面粗糙度值越低，则表面性能越好，但加工费用也必将随之增加。因此，国家标准规定了零件表面粗糙度的评定参数，以便在保证使用功能的前提下，选用较为经济的评定参数值。

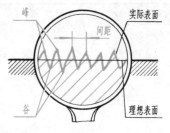

图 8-23　表面粗糙度示意图

一、表面结构的评定参数及数值

1. 轮廓算术平均偏差 Ra

在一个取样长度内，纵坐标值 $Z(x)$ 绝对值的算术平均值，如图 8-24 所示。其值的计算式如下：

$$Ra = \frac{|Z_1| + |Z_2| + |Z_3| + \cdots + |Z_n|}{n}$$

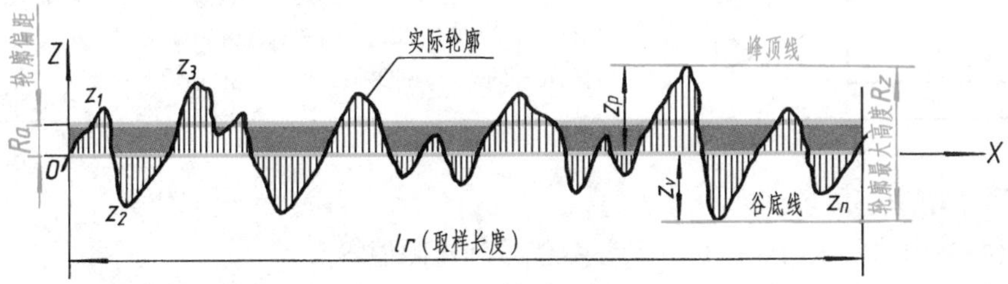

图 8-24　轮廓算术平均偏差(Ra)

2. 轮廓最大高度 Rz

在一个取样长度内，最大轮廓峰高 Z_P 和最大轮廓谷深 Z_V 之和的高度(即轮廓峰顶线与轮廓谷底线之间的距离)，如图 8-24 所示。

Ra、Rz 的常用参数值为 0.4μm、0.8μm、1.6μm、3.2μm、6.3μm、12.5μm、25μm。数值越小，表面越平滑；数值越大，表面越粗糙。其数值的选用应根据零件的功能要求而定。

二、表面结构符号、代号

1. 表面结构的图形符号

在图样中，对表面结构的要求可用几种不同的图形符号(以下简称符号)表示。

表面结构的符号及其含义见表 8-2。

表 8-2　表面结构的符号及其含义(GB/T 131—2006)

符号名称	符　号	含义及说明
基本符号	 √	**基本符号** 表示对表面结构有要求的符号。基本符号仅用于简化代号的标注，当通过一个注释解释时可单独使用，没有补充说明时不能单独使用

（续）

符号名称	符 号	含义及说明
扩展符号		要求去除材料的符号 在基本符号上加一短横，表示指定表面是用去除材料的方法获得，如通过机械加工(车、铣、钻、磨、剪切、抛光、腐蚀、电火花加工、气割等)获得的表面
		不允许去除材料的符号 在基本符号上加一个圆圈，表示指定表面是用不去除材料的方法获得，如铸、锻等
完整符号		完整符号 在上述所示的符号的长边上加一横线，用于对表面结构有补充要求的标注。左、中、右符号分别用于"允许任何工艺""去除材料""不去除材料"方法获得的表面的标注
工件轮廓各表面的符号	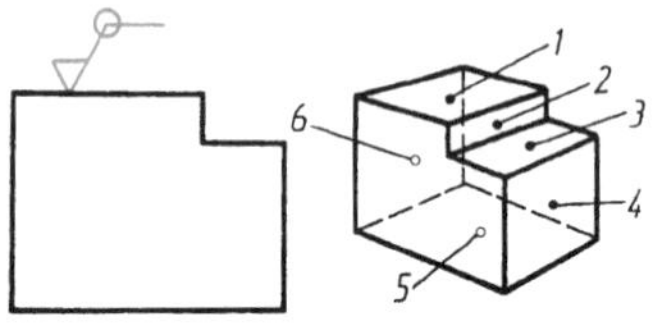	工件轮廓各表面的符号 当在图样某个视图上构成封闭轮廓的各表面有相同的表面结构要求时，应在完整符号上加一圆圈，标注在图样中工件的封闭轮廓线上。如果标注会引起歧义时，各表面应分别标注。左图符号是指对图形中封闭轮廓的六个面的共同要求(不包括前后面)

2. 表面结构的代号

给出表面结构的要求时，应标注其参数代号和极限值等。

极限值是指图样上给定的表面粗糙度参数值，一般为上限值或最大值。极限值的判断规则有两种：

(1) 16%规则 当所注参数为上限值时，用同一评定长度测得的全部实测值中，大于图样上规定值的个数不超过测得值总个数的 16%时，则该表面是合格的。

对于给定表面参数下限值的场合，如果用同一评定长度测得的全部实测值中，小于图样上规定值的个数不超过总数的 16%时，该表面也是合格的。

(2) 最大规则 最大规则是指在被检的整个表面上测得的参数值中，一个也不应超过图样上的规定值。为了指明参数的最大值，应在参数代号后面增加一个"max"的标记，例如：Rzmax。

16%规则是所有表面结构要求标注的默认规则。当参数代号后无"max"字样者均为"16%规则"（默认）。在生产实际中，多数零件表面的功能给出上限值(下限值)即可达到要求。只有当零件表面的功能要求较高时，才标注参数的最大值。

当标注单向极限要求时，一般是指参数的上限值，此时不必加注说明；如果是指参数的下限值，则应在参数代号前加"L"，例如：L Ra 6.3(16%规则)、L Ra max 1.6(最大规则)。

表示双向极限时应标注极限代号，上限值在上方用 U 表示，下限值在下方用 L 表示，如图 8-25 所示，上下极限值可以用不同的参数代号表达。如果同一参数具有双向极限要求(图8-26)，在不引起歧义的情况下，可以不加 U、L，如图 8-27 所示。

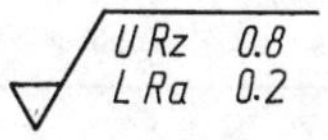

$$\sqrt{\begin{array}{l} U\,Rz \quad 0.8 \\ L\,Ra \quad 0.2 \end{array}}$$

图 8-25 不同参数的注法

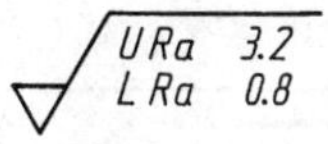

$$\sqrt{\begin{array}{l} U\,Ra \quad 3.2 \\ L\,Ra \quad 0.8 \end{array}}$$

图 8-26 同一参数的注法

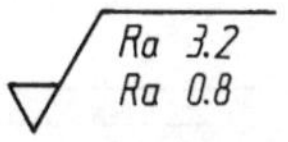

$$\sqrt{\begin{array}{l} Ra \quad 3.2 \\ Ra \quad 0.8 \end{array}}$$

图 8-27 省略注法

三、表面结构代号的含义

表面结构代号的含义及其解释见表 8-3。

表 8-3 表面结构代号的含义及其解释

序号	代 号	含义及解释
1	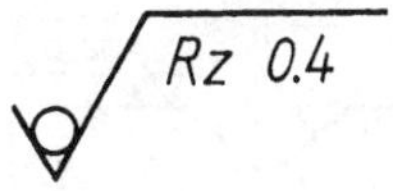 $\sqrt{\,Rz\ 0.4\,}$	表示不允许去除材料，Rz(轮廓最大高度)的上限值为 $0.4\mu m$
2	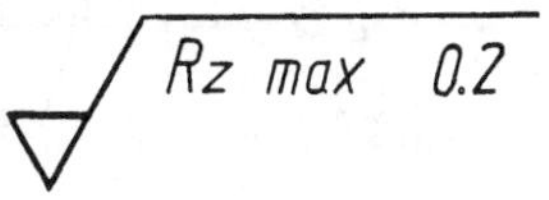 $\sqrt{\,Rz\ max\ \ 0.2\,}$	表示去除材料，轮廓最大高度的最大值为 $0.2\mu m$，"最大规则"
3	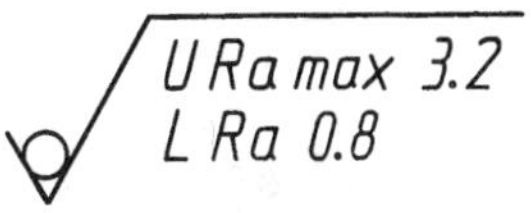 $\sqrt{\begin{array}{l} U\,Ra\ max\ 3.2 \\ L\,Ra\ 0.8 \end{array}}$	表示不允许去除材料，双向极限值。上限值，Ra 的最大值为 $3.2\mu m$，"最大规则"；下限值：Ra 为 $0.8\mu m$，"16%规则"
4	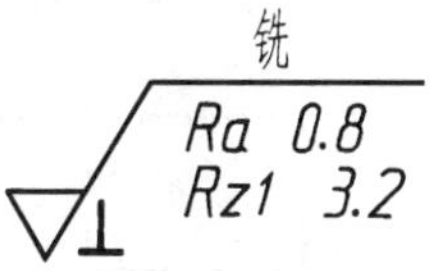 铣 $\sqrt{\begin{array}{l} Ra\ \ 0.8 \\ Rz1\ \ 3.2 \end{array}}_{\perp}$	表示去除材料，Ra 的上限值为 $0.8\mu m$，Rz 的上限值为 $3.2\mu m$(评定长度为一个取样长度)。"铣"表示加工工艺(铣削)。"⊥"(表面纹理符号)：表示纹理及其方向，即纹理垂直于标注代号的视图所在的投影面
5	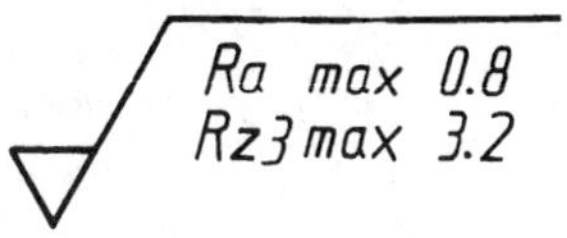 $\sqrt{\begin{array}{l} Ra\ max\ 0.8 \\ Rz3\ max\ 3.2 \end{array}}$	表示去除材料，两个单向上限值：Ra 的最大值为 $0.8\mu m$，Rz 的最大值为 $3.2\mu m$(评定长度为 3 个取样长度)，"最大规则"
6	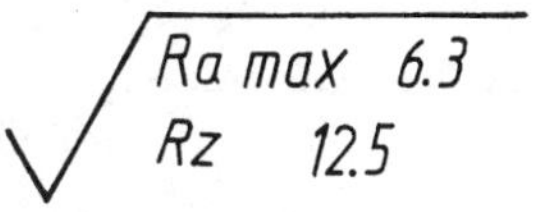 $\sqrt{\begin{array}{l} Ra\ max\ \ 6.3 \\ Rz\ \ \ 12.5 \end{array}}$	表示任意加工方法，两个单向上限值：Ra 的最大值为 $6.3\mu m$，"最大规则"；Rz 的上限值为 $12.5\mu m$，"16%规则"
7	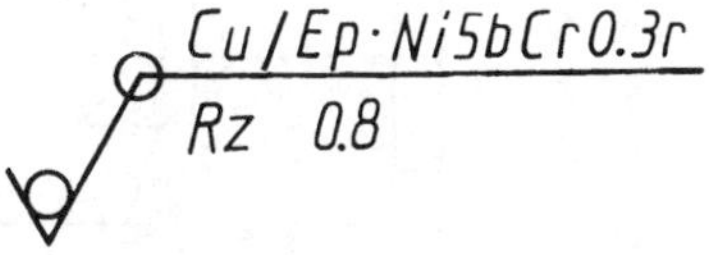 $\sqrt{\begin{array}{l} Cu/Ep\cdot Ni5bCr0.3r \\ Rz\ \ 0.8 \end{array}}$	表面粗糙度 Rz 的上限值为 $0.8\mu m$；表面处理：铜件，镀镍、铬 表面要求对封闭轮廓的所有表面有效

四、表面结构代号的标注

表面结构代号的画法和有关规定，以及在图样上的标注方法见表 8-4。

表 8-4　表面结构代号及其标注

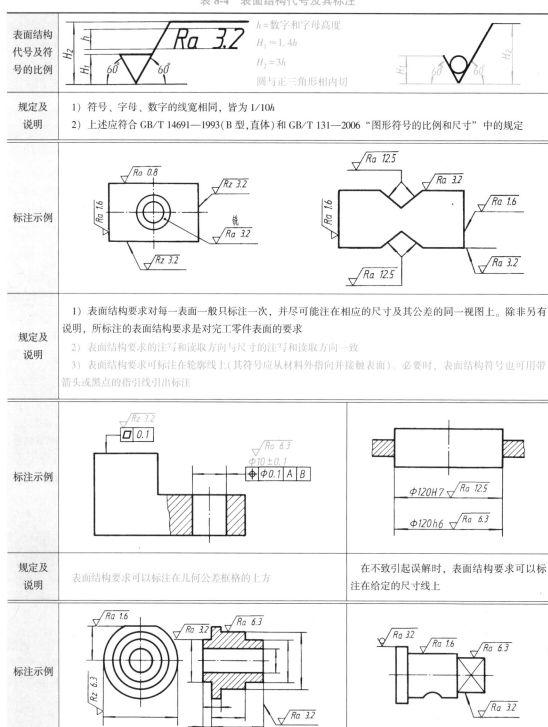

表面结构代号及符号的比例	$h=$ 数字和字母高度 $H_1 \approx 1.4h$ $H_2 = 3h$ 圆与正三角形相内切
规定及说明	1）符号、字母、数字的线宽相同，皆为 $1/10h$ 2）上述应符合 GB/T 14691—1993(B 型,直体)和 GB/T 131—2006 "图形符号的比例和尺寸"中的规定
标注示例	
规定及说明	1）表面结构要求对每一表面一般只标注一次，并尽可能注在相应的尺寸及其公差的同一视图上。除非另有说明，所标注的表面结构要求是对完工零件表面的要求 2）表面结构要求的注写和读取方向与尺寸的注写和读取方向一致 3）表面结构要求可标注在轮廓线上(其符号应从材料外指向并接触表面)。必要时，表面结构符号也可用带箭头或黑点的指引线引出标注
标注示例	
规定及说明	表面结构要求可以标注在几何公差框格的上方	在不致引起误解时，表面结构要求可以标注在给定的尺寸线上
标注示例	
规定及说明	圆柱的表面结构要求只标注一次。左图的 "Rz 6.3"可以标注在圆柱特征轮廓线的延长线上(该延长线往往与尺寸界线重合)	棱柱的表面结构要求只标注一次。如果每个棱柱表面有不同的表面结构要求，则应分别单独标注(如右端所示)

简化画法标注示例	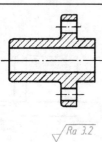	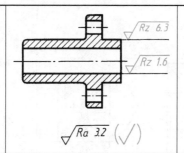	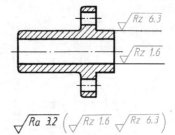
规定及说明	如果工件的全部表面结构要求都相同，可将其结构要求统一标注在标题栏附近	如果工件的大多数表面有相同的表面结构要求（如"Ra 3.2"）时，可将其统一标注在标题栏附近。此时，表面结构要求的代号后面应取如下两种表达方式之一	
		1) 在圆括号内给出无任何其他标注的基本符号（见上图），不同的表面结构要求应直接标注在图形中（如"Rz 6.3""Rz 1.6"）	2) 在圆括号内给出不同的表面结构要求，如"Rz 6.3"和"Rz 1.6"，见上图。不同的表面结构要求应直接标注在图形中
简化画法标注示例	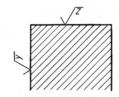		
规定及说明	当多个表面具有相同的表面结构要求或图纸空间有限时，可以采用简化注法		
	1) 用带字母的完整符号，以等式的形式，在图形或标题栏附近，对有相同表面结构要求的表面进行简化标注	2) 只用基本符号、扩展符号，以等式的形式给出对多个表面共同的表面结构要求（视图中相应表面上应注有左边符号）	
标注示例	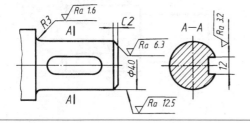		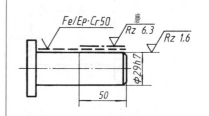
规定及说明	表面结构要求和尺寸可以一起标注在同一尺寸线上（如R3和"Ra 1.6"，12和"Ra 3.2"）；可以一起标注在延长线上（如φ40和"Ra 12.5"）；可以分别标注在轮廓线和尺寸界线上（如C2和"Ra 6.3"）	由几种不同的工艺方法获得的同一表面，当需要明确每种工艺方法的表面结构要求时，可按上图进行标注： 第一道工序：去除材料，上限值，$Rz=1.6\mu m$ 第二道工序：镀铬 第三道工序：磨削，上限值，$Rz=6.3\mu m$，仅对长50mm的圆柱面有效	

（续）

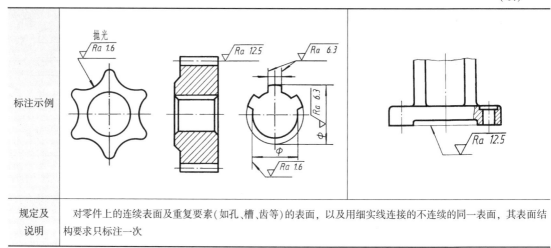

标注示例	
规定及说明	对零件上的连续表面及重复要素(如孔、槽、齿等)的表面，以及用细实线连接的不连续的同一表面，其表面结构要求只标注一次

五、热处理

热处理是通过加热和冷却固态金属的操作方法来改变其内部组织结构，并获得所需性能的一种工艺。

热处理可以改善金属材料的使用性能(如强度、刚度、硬度、塑性和韧性等)和工艺性能(适应各种冷、热加工)，因此，多数机械零件都需要通过热处理来提高产品质量和性能。金属材料的热处理可分为正火、退火、淬火、回火及表面热处理等五种基本方法。

当零件需要全部进行热处理时，可在技术要求中用文字统一加以说明。

当零件表面需要进行局部热处理时，可在技术要求中用文字说明；也可在零件图上标注。当需要将零件进行局部镀(涂)覆时，应用粗点画线画出其范围并标注相应的尺寸，也可将其要求注写在表面结构符号长边的横线上，如图 8-28 所示。

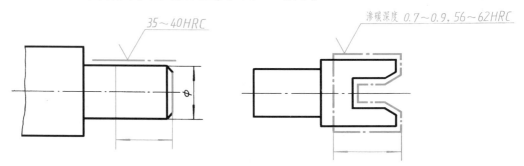

图 8-28 表面局部热处理标注

第五节 极限与配合

在大批量的生产中，相同的零件必须具有互换性。互换性并不是要求将零件的尺寸都准确地制成一个指定的尺寸，而是将其限定在一个合理的范围内变动，这个范围要以"公差"的标准化——极限制来解决。对于相互配合的零件，要求保证相互配合的尺寸之间形成一定的配合关系，以满足不同的使用要求，这就要以"配合"的标准化来解决。

一、基本概念

（1）公称尺寸　由图样规范确定的理想形状要素的尺寸，如图 8-29a 中的 φ80（通过公称尺寸应用上、下极限偏差可计算出极限尺寸；公称尺寸可以是一个整数或一个小数值，例如 32、0.5……）。

（2）极限尺寸　尺寸要素允许的尺寸的两个极端。提取组成要素的局部尺寸位于其中，也可达到极限尺寸。尺寸要素允许的最大尺寸，称为上极限尺寸；尺寸要素允许的最小尺寸，称为下极限尺寸。

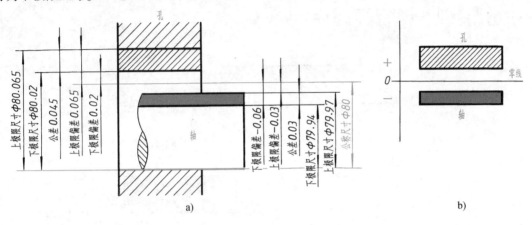

图 8-29　尺寸及公差带图解

图 8-29a 中，孔、轴的极限尺寸分别如下：

孔 $\begin{cases} 上极限尺寸为 80.065 \\ 下极限尺寸为 80.020 \end{cases}$ 　 轴 $\begin{cases} 上极限尺寸为 79.97 \\ 下极限尺寸为 79.94 \end{cases}$

极限尺寸可以大于、小于或等于公称尺寸——φ80。

（3）极限偏差　极限尺寸减其公称尺寸所得的代数差，称为极限偏差。上极限尺寸减其公称尺寸所得的代数差，称为上极限偏差；下极限尺寸减其公称尺寸所得的代数差，称为下极限偏差。偏差可以是正值、负值或零。

图 8-29a 中，孔、轴的极限偏差可分别计算如下：

$$孔 \begin{cases} 上极限偏差(\text{ES}) = 80.065 - 80 = +0.065 \\ 下极限偏差(\text{EI}) = 80.02 - 80 = +0.02 \end{cases}$$

$$轴 \begin{cases} 上极限偏差(\text{es}) = 79.97 - 80 = -0.03 \\ 下极限偏差(\text{ei}) = 79.94 - 80 = -0.06 \end{cases}$$

（4）尺寸公差（简称公差）　上极限尺寸减下极限尺寸之差，或上极限偏差减下极限偏差之差，称为公差。它是尺寸允许的变动量，是一个没有符号的绝对值。

图 8-29a 中，孔、轴的公差可分别计算如下：

$$孔 \begin{cases} 公差 = 上极限尺寸 - 下极限尺寸 = 80.065 - 80.02 = 0.045 \\ 公差 = 上极限偏差 - 下极限偏差 = 0.065 - 0.02 = 0.045 \end{cases}$$

$$轴 \begin{cases} 公差 = 上极限尺寸 - 下极限尺寸 = 79.97 - 79.94 = 0.03 \\ 公差 = 上极限偏差 - 下极限偏差 = -0.03 - (-0.06) = 0.03 \end{cases}$$

由此可知，公差用于限制尺寸误差，是尺寸精度的一种度量。公差越小，尺寸的精度越高，实际尺寸的允许变动量就越小；反之，公差越大，尺寸的精度越低。

（5）公差带　由代表上极限偏差和下极限偏差或上极限尺寸和下极限尺寸的两条直线所限定的一个区域，称为公差带。在分析公差时，为了形象地表示公称尺寸、极限偏差和公差的关系，常画出公差带图。为了简便，不画出孔和轴，而只画出放大的孔和轴的公差带来分析问题，图 8-29b 就是图 8-29a 的公差带图。其中，表示公称尺寸的一条直线称为零线。零线上方的偏差为正，零线下方的偏差为负。

二、标准公差与基本偏差

公差带由"公差带大小"和"公差带位置"这两个要素组成。公差带大小由标准公差确定，公差带位置由基本偏差确定，如图 8-30 所示。

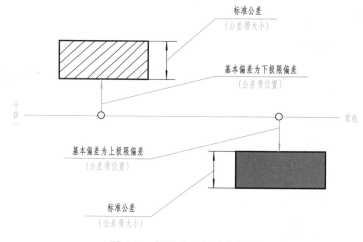

图 8-30　标准公差与基本偏差

1. 标准公差(IT)

在极限与配合制中，所规定的任一公差称为标准公差。"IT"是标准公差的代号，阿拉伯数字表示其公差等级。

标准公差等级分 IT01、IT0、IT1~IT18，共 20 级。从 IT01~IT18 等级依次降低，而相应的标准公差数值依次增大，公差等级表示尺寸的精确程度，数值小表示公差小，精度高，现示意表示如下：

各级标准公差的数值，可查表 8-5。从表中可以看出，同一公差等级（如 IT7）对所有公称尺寸的一组公差值由小到大，这是因为随着尺寸的增大，其零件的加工误差也随之增大。因此，它们都应视为具有同等精确程度。

2. 基本偏差

在极限与配合制中，确定公差带相对零线位置的那个极限偏差称为基本偏差。它可以是上极限偏差或下极限偏差，一般为靠近零线的那个偏差。当公差带位于零线上方时，基本偏差为下极限偏差；当公差带位于零线下方时，基本偏差为上极限偏差，如图 8-30 所示。

表 8-5　标准公差数值（摘自 GB/T 1800.1—2009）

公称尺寸/mm		标准公差等级																	
		IT1	IT2	IT3	IT4	IT5	IT6	IT7	IT8	IT9	IT10	IT11	IT12	IT13	IT14	IT15	IT16	IT17	IT18
大于	至	μm											mm						
—	3	0.8	1.2	2	3	4	6	10	14	25	40	60	0.1	0.14	0.25	0.4	0.6	1	1.4
3	6	1	1.5	2.5	4	5	8	12	18	30	48	75	0.12	0.18	0.3	0.45	0.75	1.2	1.8
6	10	1	1.5	2.5	4	6	9	15	22	36	58	90	0.15	0.22	0.36	0.58	0.9	1.5	2.2
10	18	1.2	2	3	5	8	11	18	27	43	70	110	0.18	0.27	0.43	0.7	1.1	1.8	2.7
18	30	1.5	2.5	4	6	9	13	21	33	52	84	130	0.21	0.33	0.52	0.84	1.3	2.1	3.3
30	50	1.5	2.5	4	7	11	16	25	39	62	100	160	0.25	0.39	0.62	1	1.6	2.5	3.9
50	80	2	3	5	8	13	19	30	46	74	120	190	0.3	0.46	0.74	1.2	1.9	3	4.6
80	120	2.5	4	6	10	15	22	35	54	87	140	220	0.35	0.54	0.87	1.4	2.2	3.5	5.4
120	180	3.5	5	8	12	18	25	40	63	100	160	250	0.4	0.63	1	1.6	2.5	4	6.3
180	250	4.5	7	10	14	20	29	46	72	115	185	290	0.46	0.72	1.15	1.85	2.6	4.6	7.2
250	315	6	8	12	16	23	32	52	81	130	210	320	0.52	0.81	1.3	2.1	3.2	5.2	8.1
315	400	7	9	13	18	25	36	57	89	140	230	360	0.57	0.89	1.4	2.3	3.6	5.7	8.9
400	500	8	10	15	20	27	40	63	97	155	250	400	0.63	0.97	1.55	2.5	4	6.3	9.7

注：公称尺寸小于或等于 1mm 时，无 IT14~IT18。

国家标准对孔和轴各规定了 28 个基本偏差。基本偏差代号用拉丁字母表示，大写字母表示孔，小写字母表示轴。基本偏差系列示意图如图 8-31 所示。其中，A~H（a~h）用于间隙配合；J~N（j~n）用于过渡配合；P~ZC（p~zc）用于过盈配合。从图中还可以看到：孔的基本偏差 A~H 为下极限偏差，J~ZC 为上极限偏差；轴的基本偏差 a~h 为上极限偏差，j~zc 为下极限偏差；JS 和 js 的公差带对称地分布于零线两边，孔和轴的上、下极限偏差分别都是 $+\dfrac{IT}{2}$、$-\dfrac{IT}{2}$。基本偏差系列示意图只表示公差带的位置，不表示公差带的大小，因此，公差带只画出属于基本偏差的一端，另一端则是开口的，即公差带的另一端应由标准公差来限定。

孔或轴的尺寸公差可用公差带代号表示。公差带代号由基本偏差代号（字母）和标准公差等级（数字）组成。例如：

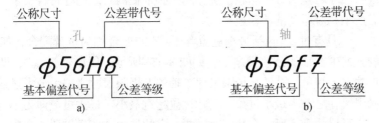

φ56H8 的含义：公称尺寸为 φ56，基本偏差为 H、标准公差为 8 级的孔。

φ56f7 的含义：公称尺寸为 φ56，基本偏差为 f、标准公差为 7 级的轴。

三、配合

公称尺寸相同并且相互结合的孔和轴公差带之间的关系，称为配合。

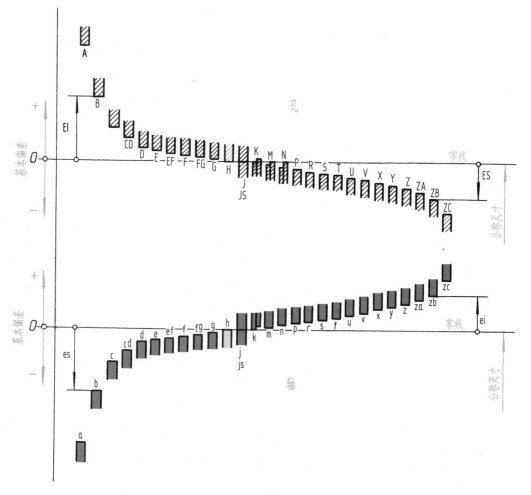

图 8-31　基本偏差系列示意图

根据使用要求不同，配合的松紧程度也不同。配合的类型共有三种：

（1）间隙配合　具有间隙（包括最小间隙等于零）的配合称为间隙配合，如图 8-32a、b 所示。此时，孔的公差带在轴的公差带之上，如图 8-32c 所示。所谓"间隙"，即孔的尺寸减去相配合的轴的尺寸之差为正。孔的上极限尺寸减轴的下极限尺寸之差为最大间隙，孔的下极限尺寸减轴的上极限尺寸之差为最小间隙，实际间隙必须在两者之间才符合要求。间隙配合主要用于孔、轴间需产生相对运动的活动连接。

（2）过盈配合　具有过盈（包括最小过盈等于零）的配合称为过盈配合，如图 8-33a、b 所示。此时，孔的公差带在轴的公差带之下，如图 8-33c 所示。所谓"过盈"，即孔的尺寸减去相配合的轴的尺寸之差为负。孔的下极限尺寸减轴的上极限尺寸之差为最大过盈，孔的上极限尺寸减轴的下极限尺寸之差为最小过盈。实际过盈超过最小、最大过盈即为不合格。由于轴的实际尺寸比孔的实际尺寸大，所以在装配时需要一定的外力才能把轴压入孔中。过盈配合主要用于孔、轴间不允许产生相对运动的紧固连接。

（3）过渡配合　可能具有间隙或过盈的配合称为过渡配合。此时，孔的公差带与轴的公差带相互交叠，如图 8-34、图 8-35 所示。在过渡配合中，间隙或过盈的极限为最大间隙和最

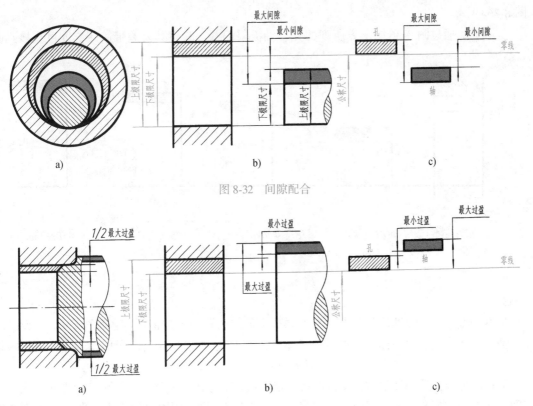

图 8-32　间隙配合

图 8-33　过盈配合

大过盈。其配合究竟是出现间隙或过盈，只有通过孔、轴实际尺寸的比较或试装才能知道，分析图 8-35 可弄清这个道理。过渡配合主要用于孔、轴间的定位连接。

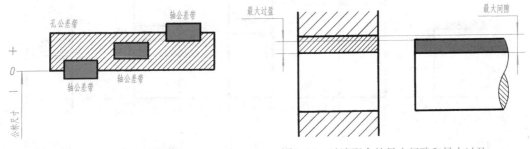

图 8-34　过渡配合公差带图解　　　　图 8-35　过渡配合的最大间隙和最大过盈

四、配合制

国家标准中规定，配合制度分为两种，即基孔制和基轴制。

1. 基孔制配合

基本偏差为一定的孔的公差带，与不同基本偏差的轴的公差带形成各种配合的一种制度。在基孔制中选作基准的孔称为基准孔，基本偏差代号为"H"，其上极限偏差为正值，下极限偏差为零，下极限尺寸等于公称尺寸。

图 8-36 示出了基孔制配合孔、轴公差带之间的关系，即以孔的公差带为基准（图 8-36a），当轴的公差带位于它的下方时，形成间隙配合（图 8-36b）；当轴的公差带与孔的公差带相互交叠时，形成过渡配合（图 8-36c、d）；当轴的公差带位于孔公差带的上方时，则形成过盈配合

（图 8-36e）。

实际上，通过图 8-36 中下方所列的孔、轴极限偏差，联想其公差带简图，即可直接判断出配合类别。

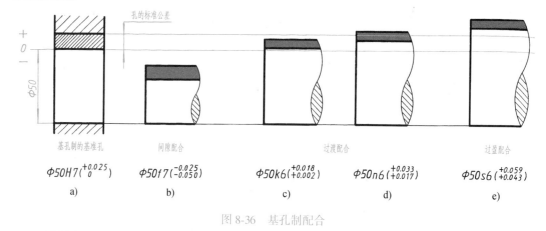

图 8-36　基孔制配合

2. 基轴制配合

基本偏差为一定的轴的公差带，与不同基本偏差的孔的公差带形成各种配合的一种制度。在基轴制中选作基准的轴称为基准轴，基本偏差代号为"h"，其上极限偏差为零，下极限偏差为负值，上极限尺寸等于公称尺寸（图 8-37）。

基轴制配合，就是将轴的公差带保持一定，通过改变孔的公差带，使孔、轴之间形成松紧程度不同的间隙配合、过渡配合、过盈配合，以满足不同的使用要求，其公差带图解如图 8-37 所示，其分析方法与图 8-36 相类似，这里不再赘述。

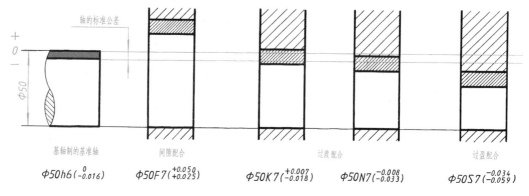

图 8-37　基轴制配合

3. 优先、常用的公差与配合

原则上讲，20 个标准公差等级和 28 种基本偏差可组成大量的大小不同的公差带，它们可以满足各种需要。但是，从经济和实用的角度看，应用这些所有的公差带是不必要的，所以要对其公差带加以限制。为此，国家标准从中推荐出优先、常用的孔、轴公差带，并将其组成了基孔制和基轴制优先、常用的配合系列，见表 8-6、表 8-7。

表中用分数形式表示的代号称为配合代号，其分子为孔的公差带代号，分母为轴的公差带代号。孔、轴的极限偏差，可根据孔、轴的公称尺寸和公差带代号，在附表 18、附表 19 中查出。

表 8-6　公称尺寸至 500mm 的基孔制优先、常用配合

基准孔	a	b	c	d	e	f	g	h	js	k	m	n	p	r	s	t	u	v	x	y	z
						间隙配合				过渡配合				过盈配合							
H6						H6/f5	H6/g5	H6/h5	H6/js5	H6/k5	H6/m5	H6/n5	H6/p5	H6/r5	H6/s5	H6/t5					
H7						H7/f6	H7/g6	H7/h6	H7/js6	H7/k6	H7/m6	H7/n6	H7/p6	H7/r6	H7/s6	H7/t6	H7/u6	H7/v6	H7/x6	H7/y6	H7/z6
H8					H8/e7	H8/f7	H8/g7	H8/h7	H8/js8	H8/k7	H8/m7	H8/n7	H8/p7	H8/r7	H8/s7	H8/t7	H8/u7				
H8				H8/d8	H8/e8	H8/f8		H8/h8													
H9			H9/c9	H9/d9	H9/e9	H9/f9		H9/h9													
H10			H10/c10	H10/d10				H10/h10													
H11	H11/a11	H11/b11	H11/c11	H11/d11				H11/h11													
H12		H12/b12						H12/h12													

注：1. 常用配合共 59 种，其中优先配合 13 种。带三角号的为优先配合。

　　2. H6/n5、H7/p6 在公称尺寸小于或等于 3mm 和 H8/r7 在小于或等于 100mm 时为过渡配合。

表 8-7　公称尺寸至 500mm 的基轴制优先、常用配合

基准轴	A	B	C	D	E	F	G	H	JS	K	M	N	P	R	S	T	U	V	X	Y	Z
						间隙配合				过渡配合				过盈配合							
h5						F6/h5	G6/h5	H6/h5	JS6/h5	K6/h5	M6/h5	N6/h5	P6/h5	R6/h5	S6/h5	T6/h5					
h6						F7/h6	G7/h6	H7/h6	JS7/h6	K7/h6	M7/h6	N7/h6	P7/h6	R7/h6	S7/h6	T7/h6	U7/h6				
h7					E8/h7	F8/h7		H8/h7	JS8/h7	K8/h7	M8/h7	N8/h7									
h8				D8/h8	E8/h8	F8/h8		H8/h8													
h9				D9/h9	E9/h9	F9/h9		H9/h9													
h10				D10/h10				H10/h10													
h11	A11/h11	B11/h11	C11/h11	D11/h11				H11/h11													
h12		B12/h12						H12/h12													

注：常用配合共 47 种，其中优先配合 13 种。带三角号的为优先配合。

国家标准规定，应优先采用基孔制。由于孔比轴难加工，所以常常使孔的公差等级定得比轴低一级。基轴制仅用于结构设计不适宜采用基孔制的情况，或者采用基轴制配合具有明显经济效益的场合。例如，使用一根冷拔的圆钢做轴，轴与几个具有不同公差的孔组成的配合，轴就不用再加工了，显然经济、合理。

此外，当采用标准配件时，基准制的选择应根据具体情况决定。例如，滚动轴承的内外圈尺寸是一定的，所以，与轴承外圈配合的座孔，应按基轴制，且仅标注孔的公差带代号；而与轴承内圈配合的轴，应按基孔制，且仅标注轴的公差带代号，如图8-38所示。

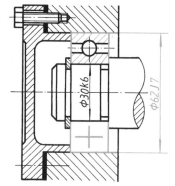

图8-38　轴承的零件装配时配合代号的注法

五、极限与配合的标注（GB/T 4458.5—2003）

1. 在装配图上的标注

在装配图中标注线性尺寸的配合代号时，必须在公称尺寸的右边用分数的形式注出，分子位置注孔的公差带代号，分母位置注轴的公差带代号（图8-39a）。必要时也允许按图8-39b或图8-39c的形式标注。

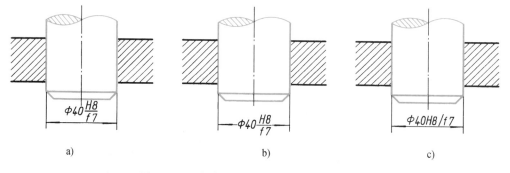

a)	b)	c)

图8-39　配合代号在装配图上标注的三种形式

2. 在零件图上的标注

用于大批量生产的零件图，可只注公差带代号，如图8-40a所示。用于中小批量生产的零件图，一般可只注出极限偏差，上极限偏差注在右上方，下极限偏差应与公称尺寸注在同一底线上，如图8-40b所示。如果需要同时注出公差带代号和对应的极限偏差值，则其极限偏差值应加上圆括号，如图8-40c所示。

标注极限偏差时应注意：上、下极限偏差的数字的字号应比公称尺寸数字的字号小一号；上、下极限偏差的小数点必须对齐，小数点后右端的"0"一般不予注出（如$^{-0.060}_{-0.090}$应写成$^{-0.06}_{-0.09}$）；如果为了使上、下极限偏差值的小数点后的位数相同，则可以用"0"补齐（如$^{-0.025}_{-0.05}$可写成$^{-0.025}_{-0.050}$，图8-40b）。当上极限偏差或下极限偏差为"零"时，用数字"0"标出，并与下极限偏差或上极限偏差的小数点前的个位数对齐，如图8-40b所示。当上、下极限偏差的绝对值相同时，偏差数字可以只注写一次，并应在偏差数字与公称尺寸之间注出符号"±"，且两者数字高度相同，如$\phi80\pm0.03$。

六、配合代号识读举例

表8-8列出了识读配合代号的几个例子，内容包括孔、轴极限偏差的查表，公差的计算，

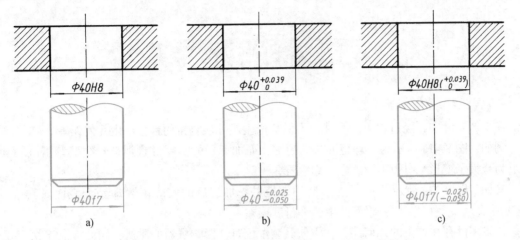

图 8-40 公差带代号、极限偏差在零件图上标注的三种形式

配合基准制的判别及其公差带图解的画法等，希望读者认真读一读（要注意横向内容的分析和比较），并根据给出的配合代号查表（附表 18、附表 19），与表中的数值进行核对，再根据孔、轴的极限偏差，查出它们的公差带代号。

表 8-8 配合代号的识读举例 （单位：mm）

代号\项目	孔的极限偏差	轴的极限偏差	公差	配合制度与类别	公差带图解
$\phi 60 \dfrac{H7}{n6}$	+0.03 0		0.03	基孔制过渡配合	
		+0.039 +0.020	0.019		
$\phi 20 \dfrac{H7}{s6}$	+0.021 0		0.021	基孔制过盈配合	
		+0.048 +0.035	0.013		
$\phi 30 \dfrac{H8}{f7}$	+0.033 0		0.033	基孔制间隙配合	
		-0.020 -0.041	0.021		
$\phi 24 \dfrac{G7}{h6}$	+0.028 +0.007		0.021	基轴制间隙配合	
		0 -0.013	0.013		
$\phi 100 \dfrac{K7}{h6}$	+0.010 -0.025		0.035	基轴制过渡配合	
		0 -0.022	0.022		
$\phi 75 \dfrac{R7}{h6}$	-0.032 -0.062		0.03	基轴制过盈配合	
		0 -0.019	0.019		
$\phi 50 \dfrac{H6}{h5}$	+0.016 0		0.016	基孔制，也可视为基轴制，是最小间隙为零的一种间隙配合	
		0 -0.011	0.011		

217

第六节 几 何 公 差

一、概述

在生产实际中，经过加工的零件，不但会产生尺寸误差，而且会产生几何误差。

例如，图 8-41a 所示为一理想形状的销轴，而加工后的实际形状则是轴线变弯了(图8-41b 所示为夸大了变形)，因而产生了直线度误差。

又如，图 8-42a 所示为一要求严格的四棱柱，加工后的实际位置却是上表面倾斜了(图 8-42b所示为夸大了变形)，因而产生了平行度误差。

如果零件存在严重的几何误差，将使其装配困难，影响机器的质量，因此，对于精度要求较高的零件，除给出尺寸公差外，还应根据设计要求，合理地确定出几何误差的最大允许值。如图 8-43a 中的 $\phi0.08$：表示销轴圆柱面的提取(实际)中心线应限定在直径等于 $\phi0.08$ 的圆柱面内，如图 8-43b 所示；又如图 8-44a 中的 0.01：表示提取(实际)上表面应限定在间距等于 0.01 平行于基准平面 A 的两平行平面之间，如图 8-44b 所示。

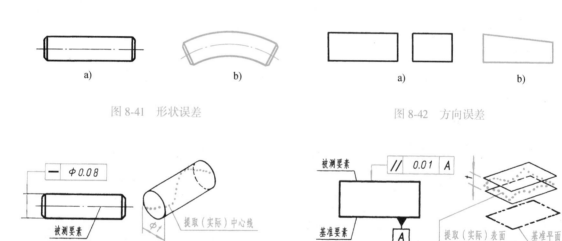

图 8-41 形状误差   图 8-42 方向误差

图 8-43 直线度公差   图 8-44 平行度公差

只有这样，才能将其误差控制在一个合理的范围之内。为此，国家标准规定了一项保证零件加工质量的技术指标——"几何公差"(GB/T 1182—2018)。

二、几何公差的几何特征和符号

几何公差的几何特征和符号见表 8-9。

三、几何公差的标注

1. 公差框格

1) 用公差框格标注几何公差时，公差要求应标注在划分成两个部分或三个部分的矩形框格内。其标注内容、顺序及框格的绘制规定等，如图 8-45 所示。

表 8-9　几何公差的几何特征和符号

公差类型	几何特征	符　号	有无基准	公差类型	几何特征	符　号	有无基准
形状公差	直线度	——	无	方向公差	线轮廓度	⌒	有
	平面度	▱	无		面轮廓度	⌓	有
	圆度	○	无	位置公差	位置度	⊕	有或无
	圆柱度	⌀	无		同心度（用于中心点）	◎	有
	线轮廓度	⌒	无		同轴度（用于轴线）	◎	有
	面轮廓度	⌓	无		对称度	=	有
方向公差	平行度	∥	有		线轮廓度	⌒	有
	垂直度	⊥	有		面轮廓度	⌓	有
	倾斜度	∠	有	跳动公差	圆跳动	↗	有
					全跳动	↗↗	有

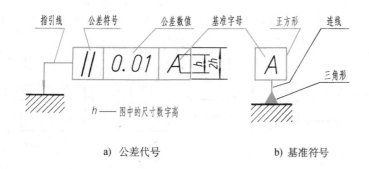

a）公差代号　　　　　　b）基准符号

图 8-45　公差代号与基准符号

2）公差值，以线性尺寸单位表示的量值。如果公差带为圆形或圆柱形，公差值前应加注符号"ϕ"（图 8-46c、e）；如果公差带为圆球形，公差值前应加注符号"$S\phi$"（图 8-46d）。

3）基准，用一个字母表示单个基准或用几个字母表示基准体系或公共基准（图 8-46b~e）。

4）当某项公差应用于几个相同要素时，应在公差框格的上方被测要素的尺寸之前注明要素的个数，并在两者之间加上符号"×"（图 8-46f）。

5）如果需要限制被测要素在公差带内的形状（如"NC"表示"不凸起"），应在公差框格的下方注明（图 8-46g）。

6）如果需要就某个要素给出几种几何特征的公差，可将一个公差框格放在另一个的下面（图 8-46h）。

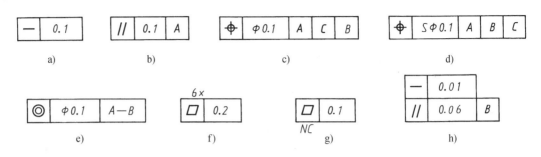

图 8-46　公差值和基准要素的注法

2. 被测要素

按下列方式之一用指引线连接被测要素和公差框格。指引线引自框格的任意一侧，终端带一箭头。

1）当公差涉及轮廓线或轮廓面时，箭头指向该要素的轮廓线或其延长线（应与尺寸线明显错开，图 8-47a、b）；箭头也可指向引出线的水平线，引出线引自被测面（图 8-48）。

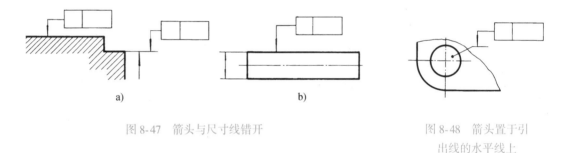

图 8-47　箭头与尺寸线错开

图 8-48　箭头置于引出线的水平线上

2）当公差涉及要素的中心线、中心面或中心点时，箭头应位于相应尺寸线的延长线上（图 8-49）。

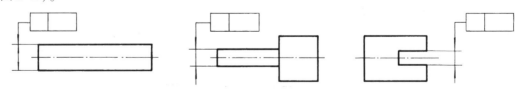

图 8-49　箭头与尺寸线的延长线重合

3. 基准

1）与被测要素相关的基准用一个大写字母表示。字母标注在基准方格内，与一个涂黑的或空白的三角形相连以表示基准（图 8-50）；表示基准的字母还应标注在公差框格内。涂黑的和空白的基准三角形含义相同，但多用涂黑的基准三角形。

2）带基准字母的基准三角形应按如下规定放置：

① 当基准要素是轮廓线或轮廓面时，基准三角形放置在要素的轮廓线或其延长线上（与尺寸线明显错开，图 8-50）；基准三角形也可放置在该轮廓面引出线的水平线上（图 8-51）。

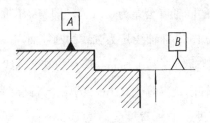

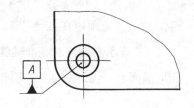

图 8-50　基准符号与尺寸线错开　　　　　　图 8-51　基准符号置于引出线的水平线上

② 当基准是尺寸要素确定的轴线、中心平面或中心点时，基准三角形应放置在该要素尺寸线的延长线上（图 8-52a、b）。如果没有足够的位置标注基准要素尺寸的两个尺寸箭头，则其中一个箭头可用基准三角形代替（图 8-52b、c）。

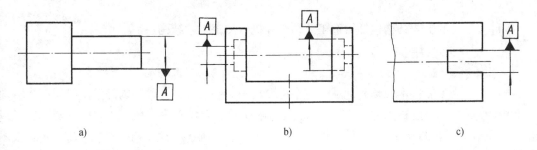

a)　　　　　　　　　　b)　　　　　　　　　　c)

图 8-52　基准符号与尺寸线一致

四、几何公差标注示例

几何公差综合标注示例如图 8-53 所示。图中各公差代号的含义及其解释如下：

$\boxed{H}\ \boxed{0.005}$　表示 $\phi16$ 圆柱面的圆柱度公差为 0.005mm。即提取的 $\phi16$（实际）圆柱面应限定在半径差为公差值 0.005mm 的两同轴圆柱面之间。

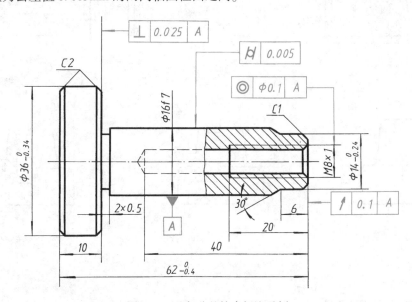

图 8-53　几何公差综合标注示例

$\boxed{\odot \mid \phi 0.1 \mid A}$ 表示 M8×1 的中心线对基准轴线 A 的同轴度公差为 0.1mm。即 M8×1 螺纹孔的提取(实际)中心线应限定在直径等于 ϕ0.1mm，以 ϕ16 基准轴线 A 为轴线的圆柱面内。

$\boxed{\nearrow \mid 0.1 \mid A}$ 表示右端面对基准轴线 A 的轴向圆跳动公差为 0.1mm。即在与基准轴线 A 同轴的任一圆形截面上，提取右端面(实际)圆应限定在轴向距离等于 0.1mm 的两个等圆之间。

$\boxed{\perp \mid 0.025 \mid A}$ 表示 ϕ36 圆柱的右端面对基准轴线 A 的垂直度公差为 0.025mm。即提取(实际)表面应限定在间距等于 0.025mm 的两平行平面之间，该两平行平面垂直于基准轴线 A。

第七节 零件上常见的工艺结构

零件上常见的工艺结构包括铸造工艺结构和机械加工工艺结构。

一、铸造工艺结构

1. 起模斜度

造型时，为了能将木模顺利地从砂型中提取出来，一般常在铸件的内外壁上沿着起模方向设计出斜度，这个斜度称为起模斜度，如图 8-54a 所示。起模斜度一般按 1：20 选取，也可以角度表示(木模造型取 1°~3°)。该斜度在零件图上一般不画、不标。如有特殊要求，可在技术要求中说明。

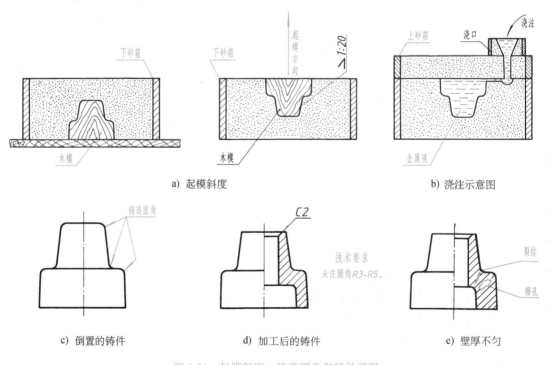

a) 起模斜度　　　　　　　　　　　　　　　　b) 浇注示意图

c) 倒置的铸件　　　　　　　d) 加工后的铸件　　　　　　e) 壁厚不匀

图 8-54　起模斜度、铸造圆角和铸件壁厚

2. 铸造圆角

为了便于脱模和避免砂型尖角在浇注时(图 8-54a、b)发生落砂，以及防止铸件两表面的尖

角处出现裂纹、缩孔，往往将铸件转角处做成圆角，如图 8-54c 所示。在零件图上，该圆角一般应画出并标注圆角半径。当圆角半径相同(或多数相同)时，也可将其半径尺寸在技术要求中统一注写，如图 8-54d 所示。

3. 铸件壁厚

铸件壁厚应尽量均匀或采用逐渐过渡的结构(图 8-54d)，否则，在壁厚处极易形成缩孔或在壁厚突变处产生裂纹，如图 8-54e 所示。

4. 过渡线

由于有铸造圆角，使得铸件表面的交线变得不够明显，若不画出这些线，零件的结构则显得含糊不清，如图 8-55a、c 所示。

为了便于看图及区分不同表面，图样中仍须按没有圆角时交线的位置，画出这些不太明显的线，此线称为过渡线，其投影用细实线表示，且不宜与轮廓线相连，如图 8-55b、d 所示。

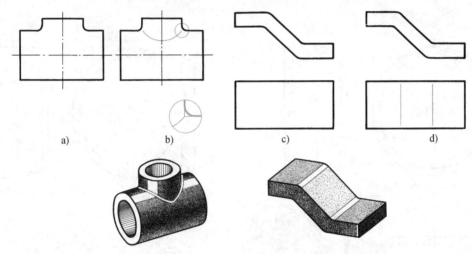

a)   b)   c)   d)

图 8-55 图形中画与不画交线的比较

在铸件的内、外表面上，过渡线随处可见，看图、画图都会经常遇到。下面，再识读几张其应用图例(图 8-56～图 8-60)，进一步熟悉它的画法和看法。

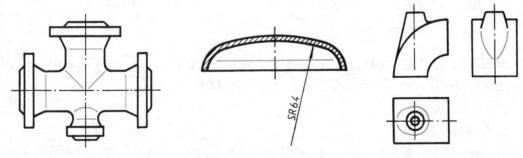

图 8-56 过渡线的画法(一)   图 8-57 过渡线的画法(二)   图 8-58 过渡线的画法(三)

在不致引起误解时，图形中的过渡线、相贯线可以简化，如用圆弧或直线代替非圆曲线，如图 8-61a 所示。

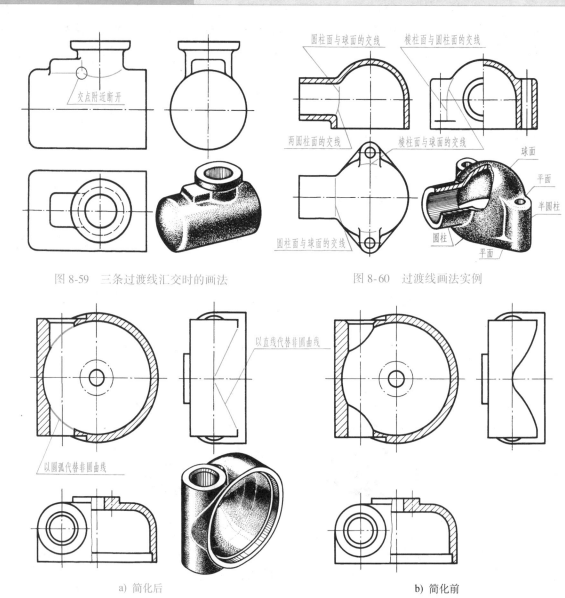

图 8-59　三条过渡线汇交时的画法　　　　　　图 8-60　过渡线画法实例

a) 简化后　　　　　　　　　　　　　　　　b) 简化前

图 8-61　过渡线的简化画法

　　肋板(杆身)与圆柱(连杆头部)组合的过渡线画法,如图 8-62 中的主、俯视图所示。此上的主视图为简化画法,省略了铸造圆角,实际上是相贯线的投影。

二、机械加工工艺结构

1. 倒角和倒圆

　　为了便于装配,在轴和孔的端部一般都加工出倒角;为了避免应力集中产生裂纹,将轴肩处往往加工成圆角的过渡形式,此圆角称为倒圆。倒角和倒圆的尺寸可从附表 16 中查出,其尺寸注法如图 8-63a 所示。

　　在不致引起误解时,零件图中的倒角(45°)可以省略不画,其尺寸也可简化标注,如图 8-63b 所示(倒圆也采用了简化画法)。30°、60°倒角的注法,如图 8-63c 所示。

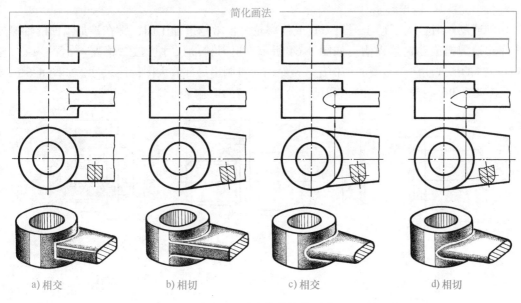

a) 相交　　　　b) 相切　　　　c) 相交　　　　d) 相切

图 8-62　过渡线的简化画法

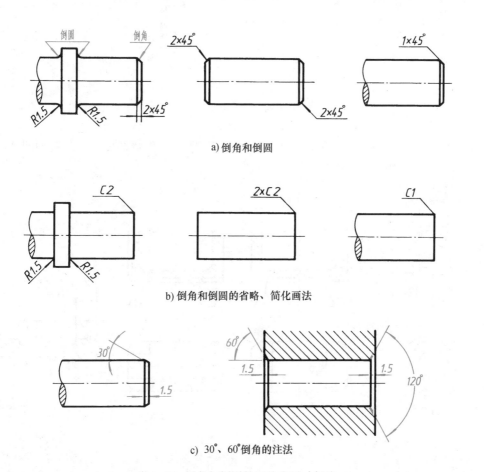

a) 倒角和倒圆

b) 倒角和倒圆的省略、简化画法

c) 30°、60°倒角的注法

图 8-63　倒角与倒圆的画法和尺寸标注

2. 退刀槽和砂轮越程槽

切削或磨削时，为了便于退出刀具或使磨轮可稍微越过加工面，常在被加工面的轴肩处预先车出退刀槽或砂轮越程槽，如图 8-64 所示。退刀槽的尺寸可按"槽宽×槽深"或"槽宽×直径"的形式注出。当槽的结构比较复杂时，可画出局部放大图标注尺寸，如图 8-64c、d 所示(退刀槽和砂轮越程槽的结构和尺寸分别见附表 14、附表 15)。

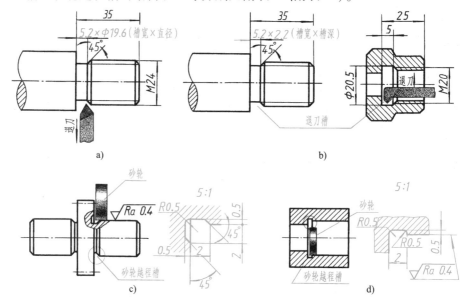

图 8-64　退刀槽和砂轮越程槽

3. 凸台和凹坑

为了使零件表面接触良好和减少加工面积，常在铸件的接触部位铸出凸台和凹坑，其常见形式如图 8-65 所示。

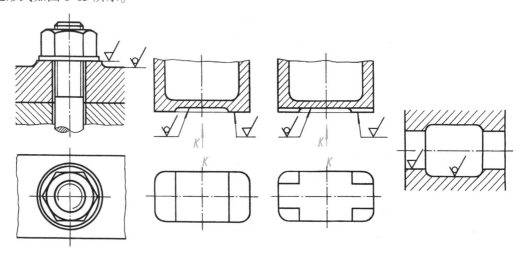

图 8-65　凸台与凹坑

4. 钻孔结构

钻孔时，钻头的轴线应与被加工表面垂直，否则会使钻头弯曲，甚至折断(图 8-66a)。

因此，当零件表面倾斜时，可设置凸台或凹坑(图 8-66b、c)。钻头单边受力也容易折断(图 8-66d)，因此，对于钻头钻透处的结构，也要设置凸台使孔完整(图 8-66e)。

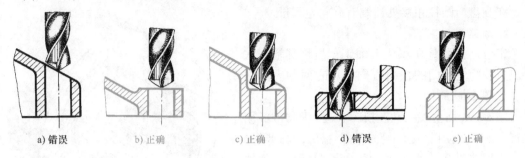

a) 错误　　　　b) 正确　　　　c) 正确　　　　d) 错误　　　　e) 正确

图 8-66　钻孔结构

第八节　零件测绘

对实际零件凭目测徒手画出图形，测量并记入尺寸，提出技术要求以完成草图，再根据草图画出零件图的过程，称为零件测绘。在仿造机器和修配损坏零件时，一般都要进行零件测绘。

零件草图是绘制零件图的依据，必要时还要直接根据它制造零件。因此，一张完整的零件草图必须具备零件图应有的全部内容，要求做到：图形正确，尺寸完整，线型分明，字体工整，并注写出技术要求和标题栏的相关内容。零件草图和零件工作图的区别只是绘图比例和绘图手段不同，其他内容和要求完全相同。

一、零件测绘的方法和步骤

下面以定位键(图 8-67)为例，说明零件测绘的方法和步骤。

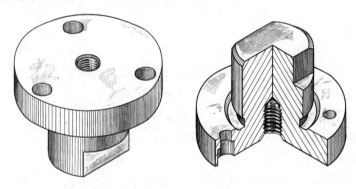

图 8-67　定位键

1. 了解和分析测绘对象

首先应了解零件的名称、材料以及它在机器或部件中的位置、作用及与相邻零件的关系，然后对零件的内外结构形状进行分析。

定位键在部件中的位置如图 8-68 所示。它的作用是将轴套紧固在箱体上，通过圆柱端的键(两平行平面之间的部分)与轴套的键槽形成间隙配合，使轴套在箱体孔中只能沿轴向左右移动而不能转动。定位键的主体结构由圆盘和圆柱组成；圆盘上有三个均布的沉孔，由此穿进螺钉，将定位键紧固在箱体上。为了方便拆卸定位键，在圆盘中心部位设置一个螺孔。在圆盘与圆柱相接处还制有砂轮越程槽。

2. 确定表达方案

定位键主要是在车床上加工，故将其轴线水平放置作为主视图的投射方向。可有两种表达方案，如图 8-69 所示。

图 8-69a 用主视图和左视图表达，图 8-69b 用主视图和右视图表达。经过对比看出，图 8-69a 中的细虚线过多，倒角表达得也不明确，且不便于标注其尺寸。而图 8-69b 中的细虚线较少，倒角结构表示得很明显。键的厚度虽不如图 8-69a 反映得清晰，但也可以在右视图中表示出来，故选定图 8-69b 作为定位键的表达方案。为了反映砂轮越程槽的细部结构和标注尺寸，还需画出一个局部放大图。整个表达方案如图 8-70 所示。

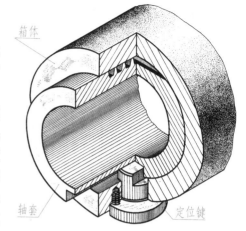

图 8-68　定位键在部件中的位置

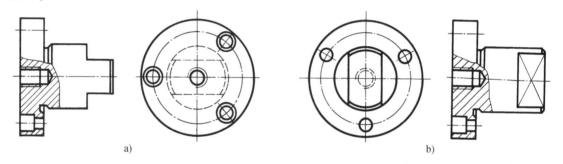

图 8-69　定位键的视图选择

3. 绘制零件草图

（1）绘制图形　草图的画图步骤如图 8-71 所示。

1）选定绘图比例，安排视图位置；画出作图基准线，如图 8-71a 所示。

2）画出各视图的主体部分，如图 8-71b 所示。

3）画其他结构和剖视部分，如图 8-71c 所示。

4）画出零件上的细节结构，如图 8-71d 所示。

此外，还应注意以下两点：

① 零件上的制造缺陷(如砂眼、气孔等)，以及磨损、碰伤等，均不应画出。

② 零件上的细小结构(如螺纹、倒角、退刀槽、砂轮越程槽、凸台和凹坑)必须画出。

（2）标注尺寸　先选定基准，再标注尺寸。长度方向尺寸以圆盘的右端面为主要基准，圆柱的右端面为长度方向的辅助基准(也是工艺基准)。以轴线为径向尺寸的主要基准。确定基准后，先标注定位尺寸，再标注其他尺寸。

此外，还应注意以下三点：

① 先集中画出所有的尺寸界线、尺寸线和箭头，再依次测量，逐个记入尺寸数字。

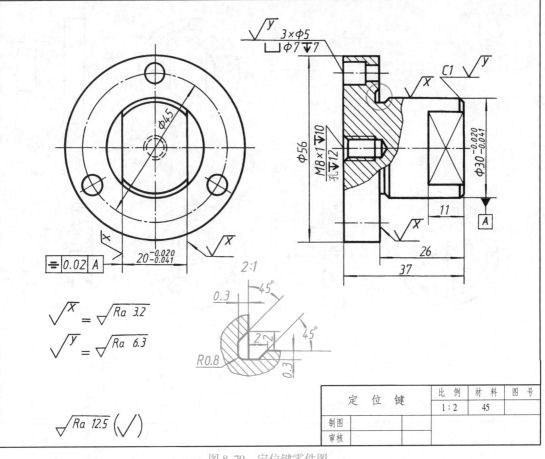

图 8-70　定位键零件图

② 零件上标准结构(如键槽、退刀槽、销孔、螺纹等)的尺寸，须查阅国家标准。

③ 与相邻零件的相关尺寸及配合尺寸等一定要一致。

（3）标注技术要求　定位键的所有表面均需加工，φ30 的圆柱面和键的两侧面的表面粗糙度要求较高。圆柱的直径和键宽应给出公差，圆柱与箱体孔、键与键槽均应采用基孔制的间隙配合。键应给出对称度的公差要求。有时还须参考同类产品的装配图和零件图。

（4）填写标题栏　一般可填写零件的名称、材料、绘图比例、绘图者姓名和完成时间等。完成的零件草图，如图 8-71e 所示。

4. 根据零件草图画零件工作图

草图完成后，便要根据它绘制零件工作图。完成的零件工作图，如图 8-70 所示。

二、零件尺寸的测量方法

测量尺寸是零件测绘过程中一个很重要的环节，尺寸测量得准确与否，将直接影响机器的装配和工作性能，因此测量尺寸要谨慎。

测量时，应根据对尺寸精度要求的不同选用不同的测量工具。常用的量具有金属直尺，内、外卡钳等；精密的量具有游标卡尺、千分尺等；此外，还有专用量具，如螺纹样板、圆角规等。

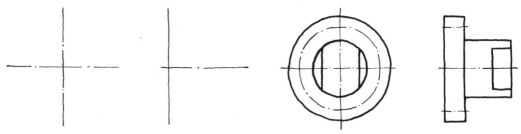

a) 安排视图位置，画出各基准线　　　　　　　　　b) 画出各视图的主体部分

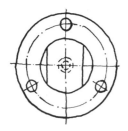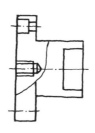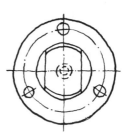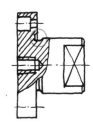

c) 画其他结构和剖视部分　　　　　　　　　d) 完成各细节部分

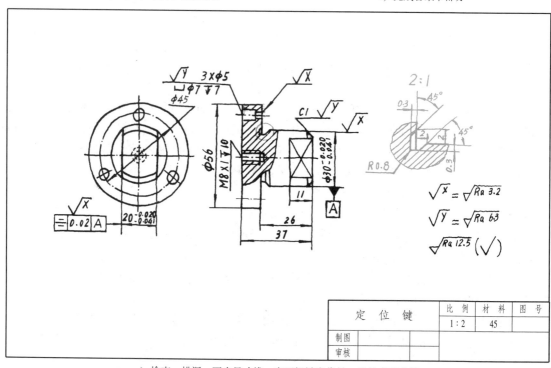

e) 检查、描深。画出尺寸线、表面粗糙度代号，注技术要求等

图 8-71　草图的画图步骤

零件上常见几何尺寸的测量方法，见表8-10。

表8-10　零件尺寸的测量方法

项目	图例与说明	项目	图例与说明
直线尺寸	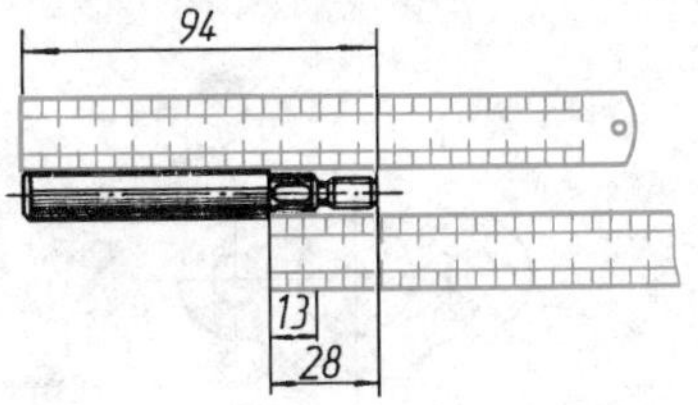 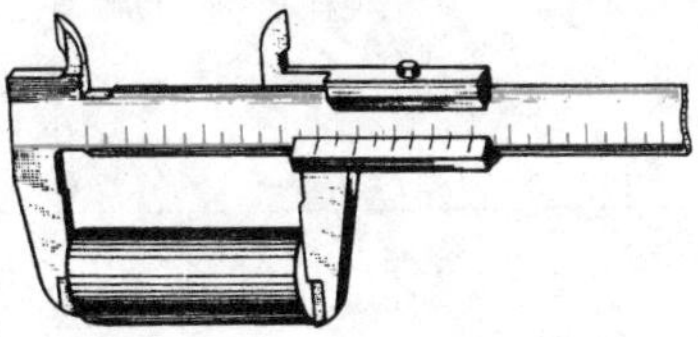 直线尺寸可用金属直尺或游标卡尺直接测量	孔间距	$A=K+d$　$A=K-\dfrac{D+d}{2}$　孔间距可用内、外卡钳和金属直尺结合测量
壁厚尺寸	$t=C-D$　$h=A-B$　壁厚尺寸可用金属直尺测量，如底壁厚度$h=A-B$；或用内、外卡钳和金属直尺配合测量，如左侧壁的厚度$t=C-D$	中心高	$H=A+\dfrac{d}{2}$　中心高可用金属直尺或用金属直尺和内卡钳配合测量，即：$H=A+d/2$（见上图）　下图左侧的中心高：$43.5=18.5+50/2$
直径尺寸	直径尺寸可用内、外卡钳间接测量或用游标卡尺直接测量	螺距	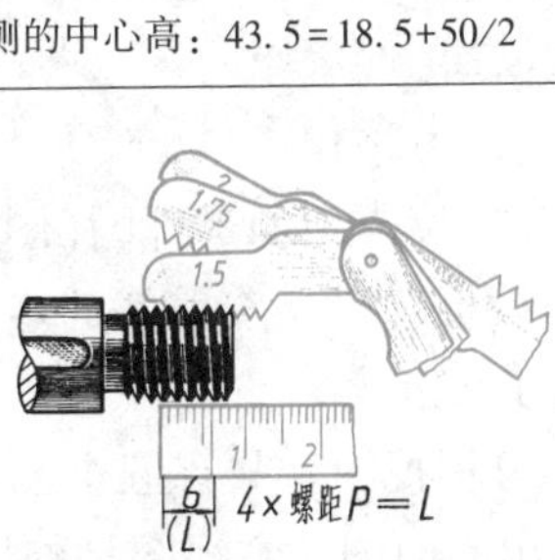 $4×螺距P=L$　螺纹的螺距应该用螺纹样板直接测得（见图的上方），也可用金属直尺测量（见图的下方）。$P=1.5$

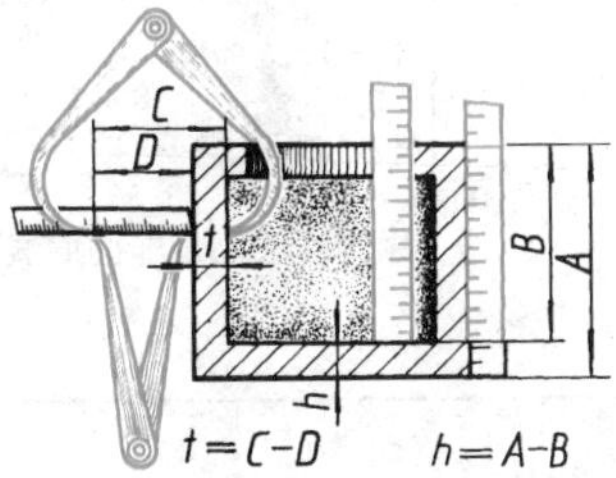

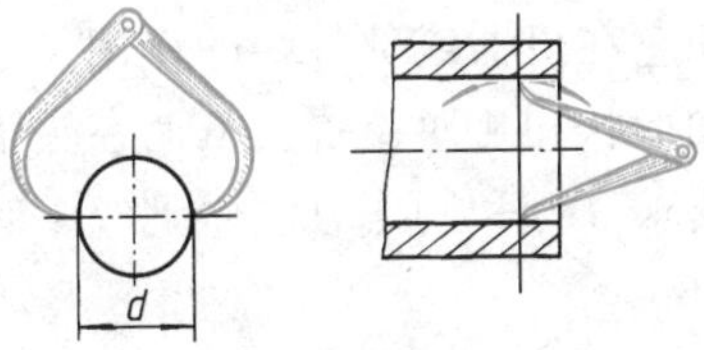

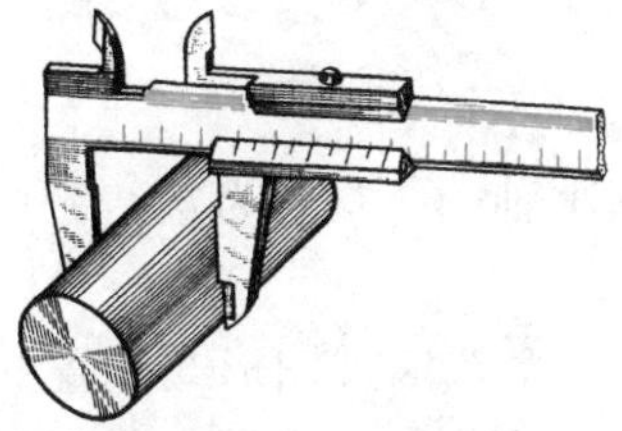

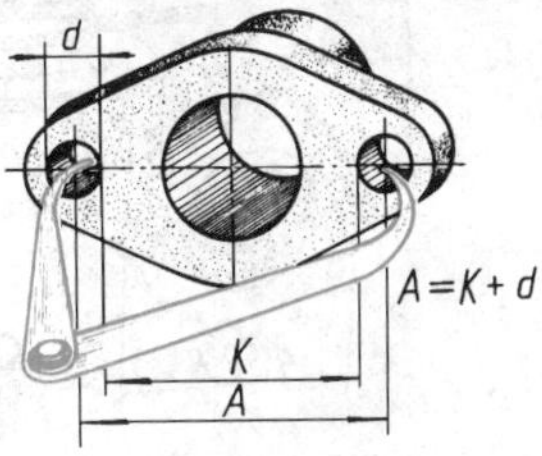

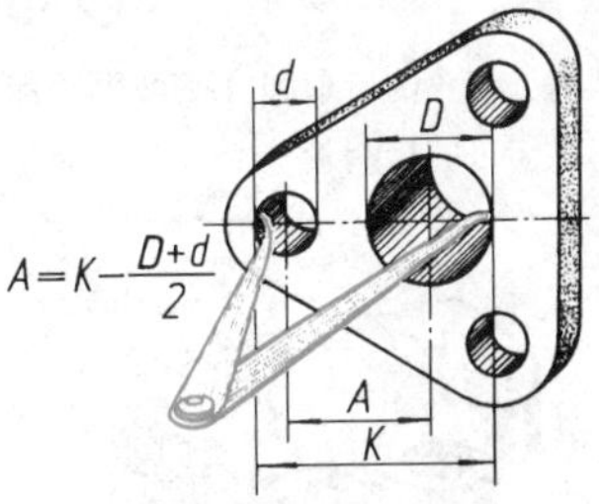

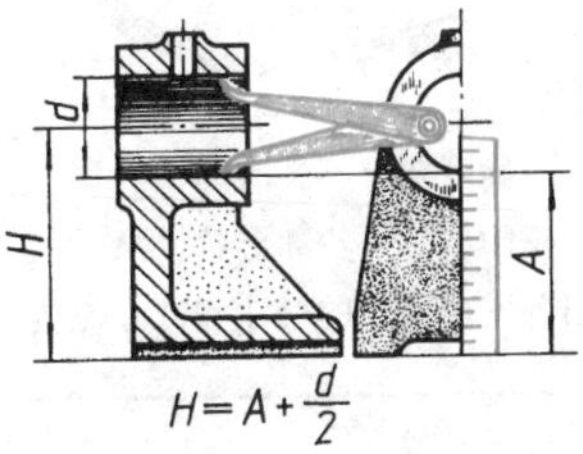

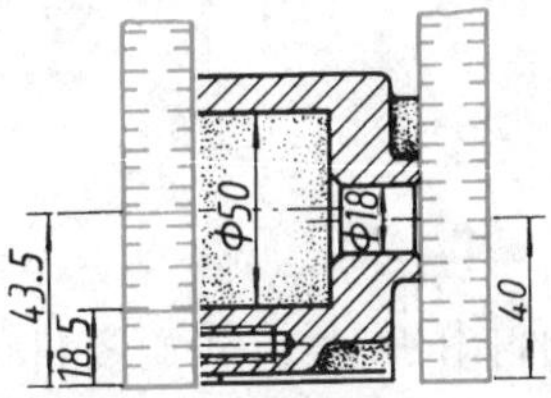

(续)

项目	图例与说明	项目	图例与说明
齿顶圆直径	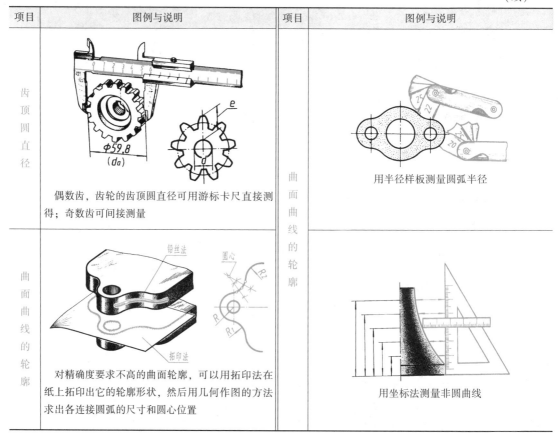偶数齿，齿轮的齿顶圆直径可用游标卡尺直接测得；奇数齿可间接测量	曲面曲线的轮廓	用半径样板测量圆弧半径
曲面曲线的轮廓	对精确度要求不高的曲面轮廓，可以用拓印法在纸上拓印出它的轮廓形状，然后用几何作图的方法求出各连接圆弧的尺寸和圆心位置		用坐标法测量非圆曲线

第九节 看零件图

一、看图要求

看零件图的要求：了解零件的名称、所用材料和它在机器或部件中的作用。通过分析视图、尺寸和技术要求，想象出零件各组成部分的结构形状和相对位置，从而在头脑中建立起一个完整的、具体的零件形象，并对其复杂程度、要求高低和制作方法做到心中有数，以便设计加工过程。

二、看图举例

例 1 识读支架的零件图(图 8-72)。

(1) 读标题栏 该零件的名称是支架，是用来支承轴的，材料为灰铸铁(HT150)，绘图比例为 1∶2。

(2) 分析视图 共有五个图形：三个基本视图、一个按向视图形式配置的局部视图 C 和一个移出断面图。主视图是外形图；俯视图 B—B 是全剖视图，是用水平面剖切的；左视图 A—A 也是全剖视图，是用两个平行的侧平面剖切的；局部视图 C 是移位配置的；断面画在剖切线的延长线上，表示肋板的剖面形状。

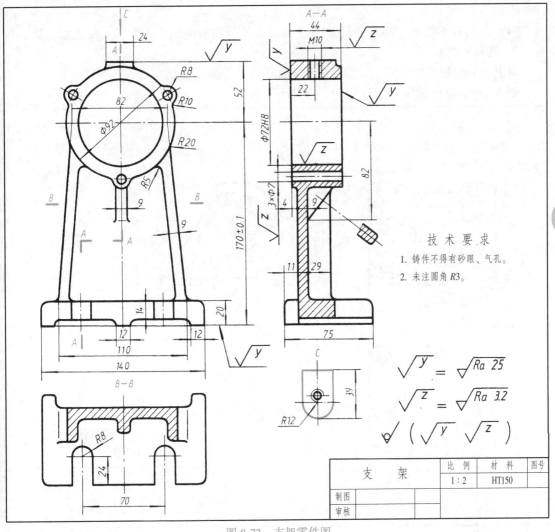

图 8-72　支架零件图

从主视图可以看出上部圆筒、凸台、中部支承板、肋板和下部底板的主要结构形状和它们之间的相对位置；从俯视图可以看出底板、安装板（槽）的形状及支承板、肋板间的相对位置；局部视图反映出带有螺孔的凸台形状。综上所述，再配合全剖的左视图，则支架由圆筒、支承板、肋板、底板及油孔凸台组成的情况就很清楚了，整个支架的形状如图 8-73 所示。

（3）分析尺寸　从图 8-72 可以看出，其长度方向尺寸以对称面为主要基准，标注出安装槽的定位尺寸 70，还有尺寸 9、24、82、12、110、140 等；宽度方向尺寸以圆筒后端面为主要基准，标注出支承板定位尺寸 4；高度方向尺寸以底板的底面为主要基准，标注出支架的中心高 170±0.1，这是影响工作性能的定位尺寸，圆筒孔径 φ72H8 是配合尺寸，以上这些都是支架的主要尺寸。各组成部分的定形尺寸、定位尺寸希望读者自

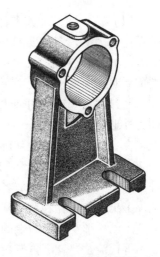

图 8-73　支架的轴测图

行分析。

（4）分析技术要求　圆筒孔径 $\phi72$ 注出了公差带代号，轴孔表面属于配合面，要求较高，Ra 值为 $3.2\mu m$。

将上述分析加以总结归纳，即可对该零件形成一个完整认识。

例 2　识读缸体的零件图（图 8-74）。

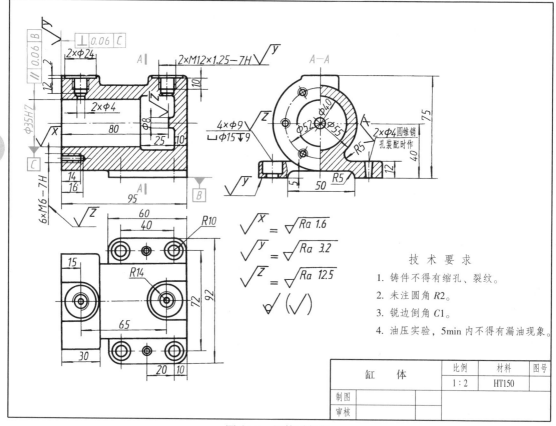

图 8-74　缸体零件图

（1）读标题栏　该零件的名称为缸体，是内部为空腔的箱体类零件，材料为灰铸铁，绘图比例为 1:2，可见该体为小型零件。

（2）分析视图　缸体采用了主、俯、左三个基本视图。主视图是全剖视图，通过零件的前后对称面剖切。其中，左端的 M6 螺孔并未剖开，采用规定画法绘制；左视图是半剖视图，通过底板上销孔的轴线剖切，在半个视图中又取了一个局部剖，表示沉孔的结构；俯视图为外形图。

在看懂视图关系的基础上，运用形体分析法，可将缸体大致分为四个组成部分：①直径为 70（可由左视图中轴线距底面的距离 40 和底板凹坑深 5 判定）的圆柱形凸缘；②$\phi55$ 的圆柱；③在两个圆柱的上部各有一个凸台，经锪平又加工出了螺孔；④带有凹坑的底板，在其上加工出四个沉孔和两个圆锥销孔。此外，主视图又清楚地表示出了缸体的内部是直径不同的两个圆柱形空腔，右端的"缸底"上有一个圆柱形凸台。各组成部分的相对位置图中已表示得很清楚，就不再赘述了。整个缸体的形状如图 8-75 所示。

（3）分析尺寸　从图 8-74 可以看出，其长度方向尺寸以左端面为基准，宽度方向尺寸以缸体的前后对称面为基准，高度方向尺寸以底板的底面为基准。缸体的中心高 40、两个圆锥销孔轴线间的距离 72(含长向距离 20)，以及主视图中的 80 都是影响其工作性能的定位尺寸，它们都是从基准出发直接标注的。孔径 $\phi 35H7$ 为配合尺寸。以上这些都是缸体的重要尺寸。

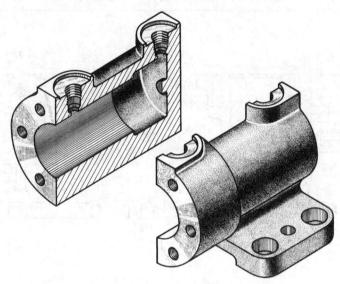

图 8-75　缸体的轴测图

(4) 分析技术要求　主要应把握住对技术指标要求较高的部位或要素，以便保证零件的加工质量。例如，$\phi 35H7$：表明该孔与其他零件有配合关系。经查表，其上、下极限偏差分别为 +0.025 和 0(即公差为 0.025)，限定了该孔的实际尺寸必须在 35.025 和 35 之间。$\boxed{/\!/\ 0.06\ B}$：表明 $\phi 35H7$ 孔的轴线对底板底面的平行度公差为 0.06，即提取(实际)中心线必须位于距离为 0.06 且平行基准平面 B 的两平行平面之间。$\boxed{\perp\ 0.06\ C}$：表明左端面对 $\phi 35H7$ 孔轴线的垂直度公差为 0.06，即提取(实际)左端面必须位于距离为 0.06 且垂直于基准轴线 C 的两平行平面之间。从所注表面粗糙度的情况看，$\phi 35H7$ 孔表面的 Ra 上限值为 1.6μm，在加工表面中要求是最高的。其他表面粗糙度请读者自行分析。

在以上分析的基础上，应将零件各部分的结构形状、大小及其相对位置和加工要求进行综合归纳，从而形成一个清晰的认识。

例3　识读壳体的零件图(图 8-76)。

(1) 读标题栏　该零件的名称是壳体，属于箱体类零件。材料是铸造铝合金，绘图比例为 1:2，该零件为铸件。

(2) 分析视图　共有五个图形，即主、俯、左三个基本视图，一个局部视图和一个断面图。主视图 A—A 是全剖视图，由单一的正平面剖切，表达内部形状。俯视图 B—B 是由两个水平面剖切的全剖视图，表达内部和底板的形状。局部剖的左视图和局部视图 C，主要表达外形及顶面形状。重合断面表示肋板的宽度。由此可知，该壳体是由主体圆筒、上底板、下底板、左凸块、前圆筒及肋板等部分组成的。

再看细部结构：顶部有 $\phi 30H7$ 通孔、$\phi 12$ 盲孔和 M6 螺孔；底部的 $\phi 48H7$ 孔与 $\phi 30H7$ 孔相通，底板上还有四个锪平的安装孔 $\phi 7$。结合主、俯、左三个视图看，左侧为带有凹槽的凸块，在凹槽的左端面有 φ12、φ8 的阶梯孔，与顶部 φ12 孔相通；在该阶梯孔的上、下方各有一个螺孔 M6。在前方圆筒上，有 φ20、φ12 的阶梯孔，与顶部的 φ12 圆孔相贯。从采用局部剖的左视图和局部视图 C 可看出，顶部有六个安装孔 φ7（下端锪平）。

综合上述分析，即可想象出壳体的整体形状，如图 8-77 所示。

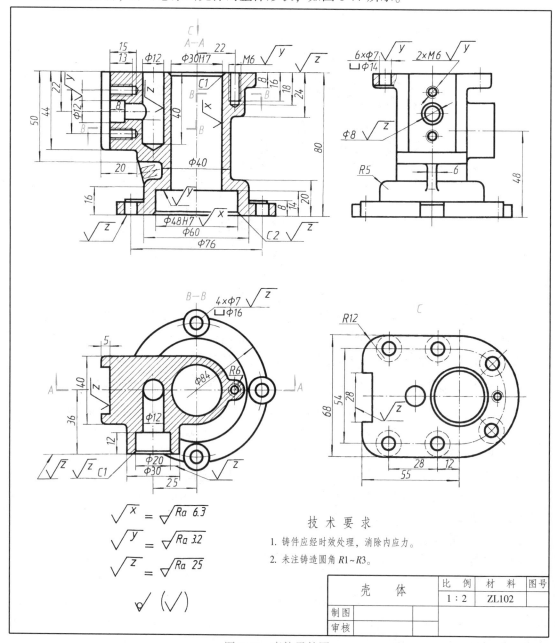

图 8-76　壳体零件图

（3）分析尺寸　通过分析可以看出，长度方向的尺寸基准是通过主体圆筒轴线的侧平面，宽度方向的尺寸基准是通过该轴线的正平面，高度方向的尺寸基准是底板的底面。从三个基准出发，再进一步分析各组成部分的定位尺寸和定形尺寸，就可以看懂这个壳体的形状和大小。

（4）分析技术要求　图 8-76 中只有两处给出了公差带代号，即主体圆筒中的两个孔，其极限偏差值可由公差带代号 H7 查出。这两个孔表面的 Ra 值为 6.3μm，其余加工面的 Ra 值大部分为 25μm，可见壳体表面粗糙度的要求不高。从文字说明中可知，壳体应经过时效处理，消除内应力，以避免加工后发生变形。

总之，箱体类零件的结构比较复杂，其图形、尺寸数量都很多，因此，无论看图、画图、标注尺寸，都应正确地运用形体分析法有条不紊地进行分析。确定、分析技术要求需要专业知识和实践知识，应在学习和生产中逐步积累。

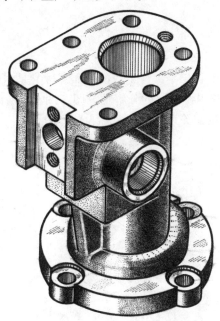

（为显露肋形状，中部尺寸加高）

图 8-77　壳体的轴测图

装 配 图

　　任何复杂的机器，都是由若干个部件组成的，而部件又是由许多零件装配而成。滑动轴承是一种较为常用的部件，图 9-1 是它的分解轴测图，图 9-2 是该部件的装配图，这种表示产品及其组成部分的连接、装配关系的图样，称为装配图。

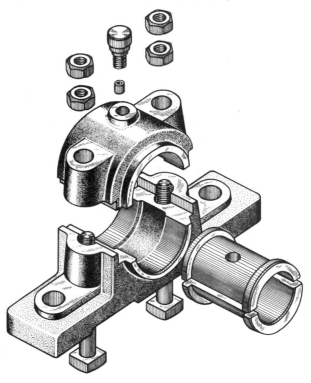

图 9-1　滑动轴承分解轴测图

第一节　装配图的作用与内容

一、装配图的作用

　　在工业生产中，无论是开发新产品，还是对其他产品进行仿造、改制，都要先画出装配图。开发新产品，应首先画出部件装配图，然后再根据装配图画出零件图；制造部门，根据装配图将零件装配成机器。同时，装配图又是安装、调试、操作和检修机器时不可缺少的标准资料。由此可见，装配图是指导生产的重要技术文件。

二、装配图的内容

一张完整的装配图主要包括以下四个方面的内容(图 9-2)。

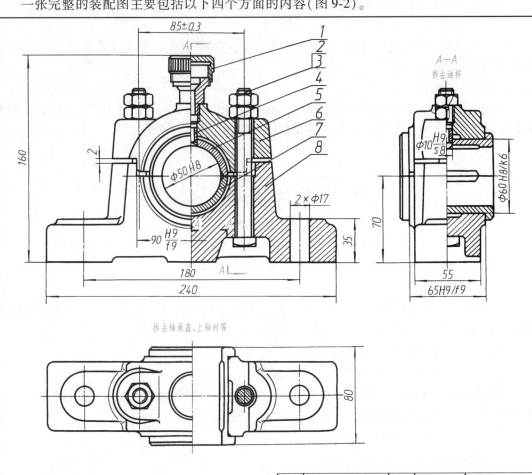

8	轴承座	1	HT150	
7	下轴衬	1	ZCuAl10Fe3	
6	轴承盖	1	HT150	
5	上轴衬	1	ZCuAl10Fe3	
4	轴衬固定套	1	Q235	
3	螺栓 M12×130	2		GB/T 5782—2016
2	螺母 M12	4		GB/T 6170—2015
1	油杯 12	1		JB/T 7940.3—1995
序号	名　称	数量	材　料	备　注

滑动轴承	比例	1:1	共4张	01
	重量		第1张	
制图				
设计				
审核				

技 术 要 求

1. 装配时，轴承盖与轴承座间加垫片调整，保证轴与轴衬间隙为 0.05 ~ 0.06mm，接触面积在 25mm² 内不少于 15 ~ 25 点。

2. 轴承装配达到上述要求后，加工油孔和油槽。

3. 轴衬最大单位压力 $p \leqslant 29.4$ MPa。

图 9-2　滑动轴承装配图

1. 一组图形

用来表达装配体(机器或部件)的构造、工作原理,零件间的装配、连接关系及主要零件的结构形状。

2. 一组尺寸

用来表示装配体的规格或性能,以及装配、安装、检验、运输等方面所需要的尺寸。

3. 技术要求

用文字或代号说明装配体在装配、检验、调试时需达到的技术条件和要求及使用规范等。

4. 标题栏和明细栏

标题栏用来表明装配体的名称、绘图比例、重量和图号及设计者姓名和设计单位。明细栏用来记载零件名称、序号、材料、数量及标准件的规格、标准编号等。

第二节　装配图的表达方法

零件图上所采用的图样画法(如视图、剖视、断面等),在表达装配体时也同样适用。此外,根据表达需要,装配图还另有一些规定画法和特殊画法。

一、装配图的规定画法

1) 两个以上的零件相互邻接时,剖面线的倾斜方向应相反,或者方向一致但其间隔必须不等;同一零件在各视图上的剖面线方向和间隔必须一致(图 9-2)。

在图形中,当零件厚度在 2mm 以下时,允许以涂黑代替剖面符号。

2) 对于相接触和相配合两零件表面的接触处,只画一条线。

凡是相接触、相配合的两表面,不论其间隙多大,都必须画成一条线;凡是非接触、非配合的两表面,不论其间隙多小,都必须画出两条线。

二、装配图的特殊画法

1. 沿零件结合面剖切和拆卸画法

1) 在装配图中,可假想沿某些零件的结合面剖切,此时在零件的结合面上不画剖面线,但被切部分(如螺杆、螺钉等)必须画出剖面线。如图 9-2 中的俯视图,为了表示轴瓦与轴承座的装配情况,图的右半部就是沿轴承盖与轴承座的结合面剖开画出的。

2) 当装配体上某些常见的较大零件(如手轮等),在某个视图上的位置和基本连接关系等已表达清楚时,为了避免遮盖某些零件的投影,在其他视图上可假想将这些零件拆去不画。如图 9-19 中的俯视图,就拆去了把手等件,以使其下方的零件形状表达得更清楚。

上述两种画法,当需要说明时,可在其视图上方注出"拆去×××"等字样。

2. 假想画法

1) 对部件中某些零件的运动范围和极限位置,可用细双点画线画出其轮廓,如图 9-3、图 9-4 所示。

2) 对于与本部件有关但不属于本部件的相邻零、部件,可用细双点画线表示其与本部件的连接关系,如图 9-4 中的齿轮箱、图 9-19 中的轴和套,以及图 9-20 中的安装板均用细双点画线表示出了它们与相邻部件之间的关系。

3. 夸大画法

对薄片零件、细丝弹簧和微小间隙等，若按其实际尺寸在装配图上很难画出或难以明显表示时，均可不按比例而采用夸大画法，即将薄部加厚，细部加粗，间隙加宽，斜度、锥度加大到较明显的程度。在图形中，厚度、直径不超过2mm的被剖切薄、细零件，其剖面线可以涂黑表示。

4. 展开画法

在传动机构中，为了表示传动关系及各轴的装配关系，可假想用剖切平面按传动顺序沿它们的轴线剖开，然后将其展开、摊平，画在同一个平面上(平行于某一投影面)，如图9-4所示。这种展开画法，在表达机床的主轴箱、进给箱以及汽车的变速器等较复杂的变速装置时经常使用。

图 9-3　运动零件的极限位置

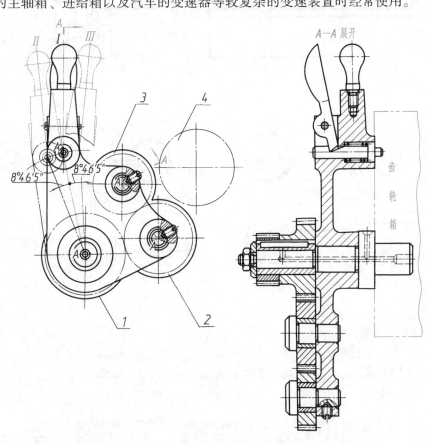

图 9-4　展开画法

5. 简化画法

1）对于螺栓、螺母、垫圈等紧固件以及轴、手柄、连杆、拉杆、球、键、销等实心零件，若按纵向剖切，且剖切平面通过其对称平面或轴线时，这些零件均按不剖绘制。若需要特别表明零件的结构，如凹槽、键槽、销孔等，则可采用局部剖视表示。

2）对于装配图中若干相同的零件组(如螺栓联接)，可仅详细地画出一组或几组，其余只需用细点画线表示装配位置,如图9-5a、b所示。

3) 零件的某些工艺结构,如圆角、倒角、退刀槽等允许不画。螺栓头部和螺母也允许按简化画法画出,如图9-5b所示。

4) 在装配图中,可用粗实线表示带传动中的带,用细点画线表示链传动中的链,如图9-5c、d所示。

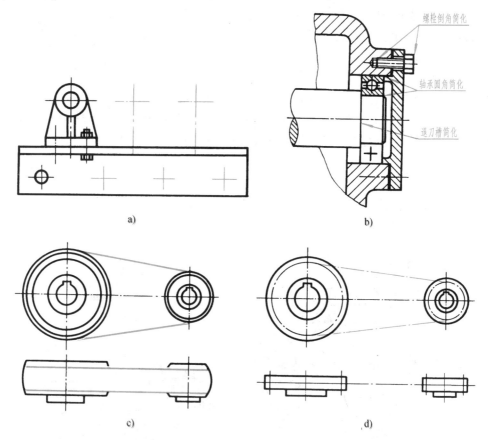

图9-5 简化画法

6. 单独表达某零件

在装配图上,可以单独画出某一零件的视图,但必须在所画视图的上方注出该零件的视图名称,在相应视图的附近用箭头指明投射方向,并注上同样的字母。

第三节 装配图的尺寸标注和技术要求

一、尺寸标注

装配图不需像零件图那样注出所有尺寸,只需注出与装配体性能、装配、安装、运输等有关的尺寸。

1. 性能(或规格)尺寸

性能(或规格)尺寸表明装配体的性能或规格。这类尺寸作为设计的一个重要数据是在画图之前就确定了的，如图 9-2 滑动轴承的孔径 $\phi50$，它反映了该部件所支承的轴的直径大小。

2. 装配尺寸

装配尺寸由两部分组成，一部分是各零件之间的配合尺寸；另一部分是与装配有关的零件之间的相对位置尺寸。图 9-2 中的 $90\dfrac{H9}{f9}$、$65\dfrac{H9}{f9}$，以及图 9-6 中的 84±0.027 都属于这类尺寸。

3. 安装尺寸

安装尺寸是表示将机器或部件安装到其他设备上或地基上所需要的尺寸。如滑动轴承底座上安装孔的直径 $\phi17$ 及孔间距 180。

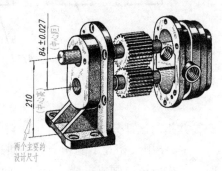

图 9-6 齿轮油泵

4. 总体尺寸

总体尺寸是表示装配体的总长、总宽、总高三个方向的尺寸。这类尺寸表明了机器(或部件)所占空间的大小，作为包装、运输、安装、车间平面布置的依据，如图 9-2 中的 240、80、160 等。

5. 其他重要尺寸

在部件设计时，经过计算或根据某种需要而确定的，但又不属于上述四类尺寸的尺寸。

二、技术要求

（1）装配要求 机器或部件在装配过程中需注意的事项及装配后应达到的要求，如装配间隙、润滑要求等(图 9-2)。

（2）检验要求 对机器或部件基本性能的检验、试验及操作时的要求。

（3）使用要求 对机器或部件的规格、参数及维护、保养、使用时的注意事项及要求。

装配图中的技术要求，通常用文字注写在明细栏的上方或图纸下方的空白处。

第四节 装配图上的零件序号和明细栏

为了便于读图和图样管理，装配图上所有的零、部件都必须编写序号，并在标题栏上方编制相应的明细栏。

一、编写序号的方法

1）装配图中所有的零、部件都必须编写序号，并与明细栏中的序号一致。

2）在所指零、部件的可见轮廓内画一圆点，然后从圆点开始画指引线(细实线)，在指引线的另一端画一水平线或圆(细实线)，在水平线上或圆内注写序号，序号的字号比该装配图中所注尺寸数字的字号大一号或两号(图 9-7a)。

3）在指引线的另一端附近直接注写序号，序号的字号比该装配图中所注尺寸数字的字号大一号或两号(图 9-7b)。

4）若所指部分(很薄的零件或涂黑的剖面)内不便画圆点时，可在指引线的末端画出箭

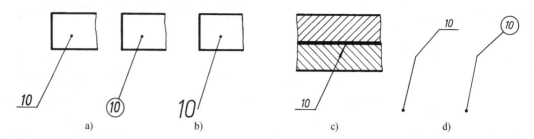

图 9-7　序号的形式

头，并指向该部分的轮廓(图 9-7c)，但在同一装配图中，编写序号的形式应一致。

5）指引线相互不能相交，当通过有剖面线的区域时，指引线不应与剖面线平行；必要时，指引线可以画成折线，但只可曲折一次(图 9-7d)。

6）一组紧固件以及装配关系清楚的零件组，可以采用公共指引线(图 9-8)。

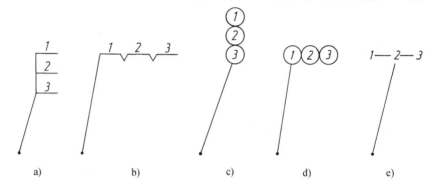

图 9-8　公共指引线的编注形式

7）序号应按顺时针或逆时针方向顺次排列整齐。

二、明细栏

明细栏一般由序号、代号、名称、数量、材料、重量、分区、备注等组成。

明细栏一般配置在装配图中标题栏的上方，按由下而上的顺序填写。当位置不够时，可紧靠在标题栏的左方自下而上延续。

第五节　装配结构简介

装配结构是否合理，将直接影响部件(或机器)的装配、工作性能，以及检修时拆、装是否方便。因此，下面就设计绘图时应考虑的几个装配结构的合理性问题加以简介。

一、接触面的结构

1）轴肩面与孔端面接触时，应将孔边倒角或将轴的根部切槽，以保证轴肩面与孔的端面接触良好，如图 9-9 所示。

2）在同一方向上只能有一组面接触，应尽量避免两组面同时接触。这样，既可保证两面接触良好，又可降低加工要求。图 9-10a 示出了两平面接触的情况，图 9-10b、c 示出了两圆柱面接触的情况。

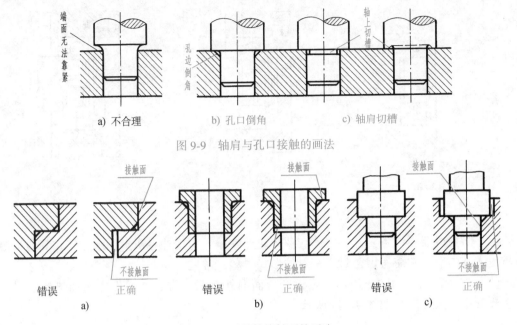

图 9-9　轴肩与孔口接触的画法

图 9-10　两零件接触面的画法

3）在螺栓紧固件的联接中，被联接件的接触面应制成凸台或沉孔，且需经机械加工，以保证接触良好，如图 9-11 所示。

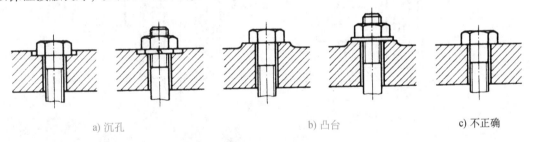

a) 沉孔　　　　　　　　　b) 凸台　　　　　　c) 不正确

图 9-11　紧固件与被联接件接触面的结构

二、零件的紧固与定位

1）为了紧固零件，可适当加长螺纹尾部，并在螺杆上加工出退刀槽，或在螺孔上作出凹坑(或倒角)，如图 9-12 所示。

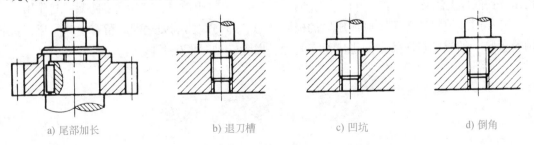

a) 尾部加长　　　　b) 退刀槽　　　　c) 凹坑　　　　d) 倒角

图 9-12　螺纹尾部结构

2）为了防止滚动轴承在运动中产生窜动，应将其内、外圈沿轴向顶紧，如图 9-13 所示。

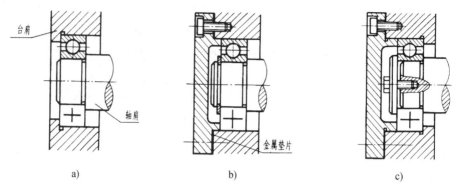

图 9-13　滚动轴承的紧固

三、密封结构

为了防止机器、设备内部的气体或液体向外渗漏，防止外界灰尘、水蒸气或其他不洁净物质侵入其内部，常需考虑密封。密封的形式很多，常见的如下：

（1）垫片密封　为防止流体沿零件结合面向外渗漏，常在两零件之间加垫片密封，同时也改善了接触性能，如图 9-14a 所示。

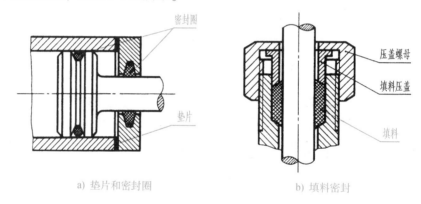

a) 垫片和密封圈　　　　　　　　　　b) 填料密封

图 9-14　密封装置

（2）密封圈密封　如图 9-14a 所示，将密封圈（胶圈或毡圈）放在槽内，受压后紧贴机体表面，从而起到密封作用。

（3）填料密封　图 9-14b 所示是阀门上常见的密封形式。为防止流体沿阀杆与阀体的间隙溢出，在阀体上制有一空腔，并内装有填料，当压紧填料压盖时，就起到了防漏密封作用。

画图时，填料压盖不要画成压紧的极限状态，即与阀体端面之间应留有空隙，以保证将填料压紧。轴与填料压盖之间也应留有间隙，以免转动时发生摩擦。

第六节　部件测绘

部件测绘是指根据现有的部件（或机器），先画出零件草图，再画出装配图和零件工作图等全套图样的过程。

现以图 9-1 所示的滑动轴承为例，说明部件测绘的方法和步骤。

一、了解测绘对象

通过观察和拆卸部件，了解它的用途、性能、工作原理、结构特点及零件间的装配关系和相对位置等。有产品说明书时，可对照说明书上的图来看；也可以参考同类型产品的有关资料。总之，只有充分地了解测绘对象，才能保证其测绘质量。

滑动轴承是支承轴的一个部件，它的主体部分是轴承座和轴承盖。在座与盖之间装有由上、下两半圆筒组成的轴衬，所支承的轴即在轴衬孔中转动。为减少轴、孔间的摩擦力，轴衬用青铜铸成。轴衬孔内设有油槽以便存油，供运转时轴、孔间润滑用。为了注入润滑油，在轴承盖顶部安装有一油杯。轴承盖与轴承座用一对螺栓联接。为了调整轴衬与轴配合的松紧，盖与座之间留有间隙。将固定套插入轴承盖与上轴衬油孔中，使轴衬不能随轴转动，参看图9-15。

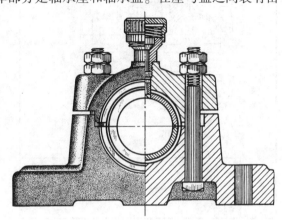

图 9-15　滑动轴承

二、拆卸部件

通过拆卸可对部件进行全面了解，拆卸工作应按以下方法和规则进行：

1）拆卸前应先分析、确定拆卸顺序，然后按顺序将零件逐个拆下。对于过盈配合的零件，如不影响对零件结构形状的了解和测量，也可不拆。图9-2所示固定套与轴承盖上油孔的配合关系为H9/s8，是过盈配合，固定套可不必拆下，只需将上轴衬取下，即可测量固定套的尺寸。

2）拆下的零件，特别是零件多的部件，应编以号签，妥善保管。对小零件（如螺钉、键、销等），要防止丢失；对重要零件和零件上的重要表面，要防止碰伤、变形、生锈，以免影响精度。

3）对零件较多的部件，为便于在拆卸后重装，往往要用示意画法画出装配示意图，用以表明零件间的相对位置和装配关系。它是用规定符号和简单的线条绘制的图样，是一种表意性的图示方法。现以滑动轴承为例，说明示意图的画法（图9-16）。对一般零件，可按零件外形和结构特点用图线形象地画出零件的大致轮廓；绘图时可从主要零件着手，按装配顺序逐个画出。对零件的前后层次，可把它们当作透明体，不加回避地径直画出；画示意图时，应尽可能地把所有零件都集中在一个视图上表达出来，实在表达不清楚时才画第二个图；示意图要对各零件进行编号或写出零件名称，并应与所拆卸零件的号签相同；对传动部分中的一些零件、部件，可按国家标准（GB/T 4460—2013）《机械制图　机构运动简图用图形符号》绘制。

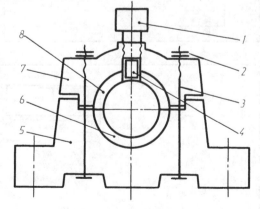

图 9-16　滑动轴承装配示意图

1—油杯　2—螺母　3—螺栓　4—轴衬固定套
5—轴承座　6—下轴衬　7—轴承盖　8—上轴衬

三、画零件草图

零件草图是画装配图和零件工作图的依据。因此,在拆卸工作结束后,要对零件进行测绘,画出零件草图。图 9-17 为滑动轴承的零件草图。

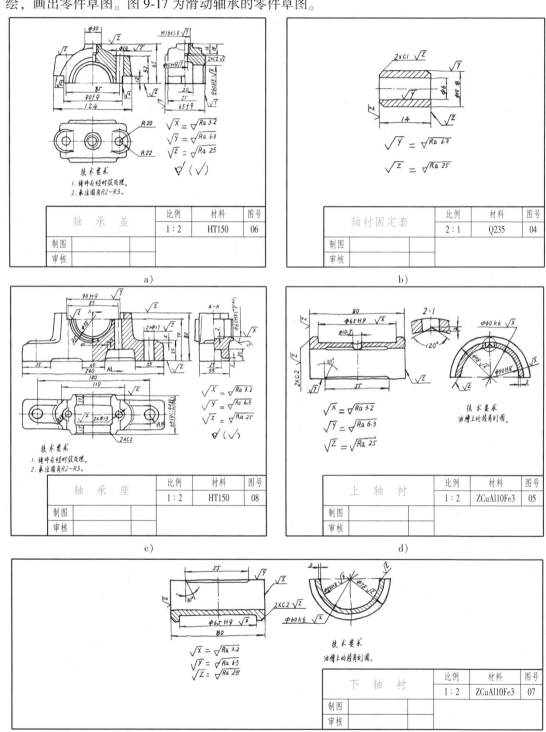

图 9-17　滑动轴承的零件草图

画零件草图时，应注意以下几点：

1）标准件可不画草图，但要测出其主要尺寸（如螺纹的大径 d、螺距 P；键长 L、键宽 b 等）；然后查找有关标准，确定其标记代号，列出明细栏予以详细记录。如图9-16中的油杯1、螺母2等。

2）零件的配合尺寸，应正确判定其配合状况（可参阅有关资料），并成对地在两个零件草图上同时进行标注。如轴承盖油孔 $\phi10H9$，固定套 $\phi10s8$。

3）相互关联的零件，应考虑其联系尺寸。如轴承座、轴承盖上螺栓孔的中心距、座与盖的宽度等。

4）测绘完毕后，要对相互关联的零件进行仔细审查校对。

四、画装配图和零件工作图

根据零件草图和装配示意图绘制装配图。在画装配图时，如发现零件草图中有差错，要及时予以纠正。装配图一定要按尺寸准确画出。最后再根据装配图和零件草图绘制零件工作图。

第七节　装配图的画法

画装配图之前，应对所画部件的功用、工作原理、结构特点、零件之间的装配连接关系有一个充分的了解。

下面以图9-1所示的滑动轴承为例，介绍绘制装配图的方法和步骤。

一、选择表达方案

1. 主视图的选择

一般按部件的工作位置选择，并使主视图能够尽量反映部件的工作原理、传动关系、装配连接关系及零件间的相对位置。主视图通常取剖视，以表达零件的主要装配干线（工作系统、传动线路）。

图9-2是滑动轴承的装配图，它的主视图符合该部件的工作位置；以正面作为主视图的投射方向，能够较多地反映主体零件轴承座、轴承盖的形状结构特征；主视图采用了半剖视，则将所有零件之间的装配连接关系表达得比较清楚。

2. 其他视图的选择

其他视图的选择应能补充主视图尚未表达或表达不够充分的部分。所选视图要重点突出，避免不必要的重复。图9-2中所选择的俯视图，能够表达多个零件的外形。采用拆卸画法则重点表示轴衬的结构特点，以及轴衬与轴承座、轴承盖的装配关系。同时，俯视图也把轴承座上的两个安装孔表示出来了。

如果装配图是供装配、调试、安装、维修所用，只画主、俯两个视图就可以了。若在装配图上拆画零件图，则只给这两个视图就显得不够充分。因此，又增加了一个半剖的左视图，以清晰地表示出轴衬与轴承座、轴承盖之间的配合关系，同时也将座、盖的形状表示得更加完整。

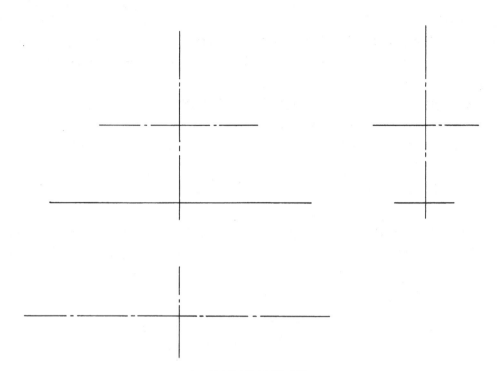

a) 画各视图的主要基准线

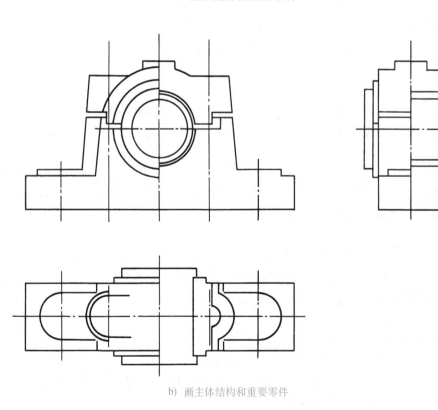

b) 画主体结构和重要零件

图 9-18 滑动

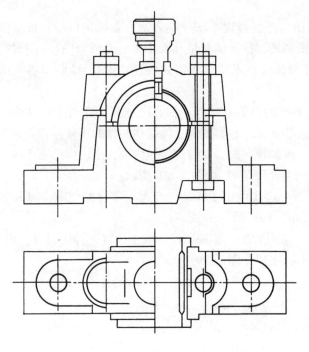

c) 画其他次要零件

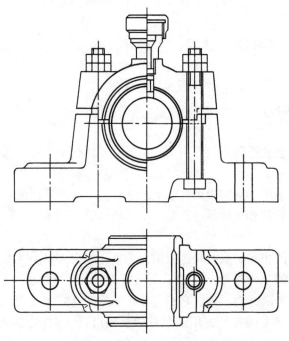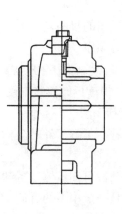

d) 画细小结构

轴承画图步骤

二、画图步骤

（1）确定绘图比例、图纸幅面，进行合理布图　在表达方案确定以后，根据部件的总体尺寸确定绘图比例和标准的图纸幅面，按视图数量和大小进行合理布图（布图时应考虑标题栏、明细栏、零件编号、标注尺寸和注写技术要求所需的位置），然后绘制出各视图的主要基准线，如图 9-18a 所示。

（2）绘制部件的主体结构　不同的机器或部件，都有决定其特性的主体结构。首先应先画出它们的轮廓，再相继画出一些支承、包容或与主体结构相接的重要零件。画图时，由主视图开始，几个视图配合进行。画剖视图时，以装配干线为准，由内向外逐个画出各个零件的投影（也可由外向内，根据画图方便而定），如图 9-18b 所示。

（3）画出其他次要零件和细节　逐步画出主体结构与重要零件的细节，以及各种连接件，如键、销、螺钉等，如图 9-18c、d 所示。

（4）按顺序完成全图　检查、修正底稿，加深图线，画剖面线，标注尺寸，编写序号，画标题栏、明细栏，注写技术要求，完成全图（图 9-2）。

第八节　看 装 配 图

在生产工作中，经常要看装配图。例如：在设计过程中，要按照装配图来设计零件；在装配机器时，要按照装配图来安装零件或部件；在技术交流时，则需要参阅装配图来了解具体结构等。

看装配图的目的是搞清该机器（或部件）的性能、工作原理、装配关系、各零件的主要结构及装拆顺序。

一、看装配图的方法和步骤

例 1　识读拆卸器装配图（图 9-19）。

1. 概括了解

由标题栏了解部件的名称、用途及绘图比例；由明细栏了解零件数量，估计部件的复杂程度。

从标题栏可知该体是拆卸器，是用来拆卸紧固在轴上的零件的。从绘图比例和图中的尺寸看，这是一个小型的拆卸工具。它共有 8 种零件，是一个很简单的装配体。

2. 分析视图

了解各视图、剖视图、断面图的相互关系及表达意图，为下一步深入看图做准备。

主视图主要表达了整个拆卸器的结构外形，并做了全剖视，但压紧螺杆 1、把手 2、抓子 7 等紧固件或实心零件按规定均未剖，为了表达它们与其相邻零件的装配关系，又做了三个局部剖。而轴与套本不是该装配体上的零件，用细双点画线画出其轮廓（假想画法），以体现其拆卸功能。为了节省图纸幅面，较长的把手采用了折断画法。

俯视图采用了拆卸画法（拆去了把手 2、沉头螺钉 3 和挡圈 4），并取了一个局部剖视，以表示销轴 6 与横梁 5 的配合情况，以及抓子 7 与销轴 6 和横梁 5 的装配情况。同时，也将主要零件的结构形状表达得很清楚。

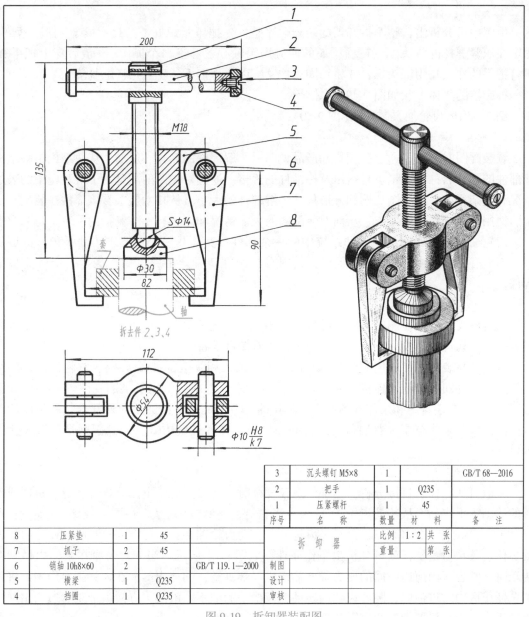

3	沉头螺钉 M5×8	1		GB/T 68—2016
2	把手	1	Q235	
1	压紧螺杆	1	45	
序号	名　称	数量	材　料	备　注

8	压紧垫	1	45	
7	抓子	2	45	
6	销轴 10h8×60	2	GB/T 119.1—2000
5	横梁	1	Q235
4	挡圈	1	Q235

拆卸器　比例 1:2 共 张　重量 第 张　制图　设计　审核

图 9-19　拆卸器装配图

3. 分析工作原理和传动路线

分析时，应从机器或部件的传动入手。该拆卸器的运动应由把手开始分析，当沿顺时针方向转动把手时，其使压紧螺杆转动。由于螺纹的作用，横梁即同时沿螺杆上升，通过横梁两端的销轴带着两个抓子上升，被抓子勾住的零件也一起上升，直到从轴上拆下。

4. 分析尺寸和技术要求

尺寸 82 是规格尺寸，表示此拆卸器能拆卸零件的最大外径不大于 82mm。尺寸 112、200、135、$\phi54$ 是外形尺寸。尺寸 $\phi10H8/k7$ 是销轴与横梁孔的配合尺寸，是基孔制过渡配合。

5. 分析装拆顺序

由图中可分析出,整个拆卸器的装配顺序是:先把压紧螺杆1拧过横梁5,把压紧垫8固定在压紧螺杆的球头上,在横梁5的两旁用销轴6各穿上一个抓子7,最后穿上把手2,再将把手的穿入端用沉头螺钉3将挡圈4拧紧,以防止把手从压紧螺杆上脱落。

拆卸器的立体形状如图9-19右图所示。

例2 识读齿轮油泵装配图(图9-20)。

1. 概括了解

看装配图时,首先通过标题栏和产品说明书了解部件的名称、用途。从明细栏了解组成该部件的零件名称、数量、材料以及标准件的规格。通过对视图的浏览,了解装配图的表达情况和复杂程度。从绘图比例和外形尺寸了解部件的大小。从技术要求看该部件在装配、试验、使用时有哪些具体要求,从而对装配图的大体情况和内容有一个概括的了解。

齿轮油泵是机器润滑、供油系统中的一个部件;其体积较小,要求传动平稳,保证供油,不能有渗漏;由17种零件组成,其中有标准件7种。由此可知,这是一个较简单的部件。

2. 分析视图

了解各视图、剖视图、断面图的数量,各自的表达意图和它们相互之间的关系,明确视图名称、剖切位置、投射方向,为下一步深入看图做准备。

齿轮油泵装配图共选用两个基本视图。主视图采用了全剖视图 $A—A$,它将该部件的结构特点和零件间的装配、连接关系大部分表达出来。左视图采用了半剖视图 $B—B$(拆卸画法),它是沿左端盖1和泵体6的结合面剖切的,清楚地反映出油泵的外部形状和齿轮的啮合情况,以及泵体与左、右端盖的连接和油泵与机体的装配方式。局部剖则是用来表达进油口。

3. 分析传动路线和工作原理

一般可从图样上直接分析,当部件比较复杂时,需参考说明书。分析时,应从机器或部件的传动入手。动力从传动齿轮11输入,当它沿逆时针方向(从左视图上观察)转动时,通过键14,带动传动齿轮轴3,再经过齿轮啮合带动齿轮轴2,从而使后者做顺时针方向的转动。传动关系清楚了,就可分析出工作原理,如图9-21所示。当一对齿轮在泵体内做啮合传动时,啮合区内前边空间的压力降低而产生局部真空,油池内的油在大气压力作用下进入油泵低压区内的进油口,随着齿轮的转动,齿槽中的油不断沿箭头方向被带至后边的出油口把油压出,送至机器中需要润滑的部位。

凡是泵、阀类部件都要考虑防漏问题。为此,该泵在泵体与端盖的结合处加入了垫片5,并在传动齿轮轴3的伸出端用密封圈8、轴套9、压紧螺母10加以密封。

4. 分析装配关系

分析清楚零件之间的配合关系、连接方式和接触情况,能够进一步了解为保证实现部件的功能所采取的相应措施,以更加深入地了解部件。

如连接方式,从图中可以看出,它是采用以4个圆柱销定位、12个螺钉紧固的方法将两个端盖与泵体牢靠地连接在一起。

如配合关系,传动齿轮11和传动齿轮轴3的配合为 $\phi14H7/k6$,属于基孔制过渡配合。这种轴、孔两零件间较紧密的配合,有利于和键一起将两零件连成一体传递动力。

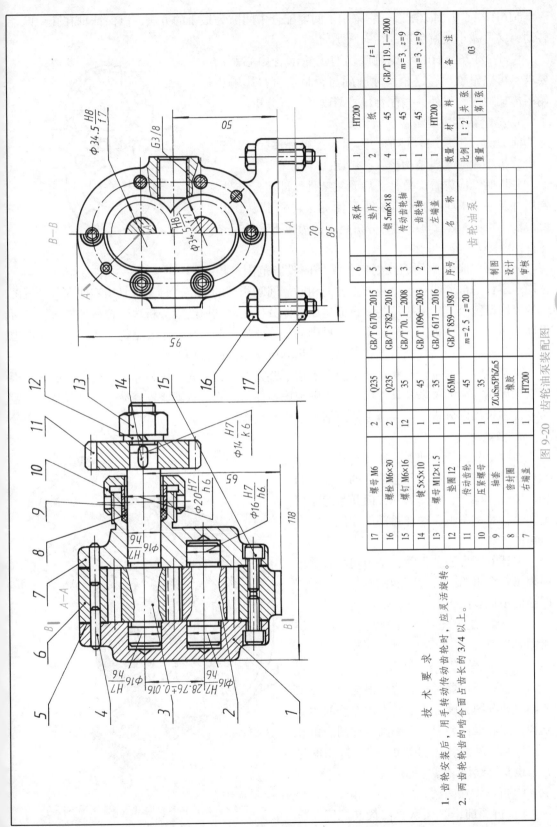

6	泵体	1	HT200	
5	垫片	2	纸	
4	销 5m6×18	4	45	GB/T 119.1—2000
3	传动齿轮轴	1	45	m=3，z=9
2	齿轮轴	1	45	m=3，z=9
1	左端盖	1	HT200	
序号	名 称	数量	材 料	备 注

齿轮油泵			比例	1：2	共 材 料 第 1 张
			重量		03

制图			
设计			
审核			

17	螺母 M6	2	Q235	GB/T 6170—2015
16	螺栓 M6×30	2	Q235	GB/T 5782—2016
15	螺钉 M6×16	12	35	GB/T 70.1—2008
14	键 5×5×10	1	45	GB/T 1096—2003
13	螺母 M12×1.5	1	35	GB/T 6171—2016
12	垫圈 12	1	65Mn	GB/T 859—1987
11	传动齿轮	1	45	m=2.5，z=20
10	压紧螺母	1	35	
9	轴套	1	ZCuSn5PbZn5	
8	密封圈	1	橡胶	
7	右端盖	1	HT200	

技 术 要 求

1. 齿轮安装后，用手转动传动齿轮时，应灵活转。
2. 两齿轮轮齿的啮合面占齿长的 3/4 以上。

图 9-20 齿轮油泵装配图

AR

φ16H7/h6 为间隙配合，它采用了间隙配合中间隙为最小的方法，以保证轴在孔中既能转动，又可减小或避免轴的径向圆跳动。

尺寸 28.76±0.016，则反映出对齿轮啮合中心距的要求。可以想象出，这个尺寸准确与否将会直接影响齿轮的传动情况。另外一些配合代号请读者自行分析。

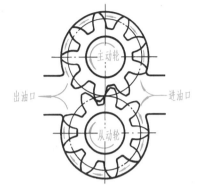

图 9-21　油泵工作原理示意图

5. 分析零件主要结构形状和用途

前面的分析是综合性的，为深入了解部件，还应进一步分析零件的主要结构形状和用途。

分析时，应先看简单件，后看复杂件。即将标准件、常用件及一看即明的简单零件看懂后，再将其从图中"剥离"出去，然后集中精力分析剩下的为数不多的复杂零件。

分析时，应依据剖面线划定各零件的投影范围。根据同一零件的剖面线在各个视图上方向相同、间隔相等的规定，首先将复杂零件在各个视图上的投影范围及其轮廓搞清楚，进而运用形体分析法并辅以线面分析法进行仔细推敲，还可借助丁字尺、三角板、分规等帮助找投影关系。此外，分析零件主要结构形状时，还应考虑零件为什么要采用这种结构形状，以进一步分析该零件的作用。

当某些零件的结构形状在装配图上表达不够完整时，可先分析相邻零件的结构形状，根据它和周围零件的关系及其作用，再来确定该零件的结构形状就比较容易了。但有时还需参考零件图来加以分析，以弄清零件的细小结构及其作用。

6. 归纳总结

在以上分析的基础上，还要对技术要求和全部尺寸进行分析，并把部件的性能、结构、装配、操作、维修等几方面联系起来研究，进行总结归纳，这样对部件才能有一个全面的了解。

上述看图方法和步骤，是为初学者看图时理出一个思路，彼此不能截然分开。看图时还应根据装配图的具体情况而加以选用。

图 9-22 是齿轮油泵的轴测装配图，供看图时参考。

二、由装配图拆画零件图

在设计新机器时，通常是根据使用要求先画出装配图，确定实现其工作性能的主要结构，然后根据装配图再来画零件图。由装配图拆画零件图，简称"拆图"。拆图的过程，也是继续设计零件的过程。

1. 拆画零件图的要求

1）拆图前，必须认真阅读装配图，全

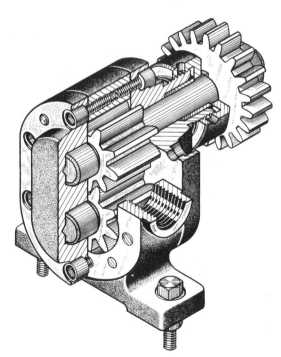

图 9-22　齿轮油泵的轴测装配图

面深入了解设计意图，分析清楚装配关系、技术要求和各个零件的主要结构。

2）画图时，要从设计方面考虑零件的作用和要求，从工艺方面考虑零件的制造和装配，使所画的零件图既符合设计要求又符合生产要求。

2. 拆画零件图应注意的几个问题

（1）完善零件结构　由于装配图主要是表达装配关系，对某些零件的结构形状往往表达得不够完整，在拆图时，应根据零件的功用加以补充、完善。

（2）重新选择表达方案　装配图的视图选择是从表达装配关系和整个部件情况考虑的，因此在选择零件的表达方案时不能简单照搬，应根据零件的结构形状，按照零件图的视图选择原则重新考虑。当然，许多零件，尤其是箱体类零件的主视图方位与装配图还是一致的。对于轴套类零件，一般仍按加工位置(轴线水平放置)选取主视图。

（3）补全工艺结构　在装配图上，零件的细小工艺结构，如倒角、倒圆、退刀槽等往往被省略。拆图时，这些结构必须补全，并加以标准化。

（4）补齐所缺尺寸，协调相关尺寸　由于装配图上的尺寸很少，拆图时必须补全。装配图上已注出的尺寸，应在相关零件图上直接注出；未注的尺寸，则由装配图上量取并按比例算出，数值可做适当圆整。装配图上尚未体现的，则需自行确定。

相邻零件接触面的有关尺寸和连接件的有关定位尺寸必须一致，拆图时应一并将它们注在相关零件图上；对于配合尺寸和重要的相对位置尺寸，应注出偏差数值。

（5）注写技术要求　表面粗糙度应根据零件表面的作用和要求确定。接触面与配合面的表面粗糙度参数值要小些，自由表面的表面粗糙度参数值要大些。但有密封、耐腐蚀、美观等要求的表面粗糙度参数值要小些。

技术要求将直接影响零件的加工质量。但正确制定技术要求，涉及许多专业知识，初学者可参照同类产品的相应零件图用类比法确定。

3. 拆画零件图举例

下面以拆画图9-20齿轮油泵装配图中的右端盖为例，介绍拆图的方法和步骤。

（1）确定零件的结构形状　根据零件序号7和剖面符号看出，右端盖的投影轮廓分明，左连接板、中支承板、右空心凸缘的结构也比较清楚，但连接板、支承板的端面形状不明确，而左视图上又没有直接表达，需仔细分析确定。

从主视图上看，左、右端盖的销孔、螺孔均与泵体贯通；从左视图上看，销孔、螺孔的分布情况很清楚；而两个端盖上的连接板、支承板的内部结构和它们所起的作用又基本相同，据此，可确定右端盖的端面形状与左端盖的端面形状基本相同。

（2）选择表达方案　经过分析、比较确定，主视图的投射方向应与装配图一致。它既符合该零件的安装位置、工作位置和加工位置，又突出了零件的结构形状特征。主视图也采用全剖视，既可将三个组成部分的外部结构及其相对位置反映出来，又可将其内部结构，如阶梯孔、销孔、沉孔等表达得很清楚。那么，该件的端面形状怎样表达呢？总的来看，选左视图或右视图均可。如选右视图，其优点是避免了细虚线，但视图位置发生了变化，不便与装配图对照；若选左视图，长圆形支承板的投影轮廓虽为细虚线，但可省略几个没必要画出的圆，使图形更显清晰，制图更为简便，也便于和装配图对照，故确定选用左视图。

（3）尺寸标注　除了标注装配图上已给出的尺寸和可直接从装配图上量取的一般尺寸外，又确定了几个特殊尺寸。

257

1）根据 M6 查附表 17 确定内六角圆柱头螺钉用的沉孔尺寸，即 6×φ6.6 和沉孔 φ11 深 6.8；根据附表 1 确定细牙普通螺纹 M27×1.5 的尺寸。

2）查附表 14，根据螺纹大径 d（M27）查出 d_g（$d-4.4$），确定退刀槽的直径尺寸为 φ22.6。

3）为了保证圆柱销定位的准确性，确定销孔应与泵体同钻铰。

4）确定沉孔、销孔的定位尺寸 $R22$ 和 $45°$，该尺寸则必须与左端盖和泵体上的相关尺寸协调一致。

（4）确定表面粗糙度　有钻铰的孔和有相对运动的孔的表面结构要求都较高，故给出的 Ra 为 1.6μm；其他表面的表面粗糙度则是按常规给出的。

其他技术要求，参考有关同类产品的资料进行注写，并根据装配图上给出的公差带代号查出相应的公差值。

图 9-23 示出了右端盖的零件图。

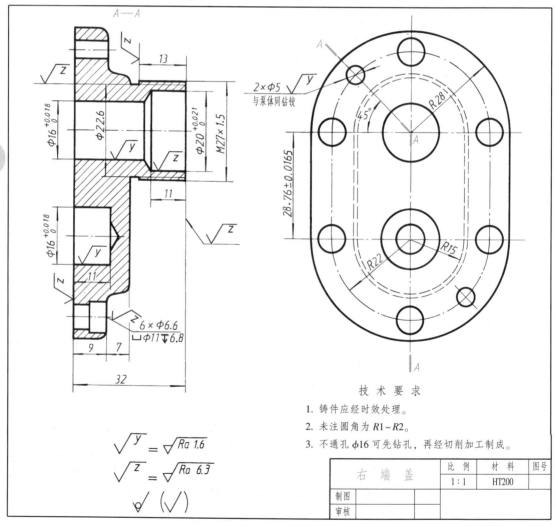

图 9-23　右端盖的零件图

例 3　识读截止阀装配图(图 9-24)。

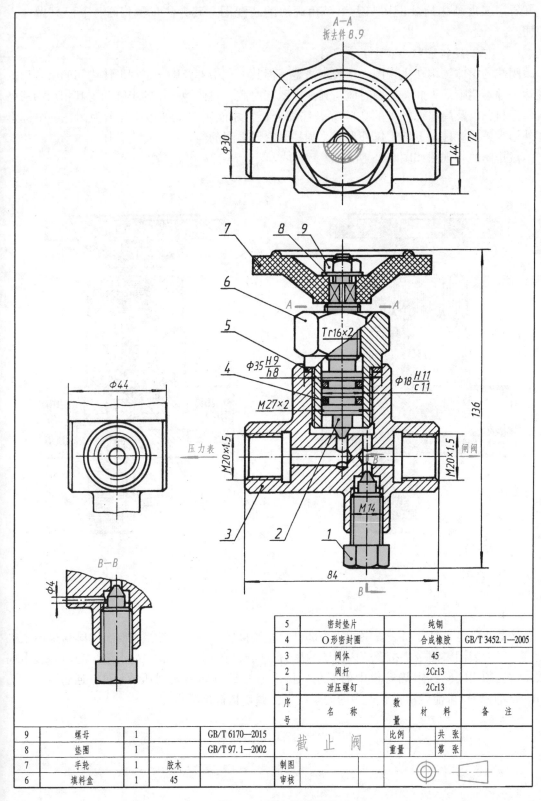

5	密封垫片		纯铜	
4	O形密封圈		合成橡胶	GB/T 3452.1—2005
3	阀体		45	
2	阀杆		2Cr13	
1	泄压螺钉		2Cr13	
序号	名 称	数量	材 料	备 注

9	螺母	1		GB/T 6170—2015	截 止 阀	比例		共 张
8	垫圈	1		GB/T 97.1—2002		重量		第 张
7	手轮	1	胶木		制图			
6	填料盒	1	45		审核			

图 9-24　截止阀装配图

看第三角画法的装配图与看第一角画法的装配图，其方法步骤相同。下面只做两点说明。

1. 阀体的结构形状

阀体的主体结构在主视图中已表示清楚，但其上、中部及中、下部形体之间的组合形式表达得并不明晰。为此，看图时应与其他视图相对照，对俯视图中的半圆和与其相切的三条线、□44，以及局部视图中的 φ44 等做仔细分析，才能确定上部形体外形为圆柱、中部形体外形为正四棱柱、下部形体外形为小圆柱，它们之间的组合形式均为叠加。

截止阀的直观图如图 9-25 所示。

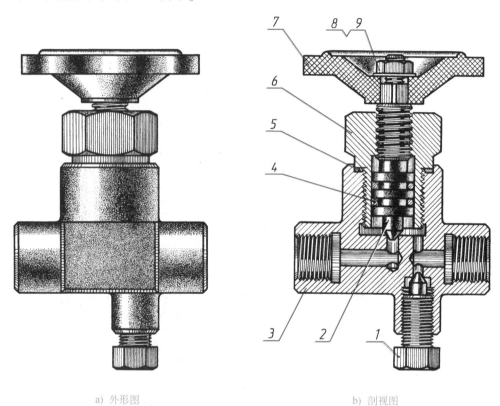

a) 外形图　　　　　　　　　　　　　　b) 剖视图

图 9-25　截止阀的直观图

2. 截止阀的功用

该截止阀是采油井口装置中的一个部件。左端接压力表，右端接闸阀，闸阀与采油主机相接。压力表用来测量主机套管内泥浆的压力，闸阀可通、断套管中的泥浆。当压力表出现故障时，须用闸阀先阻隔管道中的泥浆，再沿逆时针方向旋转泄压螺钉 1，通过 φ4 小孔（B—B 剖视图）排泄残留在管道中的泥浆压力，调整指针到零点。

第十章 计算机绘图

AutoCAD 是由美国 Autodesk 公司开发的计算机辅助设计软件，是 20 世纪 80 年代以来最引人注目的开放型人机对话交互式软件包，也是目前世界上应用最广的 CAD 软件之一。随着软件功能的不断完善，AutoCAD 已由原来的二维绘图而发展成二维和三维兼备的绘图技术，且可进行网上设计的多功能 CAD 软件系统。它不仅绘图速度快、精度高，而且具有易于修改、管理和交流等特点。目前在机械、建筑、电子、航天、造船、石油化工、轻工、农业、气象等各个领域和科研设计等部门得以广泛应用。

本章将简要介绍 AutoCAD 2014 系统的主要绘图、编辑、图层管理、文本和表格、尺寸标注等基本功能及基础知识。

第一节 AutoCAD 2014 的基本操作

一、启动 AutoCAD 2014

双击桌面上 AutoCAD 2014 中文版快捷图标▄，弹出如图 10-1 所示的 AutoCAD 2014 绘图界面。该绘图界面主要由标题栏、菜单栏、工具栏、文本窗口与命令行、绘图窗口和状态栏等几部分组成。

二、AutoCAD 2014 绘图界面

1. 标题栏

标题栏位于界面顶部的中间位置，用于显示当前正在运行的程序名及文件名等信息，如果是当前新建的图形文件尚未保存，则其名称为 DrawingN. dwg（N 表示数字，N = 1，2，3，…，表示第 N 个默认图形文件）。

2. 菜单浏览器

单击绘图界面左上角的"菜单浏览器"按钮，则会弹出应用程序菜单，用于新建、打开、保存、打印文件的命令。

3. 快速访问工具栏

快速访问工具栏中有多个常用的命令：新建▢、打开▢、保存▢、另存▢、放弃▢、重做▢、打印▢等。

图 10-1　AutoCAD 2014 绘图界面

4. 菜单栏

AutoCAD 2014 中文版的菜单栏由"文件""编辑""视图"等菜单组成，几乎包括了 AutoCAD 中全部的功能和命令。

5. 功能区

功能区由绘图、修改、图层等多个选项卡组成，每个选项卡的面板上包含许多控件(按钮)。

6. 工具栏

AutoCAD 2014 可通过选择菜单命令"工具"→"工作空间"→"工作空间设置"来选择工作空间，如果选择"三维建模"工作空间，则显示出三维操作功能区按钮及工具选项板。

7. 信息中心

在绘图界面的右上方，可通过输入关键字来搜索信息。

8. 绘图窗口

绘图窗口是用户绘图的工作区域，窗口中有十字光标，左下角是坐标系图标，所有的绘图结果都反映在这个窗口中。如果图纸幅面比较大，需要查看未显示部分时，可以单击窗口右边与下边滚动条上的箭头，或拖动滚动条上的滑块来移动图纸。

9. 命令窗口

命令窗口位于绘图窗口的下方，用于接受用户输入的命令，并显示 AutoCAD 提示的信息。

10. 状态栏

状态栏位于绘图界面的最底部，用来显示 AutoCAD 当前的状态，如当前的坐标、命令和功能按钮的帮助说明等。

三、AutoCAD 2014 文件管理

在 AutoCAD 2014 中，图形文件管理包括创建新的图形文件、打开已有的图形文件、关闭图形文件和保存图形文件等操作。

1. 创建新的图形文件

单击快速访问工具栏中的"新建"按钮，或者单击"菜单浏览器"按钮，在弹出的下拉菜单中单击"新建"→"图形"命令，即可新建一个空白图形文件，文件名称为 DrawingN. dwg(N 为系统根据文件创建的顺序给出的编号)。

2. 打开已有的图形文件

在快速访问工具栏中，单击"打开"按钮，或者通过菜单栏中的"文件"→"打开"命令，在对话框的列表中选择要打开的文件，然后单击"打开"按钮，即可打开选中的图形文件。

3. 保存图形文件

在快速访问工具栏中，单击"保存"按钮，或者通过菜单栏中的"文件"→"保存"命令，保存当前正在编辑的图形文件，如果当前图形尚未命名，则可输入该文件的名称，并选择保存路径和文件类型。

四、AutoCAD 2014 绘图设置

在实际绘图时，首先要设置基本的绘图环境，如设置绘图单位和精度、图形界限、线型、线宽、颜色等，以便顺利地完成绘图。

1. 设置绘图单位和精度

通过菜单栏中的"格式"→"单位"，打开"图形单位"对话框，如图 10-2 所示。

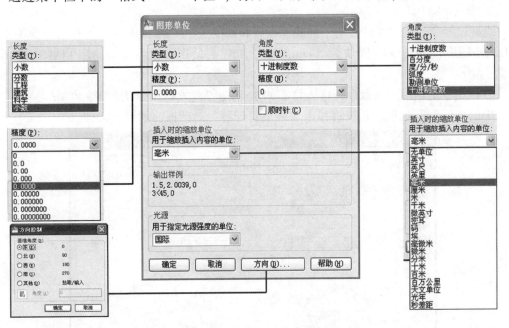

图 10-2 "图形单位"对话框

各项说明如下：

1) 在"长度"项目下，类型选择"小数"，精度选择 0.0000。

2）在"角度"项目下，类型选择"十进制度数"，精度选择 0。系统默认逆时针方向为正角度方向。

3）在"插入时的缩放单位"项目下选择"毫米"，如果命令行里输入直线的尺寸为 1，则表明直线长度为 1 毫米。

4）单击"方向"按钮，打开"方向控制"对话框，可以选择基准角度的起点方向，系统默认的基准角度是"东"。

2. 设置图形界限（LIMITS）

图形界限是一个矩形绘图区域，它标明用户的工作区域和图纸边界，设置图形界限可以避免绘制的图形超出图纸边界。

执行菜单栏中的"格式"→"图形界限"命令，在命令行分别输入绘图区域矩形左下角和右上角的坐标，即可设定图形界限。

在命令行执行 LIMITS✓，命令行提示"指定左下角点或[开(ON)/关(OFF)]<0.0000，0.0000>:"，回车接受默认值。命令行提示"指定右上角点 <420.0000，297.0000>:"，输入新的坐标值是"297，210✓"，则图形界限是横装 A4 号图纸幅面尺寸，长 297mm，宽 210mm。

在状态栏中单击"栅格"按钮，启用该功能，视图中显示出栅格点矩阵，栅格点的范围就是图形的界限。

命令行中的提示信息[开(ON)/关(OFF)]，如果在其后输入"ON"，则打开界限检查，此时系统将检测输入点，拒绝输入图形界限外部的点，因此也无法在界限外创建图形。输入"OFF"，则关闭界限检查，系统不对输入点进行检测。

3. 设置线型（LINETYPE）

线型设置命令 LINETYPE 用于加载、设置和修改线型，AutoCAD 2014 有三种默认线型：ByLayer（随层）、ByBlock（随块）、Continuous，如需要使用其他线型必须用 LINETYPE 命令加载。

（1）命令的调用　在命令行输入"LINETYPE✓"，或在命令状态下，单击菜单栏"格式"中的"线型"选项，系统将弹出"线型管理器"对话框，如图 10-3 所示。

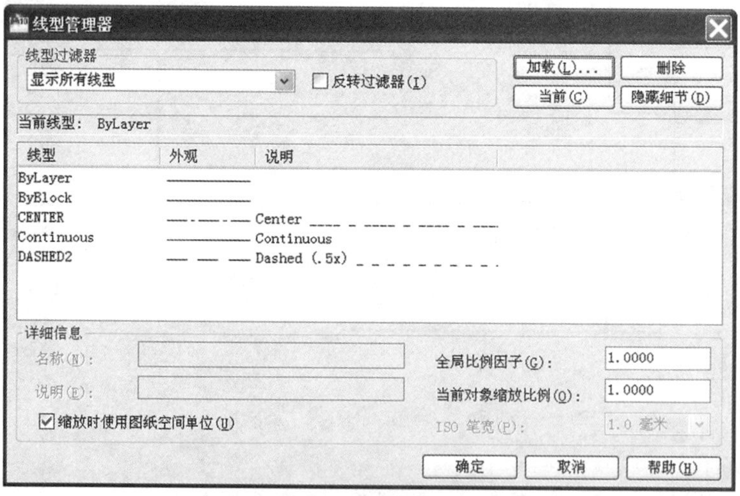

图 10-3　"线型管理器"对话框

（2）命令的说明

1）ByLayer（随层）：表示该图形对象的线型将取其所属图层的线型。

2）ByBlock（随块）：表示该图形对象的线型将取其所属块插入到图层中时的线型。

通过全局更改或分别更改每个对象的线型比例因子，可以以不同的比例使用同一种线型。默认情况下，全局线型和独立线型的比例均设置为 1.0。比例越小，每个绘图单位中生成的重复图案数越多。例如，设置为 0.5 时，每个图形单位在线型定义中显示两个重复图案。由于不能显示一个完整线型图案的短直线段将显示为连续线段，因此对于太短，甚至不能显示一条虚线的直线，可以使用更小的线型比例。

4. 设置绘图颜色、线宽

在命令状态下，单击菜单栏"格式"中的"颜色"或"线宽"选项，或者使用特性面板，如图 10-4 所示，都可以设置绘图所用的颜色、线宽等，如图 10-5 所示。

图 10-4　特性面板

图 10-5　"线宽设置"对话框

5. 设置视图显示

使用 AutoCAD 2014 绘图时，经常需要放大图形观察细节或者缩小图形以观察全图，或者移动视图到某个位置，都需要用到视图显示控制命令，这些命令只改变图形在屏幕上的位移和大小，并不改变图形的实际尺寸。

（1）平移视图和重生成　在菜单栏选择"视图"→"平移"→"实时"选项，光标变成手形，此时按住鼠标左键即可拖动图形移动。用户也可直接按住鼠标中间滑轮移动视图。

当多次移动图形后可能无法移动时，或需要刷新屏幕显示，清除屏幕上的标识点等，可在命令行状态下输入"REDRAW✓"，从当前窗口重新生成整个图形。

（2）缩放视图　在菜单栏选择"视图"→"缩放"→"窗口"选项，或在命令行执行ZOOM✓，命令行提示"指定窗口的角点，输入比例因子（nX 或 nXP），或者［全部(A)/中心(C)/动态(D)/范围(E)/上一个(P)/比例(S)/窗口(W)/对象(O)]<实时>:"，用户可输入不同的选项进行缩放操作。

五、AutoCAD 2014 坐标系

AutoCAD 图形中各点的位置都是由坐标系来确定的。在 AutoCAD 2014 中，有两种坐标系：一个称为世界坐标系(WCS)的固定坐标系，另一个称为用户坐标系(UCS)的可移动坐标系。

1. 世界坐标系(WCS)

在 WCS 中，X 轴是水平的，Y 轴是垂直的，Z 轴垂直于 XY 平面，该坐标系存在于任何一个图形中且不可更改。世界坐标系是 AutoCAD 的默认坐标系，显示在绘图窗口的左下角位置，其原点位置有一个方块标记。

2. 用户坐标系(UCS)

有时为了方便绘图，Auto CAD 允许用户根据需要改变坐标系的原点和方向，这时坐标系就变成用户坐标系(UCS)。在菜单栏"工具"→"新建 UCS"中设置，设置完成后，坐标轴原点位置的方块消失，表示用户当前的坐标系为 UCS。

3. 点坐标的输入

1）绝对直角坐标格式："X，Y"（实际输入时不加双引号）。

例：10，20 表示该点相对于原点 X 坐标为 10，Y 坐标为 20。

2）相对直角坐标格式："@ dx，dy"。@ 符号表示该坐标值为相对坐标（实际输入时不加双引号）。

例：@10，-20 表示该点与前一点的距离在 X 轴方向为 10，在 Y 轴方向为 -20。

3）绝对极坐标格式："L<α"。L 表示该点距原点的连线长度，α 表示两点连线与当前坐标系 X 轴所成的角度。系统规定以 X 轴正向为基线，逆时针方向的角度为正值，顺时针方向的角度为负值。

例：10<30 表示该点相对于原点的距离为 10，与 X 轴正向的夹角为 30°。

4）相对极坐标格式："@ L<α"。L 表示该点距前一点的连线长度，α 表示该点与前一点连线与当前坐标系 X 轴所成的角度。

例：@10<45 表示该点相对于前一点的距离为 10，两点连线与 X 轴正向的夹角为 45°。

六、AutoCAD 2014 辅助绘图工具

在用 AutoCAD 绘制图形时，除了可以使用坐标系统来精确设置点的位置，还可以直接使用鼠标在视图中单击确定点的位置。使用鼠标定位虽然方便，但精度不高，因此 AutoCAD 提供了捕捉、对象捕捉、对象追踪、栅格等辅助功能，在不输入坐标的情况下可以快速、精确地绘制图形。这些工具主要集中在状态栏上。

1. 正交绘图

在用 AutoCAD 绘图的过程中，经常需要绘制水平直线和垂直直线，但是用鼠标拾取线段的端点时很难保证两个点严格沿水平或垂直方向，为此，AutoCAD 提供了"正交"功能，当启用正交模式时，画线或移动对象时只能沿水平方向或垂直方向移动光标，因此只能画平行于坐标轴的正交线段。

在状态栏中单击"正交"按钮，启用正交模式。也可用功能键 F8 来回切换。

2. 启用栅格和捕捉

栅格是一些标定位置的小点，遍布于整个图形界限内，用户可以应用显示栅格工具，使绘图区域上出现可见的网格，这个栅格能够捕捉光标，约束它只能落在栅格的某一个节点上，使用户能够高精确度地捕捉和选择这个栅格上的点。

执行菜单栏"工具"→"草图设置"，弹出"捕捉和栅格"设置窗口，如图 10-6 所示。

3. 对象捕捉

在绘图过程中，用户经常要用到一些特殊的点，如圆心、切点、线段或圆弧的端点、中点等，如果仅靠视觉用鼠标拾取，要准确地找到这些点是十分困难的。为此，AutoCAD 提供了一些识别这些点的工具，通过这些工具可轻松地构造出新的几何体，这种功能称之为对象捕捉功能。利用该功能，可以迅速、准确地捕捉到某些特殊点，从而迅速、准确地绘制出

图 10-6 "捕捉和栅格"设置窗口

图形。

AutoCAD 2014 常用的实现对象捕捉的方法：

1）利用工具栏实现对象捕捉。执行菜单栏"工具"→"草图设置"，弹出"对象捕捉"设置窗口，选择"启用对象捕捉"，如图 10-7 所示。

2）利用状态栏实现对象捕捉。用鼠标左键单击状态栏"对象捕捉"按钮，打开对象捕捉；或用鼠标右键单击"对象捕捉"按钮，弹出如图 10-8 所示菜单，选择"启用"。

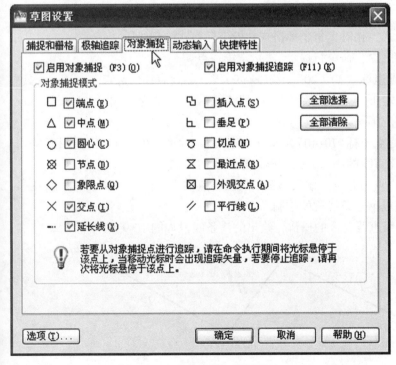

图 10-7 "对象捕捉"设置窗口

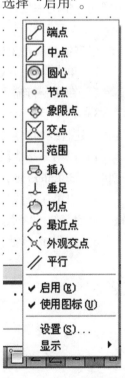

图 10-8 对象捕捉菜单

4. 自动追踪

在 AutoCAD 中，使用自动追踪功能可以快速而准确地定位点，大大提高绘图效率。使用它可绘制与其他对象有特定关系的对象，也可按指定角度绘制对象。自动追踪功能分对象捕捉追踪⍈和极轴追踪⍈两种，在状态栏上可同时启用。

对象捕捉只能捕捉对象上的点，而对象捕捉追踪和极轴追踪还可捕捉对象以外空间上的一个点。具体用法：如果用户事先不知道具体的追踪方向(角度)，但知道与其他对象的某种关系(如相交)，则用对象捕捉追踪；如果事先知道要追踪的方向(角度)，则使用极轴追踪。

第二节　AutoCAD 2014 的基本图形绘制

一、绘制直线(LINE)

直线命令可以绘制一条或多条连续的线段，但每一条线段都是一个独立的图像对象，可以对任何一条线段单独进行编辑操作。

1. 命令的调用

可在功能区选择直线按钮╱或在命令行输入 LINE↙。

2. 命令说明

直线命令只要给出两端点的坐标位置，即可完成一条线段的绘制，下面按点坐标的三种不同输入情况举例说明。

3. 绘图示例

根据绝对直角坐标格式、相对直角坐标格式、极坐标格式绘制线段。

1) 单击绘制直线按钮╭⌒，命令行提示："指定第一点:"。

2) 在命令行输入起点坐标"30, 20"，按〈Enter〉键，创建直线的起点。

3) 命令行提示"指定下一点或[放弃(U)]:"，输入终点坐标"70, 40"，按〈Enter〉键，创建直线的终点，完成第一条线段的绘制。

4) 以第一条线段的终点坐标(70,40)为起点，输入第二条线段终点的相对坐标"@15, -20"，按〈Enter〉键，创建直线的终点，完成第二条线段的绘制。

5) 以第二条线段的终点为起点，输入第三条线段终点的极坐标"@40<30"，按〈Enter〉键，创建直线的终点，完成第三条线段的绘制。

6) 按〈Enter〉键，结束直线命令的操作，绘出的三条线段如图 10-9 所示。

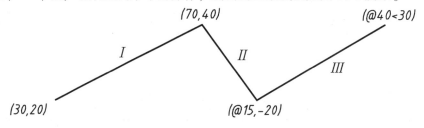

图 10-9　直线的绘制

二、绘制多段线(PLINE)

在 AutoCAD 中，多段线是指一种首尾相连的由直线段和圆弧组合而成的图形对象，可具有不同线宽。它们既可以一起编辑，也可以分开来编辑。

1. 命令的调用

可在功能区选择多段线按钮 ⤵ 或在命令行输入 PLINE↙。

2. 命令说明

(1) 指定起点　当前线宽为 0.0000。

(2) 指定下一个点或[圆弧(A)/半宽(H)/长度(L)/放弃(U)/宽度(W)]　指定点或输入选项，在绘图区的适当位置单击鼠标左键，指定多段线的下一点，从而绘制出一条线段。根据命令的提示，可以继续指定下一点，从而不断地绘制出由多段直线组成的多段线。

典型情况下，相邻多段线线段的交点将倒角。但在圆弧段互不相切、有非常尖锐的角或者使用点画线线型的情况下将不倒角。

(3) 圆弧(A)　在命令提示行输入"A↙"，则多段线的下一段变成绘制圆弧段。命令行将提示：指定圆弧的端点或[角度(A)/圆心(CE)/方向(D)/半宽(H)/直线(L)/半径(R)/第二个点(S)/放弃(U)/宽度(W)]：指定圆弧的端点或指定一个选项。

1) 指定圆弧的端点：通过指定一个圆弧的端点来绘制圆弧线段。该圆弧线段从多段线的上一段的终点开始绘制，并与上一多段线相切。

2) 角度(A)：通过指定从起点开始的圆弧包含的圆心角来绘制圆弧段。输入正值将按逆时针方向创建圆弧段，输入负值将按顺时针方向创建圆弧段。输入"A↙"，命令行将提示：

指定包含角：输入圆弧所对应的圆心角度。

指定圆弧的端点或[圆心(CE)/半径(R)]：指定圆弧的端点，或指定一个选项。

① 指定圆弧的端点：通过指定圆弧的端点来绘制圆弧线段。

② 圆心(CE)：通过指定圆弧的圆心来绘制圆弧线段。

③ 半径(R)：通过指定圆弧的半径来绘制圆弧线段。

3) 圆心(CE)：通过指定圆弧的圆心来绘制圆弧线段。输入"CE↙"，命令行将提示：

指定圆弧的圆心：在适当位置单击鼠标左键，确定圆弧的圆心。

指定圆弧的端点或[角度(A)/长度(L)]：指定圆弧的端点，或指定一个选项。

① 指定圆弧的端点：通过指定圆弧的端点来绘制圆弧线段。

② 角度(A)：通过指定圆弧的圆心角来绘制圆弧线段。

③ 长度(L)：通过指定圆弧的弦长来绘制圆弧线段。如果前一段是圆弧，则绘制的圆弧将与前一个圆弧相切。

4) 方向(D)：通过指定圆弧的起点方向来绘制圆弧线段。输入"D↙"，命令行将提示：

指定圆弧的起点切向：指定圆弧在起点处的切线方向。

指定圆弧的端点：在适当位置单击鼠标左键，确定圆弧的端点。

5) 半宽(H)：指从宽多段线段的中心到其一边的宽度。输入"H↙"，命令行将提示：

指定起点半宽 <0.0000>：输入圆弧起点处线的半宽值，或按 Enter 键使用默认值。

指定端点半宽 <0.0000>：输入圆弧终点处线的半宽值，或按 Enter 键使用默认值。

起点半宽将成为默认的端点半宽。端点半宽在再次修改半宽之前将作为所有后续线段的统一半宽。宽线线段的起点和端点位于宽线的中心。

6）直线(L)：退出圆弧选项，返回到初始的直线绘制命令提示。

7）半径(R)：通过指定圆弧的半径来绘制圆弧线段。输入"R✓"，命令行将提示：

指定圆弧的半径：在适当位置单击鼠标左键，确定圆弧的半径，或输入圆弧的半径值。

指定圆弧的端点或[角度(A)]：指定圆弧的端点，或使用"角度(A)"选项。

8）第二个点(S)：指定三点圆弧的第二点和端点来绘制圆弧线段。输入"S✓"，命令行将提示：

指定圆弧上的第二个点：在适当位置单击鼠标左键，确定圆弧的第二个点。

指定圆弧的端点：在适当位置单击鼠标左键，确定圆弧的端点。

9）放弃(U)：删除最近一次添加到多段线上的圆弧线段。

10）宽度(W)：指定下一圆弧段的宽度值。输入"W✓"，命令行将提示：

指定起点宽度<0.0000>：输入圆弧起点处线的宽度值，或按〈Enter〉键使用默认值。

指定端点宽度<0.0000>：输入圆弧终点处线的宽度值，或按〈Enter〉键使用默认值。

（4）闭合(C)　使一条带圆弧线段的多段线闭合。

（5）半宽(H)　指定多段线段的每一段起点和端点的半宽值。

（6）长度(L)　以前一线段相同的角度，按指定长度绘制直线段。如果前一段为圆弧，将绘制一条直线段与圆弧段相切。

（7）放弃(U)　删除最近一次添加到多段线上的直线段。

（8）宽度(W)　指定多段线段的每一段起点和端点的宽度值。端点宽度在再次修改宽度之前将作为所有后续线段的统一宽度。宽线线段的起点和端点位于宽线的中心。

3. 绘图示例

绘制如图 10-10 所示的多段线，具体步骤如下：

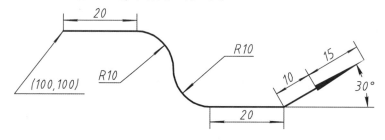

图 10-10　多段线的绘制

指定起点：100，100✓。

当前线宽为 0.0000。

指定下一个点或[圆弧(A)/半宽(H)/长度(L)/放弃(U)/宽度(W)]：@20，0✓。

指定下一点或[圆弧(A)/闭合(C)/半宽(H)/长度(L)/放弃(U)/宽度(W)]：A✓。

指定圆弧的端点或[角度(A)/圆心(CE)/方向(D)/半宽(H)/直线(L)/半径(R)/第二个点(S)/放弃(U)/宽度(W)]：130，90✓。

指定圆弧的端点或[角度(A)/圆心(CE)/方向(D)/半宽(H)/直线(L)/半径(R)/第二个点(S)/放弃(U)/宽度(W)]：140，80✓。

指定圆弧的端点或[角度(A)/圆心(CE)/方向(D)/半宽(H)/直线(L)/半径(R)/第二个点(S)/放弃(U)/宽度(W)]：L↙。

指定下一点或[圆弧(A)/闭合(C)/半宽(H)/长度(L)/放弃(U)/宽度(W)]：@20，0↙。

指定下一点或[圆弧(A)/闭合(C)/半宽(H)/长度(L)/放弃(U)/宽度(W)]：@10<30↙。

指定下一点或[圆弧(A)/闭合(C)/半宽(H)/长度(L)/放弃(U)/宽度(W)]：W↙。

指定起点宽度<0.0000>：1.5↙。

指定端点宽度<0.0000>：0↙。

指定下一点或[圆弧(A)/闭合(C)/半宽(H)/长度(L)/放弃(U)/宽度(W)]：@15<30↙。

指定下一点或[圆弧(A)/闭合(C)/半宽(H)/长度(L)/放弃(U)/宽度(W)]：↙，结束多段线的绘制，即可完成图10-10的图形绘制。

三、绘制圆(CIRCLE)

AutoCAD中提供了多种绘制圆的方式。

1. 命令的调用

可在功能区选择画圆命令按钮⊙或在命令行输入CIRCLE↙。

2. 命令的说明

画圆有以下五种方式：通过画圆命令按钮的下拉菜单分别得以实现。

1) 给定圆心和半径(或直径)画圆(图10-11a)。

2) 给定圆直径上的两个端点画圆(图10-11b)。

3) 给定圆周上三个点画圆(图10-11c)。

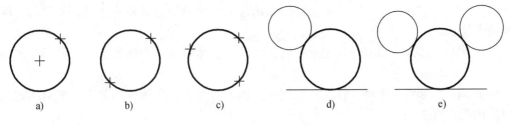

图10-11　画圆的五种方式

4) 用指定半径画与两个对象相切的圆(图10-11d)。

5) 画与三个对象相切的圆(图10-11e)。

3. 绘图示例

在正三角形内分别用"相切、相切、半径"和"相切、相切、相切"的方法绘制两个圆，如图10-12所示。

1) 单击"相切、相切、半径"按钮⊙，将十字光标移至三角形的边上，分别单击三角形的AC边和AB边，命令行提示"指定圆的半径："，如输入"4↙"，即可创建一个半径为4且相切于AC和AB边的小圆。

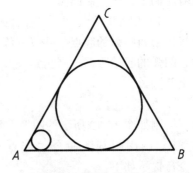

图10-12　圆的绘图示例

2) 单击"相切、相切、相切"按钮⊘，将十字光标移至三角形的边上，显示出切点的捕捉标记，分别捕捉并单击三条边上的切点，创建一个与三角形三条边都相切的大圆。

四、绘制圆弧(ARC)

AutoCAD 2014 中提供了多种绘制圆弧的方法。

1. 命令的调用

可在功能区选择画圆弧命令按钮◠或在命令行输入 ARC↙。

2. 命令的说明

要绘制圆弧，可以指定圆心、端点、起点、半径、角度、弦长和方向值的各种组合形式。

(1) 三点 通过指定三点绘制圆弧是最常用的一种方法，指定的第一个点为圆弧的起点，第二个点为圆弧上任意一点，第三个点为圆弧的终点。

(2) 起点、圆心、端点 首先指定圆弧的起点，然后指定圆心，最后指定圆弧的终点来绘制圆弧。

(3) 起点、圆心、角度 首先指定圆弧的起点，然后指定圆心，最后指定圆弧所对应的圆心角度来绘制圆弧。正的角度按逆时针方向画圆弧，负的角度按顺时针方向画圆弧。

(4) 起点、圆心、长度 首先指定圆弧的起点，然后指定圆心，最后指定圆弧所对应的弦长来绘制圆弧。该方法都是按逆时针方向画圆弧，只是正的弦长画的是小于 180°的圆弧，负的弦长画的是大于 180°的圆弧。

(5) 起点、端点、角度 首先指定圆弧的起点，然后指定圆弧的终点，最后指定圆弧所对应的圆心角度来绘制圆弧。

(6) 起点、端点、方向 首先指定圆弧的起点，然后指定圆弧的终点，最后指定圆弧起点的切向方向来绘制圆弧。

(7) 起点、端点、半径 首先指定圆弧的起点，然后指定圆弧的终点，最后指定圆弧的半径来绘制圆弧。

(8) 圆心、起点、端点 首先指定圆弧的圆心，然后指定圆弧的起点，最后指定圆弧的终点来绘制圆弧。

(9) 圆心、起点、角度 首先指定圆弧的圆心，然后指定圆弧的起点，最后指定圆弧所对应的圆心角度来绘制圆弧。

(10) 圆心、起点、长度 首先指定圆弧的圆心，然后指定圆弧的起点，最后指定圆弧所对应的弦长来绘制圆弧。

(11) 继续 最近一次画出的直线或圆弧的终点将作为新圆弧的起点，并以其终点的切线方向作为新圆弧的起始方向，当指定圆弧的终点后，即可画出新圆弧。

3. 绘图示例

绘制如图 10-13 所示的图形，具体步骤如下：

1) 调用画圆弧命令"起点、圆心、角度"，命令行提示如下：

_ arc 指定圆弧的起点或[圆心(C)]：指定圆

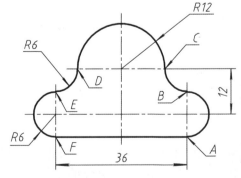

图 10-13 圆弧绘图示例

弧的起点 A，单击鼠标左键。

指定圆弧的第二个点或[圆心(C)/端点(E)]：_ c 指定圆弧的圆心：@0，6↙。

指定圆弧的端点或[角度(A)/弦长(L)]：_ a 指定包含角：180↙，画出圆弧 AB。

2）调用画圆弧命令"继续"，命令行提示如下：

指定圆弧的端点：@-6，6↙。

指定圆弧的另一端点(C 点)，画出圆弧 BC。

3）调用画圆弧命令"起点、圆心、角度"，命令行提示如下：

_ arc 指定圆弧的起点或[圆心(C)]：指定圆弧起点 C。

指定圆弧的端点或[角度(A)/弦长(L)]：_ a 指定包含角：180↙，画出圆弧 CD。

4）调用画圆弧命令"继续"，命令行提示如下：

指定圆弧的另一端点(E 点)：@-6，-6↙，画出圆弧 DE。

5）调用画圆弧命令"起点、圆心、长度"，命令行提示如下：

_ arc 指定圆弧的起点或[圆心(C)]：指定圆弧起点 E。

指定圆弧的第二个点或[圆心(C)/端点(E)]：_ c 指定圆弧的圆心：@0，-6↙。

指定圆弧的端点或[角度(A)/弦长(L)]：_ l 指定弦长：12↙，画出圆弧 EF。

6）调画直线命令 LINE，连接 FA。

五、绘制椭圆(Ellipse)

1. 命令的调用

可在功能区选择画椭圆命令按钮◉或在命令行输入 Ellipse↙。

2. 命令的说明

创建椭圆的按钮有三种，默认情况下只显示"轴、端点"按钮◉，其他按钮隐藏，单击其右侧的下拉按钮，其余两种也会一起显示，分别是"圆心"和"椭圆弧"按钮。

1）单击"轴、端点"按钮◉，命令行提示"指定椭圆的轴端点或[圆弧(A)/中心点(C)]："，在视图中单击指定第一条轴的第一个端点，命令行提示"指定轴的另一个端点："，在视图中单击指定第一条轴的第二个端点。命令行提示"指定另一条半轴长度或[旋转(R)]："，单击确定其长度，创建椭圆完成。

2）单击"圆心"按钮◉，也是通过三点来绘制椭圆。但指定一个点是中心点。

3）单击"椭圆弧"按钮◉，命令行提示跟单击"轴、端点"画椭圆一样，只不过当椭圆创建完成后，命令行提示"指定起始角度或[参数(P)]："和"指定终止角度或[参数(P)/包含角度(I)]："，给定两个角度后，椭圆弧从起点到端点按逆时针方向绘制。

3. 绘图示例

图 10-14 是用上述三种方法绘制的椭圆(弧)。

六、绘制正多边形(Polygon)

1. 命令的调用

可在菜单栏选择"绘图"→"多边形"选项，或者在命令行输入 Polygon↙。

2. 命令的说明

1）输入边的数目：使用 POLYGON 命令可以绘制由 3 到 1024 条边组成的正多边形。

2）指定正多边形的中心点或[边(E)]：分通过中心点或边长两种方式绘制。

3）给定中心点后，提示"输入选项[内接于圆(I)/外切于圆(C)]<I>："。

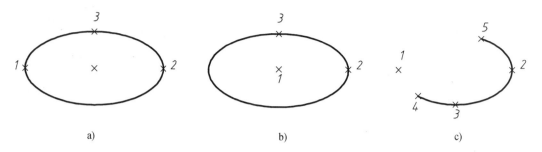

图 10-14　椭圆的三种绘制方式

4）指定圆的半径

① 内接于圆：指定圆的半径就是正多边形中心点至端点的距离，该正多边形的所有顶点都在此圆周上。

② 外切于圆：指定圆的半径就是正多边形中心点至各边线中点的距离，该正多边形的各边都与这个圆相切。

3. 绘图示例

绘制指定相同半径数值 16 的内接于圆的正六边形和外切于圆的正六边形。如图 10-15 所示，具体步骤如下：

1）在菜单栏选择"绘图"→"多边形"选项，启动正多边形命令。

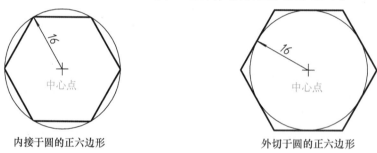

内接于圆的正六边形　　　　　　　外切于圆的正六边形

图 10-15　正六边形的画法

2）命令行提示，_polygon 输入侧面数 <4>：6↙。

3）指定正多边形的中心点或［边（E）］：单击一点确定正多边形的中心点位置。

4）输入选项［内接于圆（I）/外切于圆（C）］<I>：I↙，选择内接于圆的方式创建正多边形。

5）指定圆的半径：16↙，创建了内接于圆的正六多边形。

6）同样方法，选"外切于圆（C）"，创建外切于圆的正六多边。

七、绘制参照点和构造线

1. 绘制参照点

点在 AuotCAD 中可以作为一个对象被创建，与直线、圆一样可以具有各种属性，并可被编辑。点在绘图中常用来定位，作为对象捕捉的节点和相对偏移非常有用。更改点的样式，可使它们有更好的可见性并更容易地与栅格点区分开。

（1）选择点的样式　点的样式有多种，可以根据自己的习惯来设置。选择菜单栏的"格式"→"点样式"选项，弹出"点样式"对话框，显示出当前点样式和大小，通过选择图标来更改并设置点的样式，如图 10-16 所示。

（2）绘制单点　在菜单栏选择"绘图"→"点"→"单点"选项，命令行提示"指定点"，输入点的坐标或单击鼠标左键即可创建一个点。

（3）绘制多点　在菜单栏选择"绘图"→"点"→"多点"选项，或展开绘图面板，单击"多点"按钮，即可在绘图区域连续单击可以绘制多个点。

（4）绘制定数等分点　定数等分是将所选对象等分成指定数目的相等长度，这个操作并不将对象实际等分为单独的对象；它仅仅是标明定数等分的位置，以便将它们作为几何参考点。

在一个给定的圆上画一个五角星，即可用定数等分点命令创建点，如图 10-17a 所示。

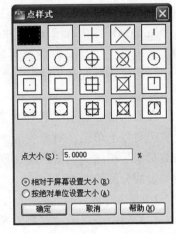

图 10-16 "点样式"对话框

（5）绘制定距等分点　定距等分是将一个选定的对象，从一个端点开始，按指定的长度创建等分点。选定的对象的一个端点划分出相等的长度，等分对象的最后一段可能要比指定的间隔短。

在一条指定线段上创建多个等距离的点，指定距离为 20，只有最后一段小于 20，如图 10-17b 所示。

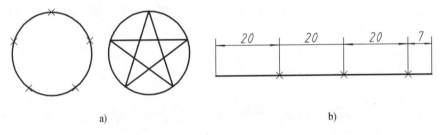

a)　　　　　　　　　　　　　　　　　b)

图 10-17 定数等分点和定距等分点

2. 绘制构造线

构造线是一条无限延长的直线，它通常被作为辅助绘图线。构造线具有普通图形对象的各项属性，还可以通过修改变成射线或直线。

构造线的创建可在菜单栏选择"绘图"→"构造线"选项，或展开绘图面板，单击"构造线"按钮。

第三节　AutoCAD 2014 的基本编辑命令

利用绘图工具只能绘制一些基本图形对象，而一些复杂图形往往经过反复的修改才能达到用户的要求，因此 AutoCAD 2014 提供了强大的图形管理功能，能够快速地编辑现有图形，以保证绘图的准确性，简化绘图操作，从而极大地提高绘图效率。

一、选择编辑对象的方式

AutoCAD 在执行编辑命令时，必须要选择编辑的对象，一般可先选择对象再执行编辑命令，也可先执行编辑命令再选择对象。AutoCAD 2014 提供了多种选择编辑对象的方式，下面介绍常用的几种方法。

1. 点选方式

在编辑命令提示"选择对象"时，十字光标变成矩形，称为拾取框。移动拾取框光标至被选对象上单击，对象变成虚线形式显示，表示该对象被选中。再次单击其他对象，被单击的对象可被逐一选中，按〈Shift〉键的同时单击被选中的对象可取消选择，这种方法适合选择少量或分散的对象。

2. 窗口方式

在编辑命令提示"选择对象"时，通过对角线的左侧和右侧两个端点来定义一个矩形框，该矩形框为蓝色的矩形区域，凡完全被矩形框包围的对象即被选中。

3. 窗交方式

在编辑命令提示"选择对象"时，通过对角线的右侧和左侧两个端点来定义一个矩形框，该矩形框为绿色的矩形区域，凡完全被矩形框包围的以及与矩形框相交的对象即被选中。

4. 栏选方式

在复杂图形中，可以使用栏选方式选择对象。在编辑命令提示"选择对象"时，输入"F✓"，即可进行栏选方式选择对象。栏选方式，就是在视图中绘制多段线，多段线经过的对象都被选中。

二、删除对象(ERASE)

删除命令可以擦除图形中选中的对象。

1. 命令的调用

在功能区"修改"面板上单击"删除"按钮 ✍，或选择菜单命令"修改"中的"删除"选项，或在命令行输入"Erase✓"。

2. 命令的说明

1）结束选择对象时，删除命令也同时结束，并在屏幕上擦除该对象。

2）对象的删除也可在命令状态下，先选择对象，再按键盘上的〈Delete〉键，来删除选择的对象。

三、复制对象(COPY)

复制命令可以将图形中选定的对象复制到指定的位置。

1. 命令的调用

在功能区"修改"面板上单击"复制"按钮 ⬚，或选择菜单命令"修改"中的"复制"选项，或在命令行输入"COPY✓"。

2. 命令的说明

复制命令在输入基点后，将进行连续的复制操作，要结束命令可直接按回车键。

3. 绘图示例

图 10-18 所示的图例中，先在三角形底角绘制两个同心圆，然后再用复制的命令绘出左上角的同心圆和右上角的同心圆。

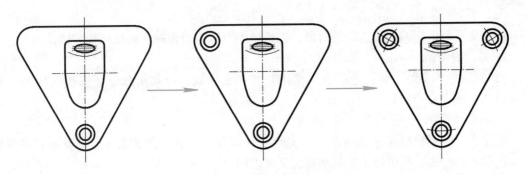

图 10-18　同心圆的复制

其操作方法如下：

1）命令：COPY↙。

2）选择对象：用窗交方式选定三角形内底角的圆（按〈Shift〉键可去掉选定的中心线）。

3）指定基点或[位移（D）/模式（O）]<位移>：指定同心圆的圆心为基点。

4）指定第二个点或 <使用第一个点作为位移>：捕捉并选择三角形左上圆角的圆心为基点，复制左上角的同心圆。

5）指定第二个点或[阵列（A）/退出（E）/放弃（U）]<退出>：捕捉并选择三角形右上圆角的圆心为基点，复制右上角的同心圆。

指定第二个点或[阵列（A）退出（E）/放弃（U）]<退出>：↙，结束复制命令。

四、移动对象（MOVE）

移动命令可以将图形中选定的对象移动到指定的位置。

1. 命令的调用

在功能区"修改"面板上单击"移动"按钮✛，或选择菜单命令"修改"中的"移动"选项，或在命令行输入"MOVE↙"。

2. 命令的说明

移动对象是指对象的重定位。可以在指定方向上按指定距离移动对象，对象的位置发生了改变，但方向和大小不改变。对象移动的距离与方向是以基点和第二点的连线为依据的。

3. 绘图示例

使用移动命令编辑图 10-19a 所示的图形，使其矩形上边的所有图形从左端移到右端。

1）执行移动命令后，通过分别单击 P_1、P_2 点的窗交方式选择移动对象。

2）指定基点 A，指定位移的第二点 B，移动后的效果如图 10-19b 所示。

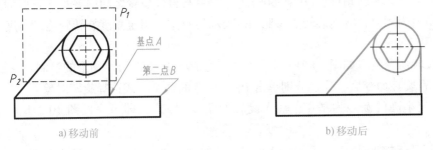

a）移动前　　　　　　　　　　　　　　b）移动后

图 10-19　图形移动前后

五、镜像对象（MIRROR）

镜像命令可以将图形中选定的对象，以指定的直线为对称轴，创建对称的镜像图像。

1. 命令的调用

在功能区"修改"面板上单击"镜像"按钮 ⚖，或选择菜单命令"修改"中的"镜像"选项，或在命令行输入"MIRROR✓"。

2. 命令的说明

镜像命令中镜像线是一条辅助线，实际上并不存在。执行命令完成后是看不到镜像线的，它是一条直线，既可以水平或垂直，又可以倾斜。

3. 绘图示例

使用镜像命令编辑图 10-20a 所示的图形，完成图 10-20b 所示图形的绘制。

1）执行镜像命令后，通过分别单击 P_1、P_2 点的窗交方式选择要镜像的对象。

2）选择中心线上的两点作为镜像线上的两点，指定出镜像线。最后提示"是否删除原对象？"，选择"N"来完成图 10-20b 所示图形的绘制。

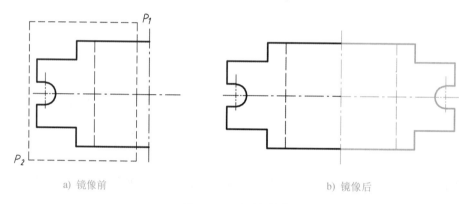

a）镜像前   b）镜像后

图 10-20　图形的镜像

六、旋转对象（ROTATE）

旋转命令可以将图形中选定的对象以指定的中心点、角度进行旋转。

1. 命令的调用

在功能区"修改"面板上单击"旋转"按钮 ⟳，或选择菜单命令"修改"中的"旋转"选项，或在命令行输入"ROTATE✓"。

2. 命令的说明

旋转对象时，旋转角度值（0°～360°）为原对象与目标位置之间的夹角，正值为逆时针方向旋转，负值为顺时针方向旋转。参照（R）表示将对象从指定角度旋转到绝对角度。

3. 绘图示例

使用旋转命令编辑如图 10-21a 所示图形，完成图 10-21b 所示图形的绘制。

1）执行旋转命令后，通过分别单击 P_1、P_2 点的窗交方式选择旋转对象。

2）指定小圆的圆心为基点，输入旋转的角度"90"，即可完成图 10-21b 所示图形的绘制。

七、修剪对象（TRIM）

修剪命令可以使选择的对象精确地终止于其他对象的边界。

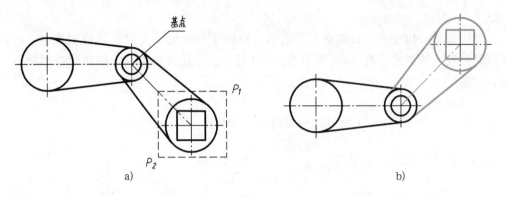

图 10-21　图形的旋转过程

1. 命令的调用

在功能区"修改"面板上单击"修剪"按钮⟂，或选择菜单命令"修改"中的"修剪"选项，或在命令行输入"TRIM↙"。

2. 命令的说明

在 AutoCAD 2014 中，可以作为剪切边界的对象有直线、圆弧、圆、椭圆或椭圆弧、多段线、样条曲线、构造线、射线以及文字等。剪切边也可以同时作为被剪边。默认情况下，选择要修剪的对象(即选择被剪边)，系统将以剪切边为界，将被剪切对象上位于拾取点一侧的部分剪切掉。如果按下〈Shift〉键，同时选择与修剪边不相交的对象，修剪边将变为延伸边界，将选择的对象延伸至与修剪边界相交。

3. 绘图示例

使用修剪命令来编辑图 10-22a 所示的原图，最终完成图 10-22c 所示图形的绘制。

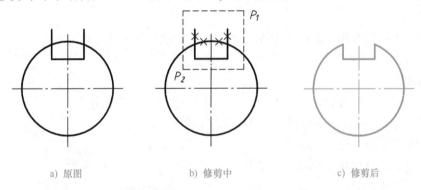

a) 原图　　　　　　　　b) 修剪中　　　　　　　　c) 修剪后

图 10-22　图形的修剪过程

1) 执行修剪命令后，通过分别单击 P_1、P_2 点的窗交方式选择剪切边。

2) 选择剪切的对象，依次单击画"×"的部分，单击的对象即被剪切掉，修剪后的效果如图 10-22c 所示。

八、拉伸对象(STRETCH)

拉伸命令可以将选择点的对象拉长或缩短一段距离。

1. 命令的调用

在功能区"修改"面板上单击"拉伸"按钮，或选择菜单命令"修改"中的"拉伸"选项，或在命令行输入"STRETCH↙"。

2. 命令的说明

命令行提示"以交叉窗口或交叉多边形选择要拉伸的对象 ...",选择对象后,拉伸窗交窗口部分包围的对象,将移动(而不是拉伸)完全包含在窗交窗口中的对象或单独选定的对象。

3. 绘图示例

用拉伸命令完成图 10-23 所示从左图到右图的绘制。

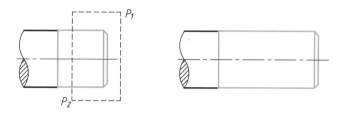

图 10-23　图形的拉伸

1) 执行拉伸命令后,通过分别单击 P_1、P_2 点的窗交方式选择拉伸对象。

2) 指定基点或[位移(D)]<位移>:在图中单击指定一个基点位置。

3) 指定第二个点或 <使用第一个点作为位移>:输入坐标值或向右移动光标,单击指定第二个基点位置,所选对象被拉长。

第四节　AutoCAD 2014 的注释图形

一、图案填充

机械制图中的剖视图和断面图绘制,需要在不同的剖切面区域填充图案,得以区分不同的零部件或材料。

1. 命令的调用

在功能区"绘图"面板上单击"图案填充"按钮▦,或选择菜单命令"绘图"中的"图案填充"选项,或在命令行输入"BHATCH↙"。

2. 命令的说明

执行命令后,会弹出"图案填充创建"下拉子菜单,如图 10-24 所示。

图 10-24　图案填充创建

(1) 边界面板

1) 拾取点:根据围绕指定点构成封闭区域的现有对象来确定边界。指定内部点时,可以随时在绘图区域中单击鼠标右键以显示包含多个选项的快捷菜单。

2) 选择:根据构成封闭区域的选定对象确定边界。选择对象时,可以随时在绘图区域单击鼠标右键以显示快捷菜单。可以利用此快捷菜单放弃最后一个或所有选定对象、更改选择方式、更改孤岛检测样式或预览图案填充或填充。

3）删除：从边界定义中删除之前添加的任何对象。

（2）图案面板　显示所有预定义和自定义图案的预览图像。

（3）特性面板

1）图案填充类型：指定是创建实体填充、渐变填充、预定义填充图案，还是创建用户定义的填充图案。

2）透明度：设定新图案填充或填充的透明度。

3）角度：指定图案填充或填充的角度。

4）间距：指定用户定义图案中的直线间距。仅当"图案填充类型"设定为"用户定义"时，此选项才可用。

（4）原点面板　控制填充图案生成的起始位置。

（5）选项面板　控制几个常用的图案填充或填充选项，如关联、注释性、特性匹配等。

（6）关闭面板　关闭图案填充创建。

3. 绘图示例

图 10-25 是通过图案填充绘制断面图和剖视图的图例。

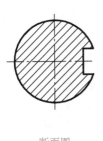
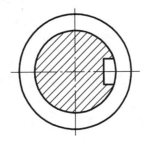

断面图　　　　　　　　　　　　剖视图

图 10-25　图案填充

1）在"绘图"面板上单击"图案填充"按钮，弹出"图案填充创建"下拉子菜单。

2）在图案面板选择"USER"自定义图案选项，在特性面板设置角度为"45"，间距为"1.5"，其余为默认值。

3）命令行提示"拾取内部点或［选择对象（S）/设置（T）］："，在填充区域用鼠标单击确认，即可完成断面图和剖视图的绘制。

4）关闭面板，退出图案填充。

二、渐变色填充

绘图过程中，有许多区域填充的不是图案，而是一种颜色。填充渐变颜色时，能够体现出光照在平面上而产生的过渡颜色效果。常使用渐变色填充在二维图形中来表示实体。颜色与渐变色填充结合使用，能使客户更加容易地看清设计意图。

1. 命令的调用

在功能区"绘图"面板上单击"渐变色"按钮▤，或选择菜单命令"绘图"中的"渐变色"选项，或在命令行输入"GRADIENT↙"。

2. 命令的说明

执行命令后，会弹出"渐变色填充创建"下拉子菜单，如图 10-26 所示。

图 10-26 "渐变色填充创建"子菜单

将显示以下选项：

1）渐变图案：显示用于渐变填充的固定图案。这些图案包括线性扫掠状、球状和抛物面状图案。

2）单色：指定使用从较深着色到较浅色调平滑过渡的单色填充。

3）双色：指定在两种颜色之间平滑过渡的双色渐变填充。

4）居中：指定对称的渐变配置。

5）角度：指定渐变填充的角度。

6）方向：指定渐变色的角度以及其是否对称。

3. 绘图示例

图 10-27 是用渐变色填充的绘图示例。

1）调用渐变色命令，设置为双色填充，渐变色 1 选择"237，237，237"，渐变色 2 选择"92，92，92"，填充图案选为"GR_ INVCYL"。

2）命令行提示"拾取内部点或［选择对象（S）/设置（T）］："，用鼠标单击要填充区域，即可完成渐变色填充。

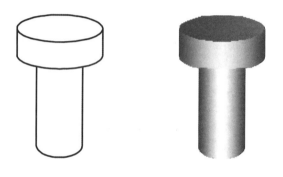

图 10-27 渐变色填充

三、文字注释

在绘图时，不仅需要绘制图形，还经常需要用文字对图形进行说明。AutoCAD 2014 提供了强大的文字处理功能，包括设置文字样式、创建单行或多行文字、编辑文字等。

1. 设置文字样式

在文字注释前，首先要设置文字样式，文字样式是一组可随图形保存的文字设置的集合，这些设置包括字体、字号、倾斜角度、方向和其他文字特征等。如果要使用其他文字样式来创建文字，则可以将其他文字样式置于当前。

（1）命令的调用　在命令状态下，单击常用选项卡中的"注释"面板的名称，展开面板，显示隐藏的按钮，然后单击"文字样式"按钮，如图 10-28 所示。

（2）命令的说明　打开"文字样式"对话框，如图 10-29 所示。各项含义如下：

1）样式：列表框中列出了当前可以使用的文字样式，默认的样式为 Standard。

2）字体：可以设置文字样式使用的字体、字

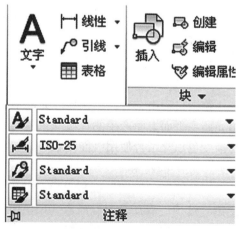

图 10-28 注释面板

高等属性。在"字体名"下拉列表框中可以选择符合国家制图标准的英文字体"gbenor. shx"，在"高度"项目框下设置文字高度，当勾选"使用大字体"复选项时，用于指定亚洲语言的大字体文件。若勾选"注释性"复选框，则注释文字可自动缩放。

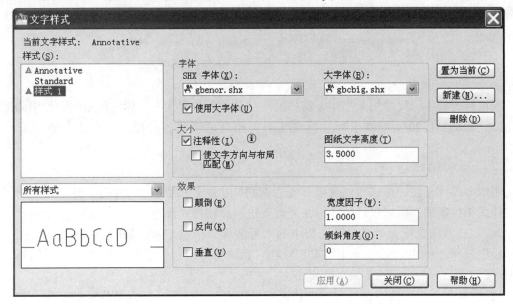

图 10-29　"文字样式"对话框

3）效果：可以设置文字的显示效果，如颠倒、反向、垂直显示等。

① 宽度因子：设置字符间距。输入小于 1.0 的值将压缩文字，输入大于 1.0 的值则扩大文字。

② 倾斜角度：设置文字的倾斜角。输入一个 -85 和 85 之间的值将使文字倾斜。

2. 创建单行/多行文字

单行文字：是指每一行文字作为一个对象来进行编辑。通常一些简短的，不需要多种字体的内容采用单行文字来编辑。可以使用单行文字创建一行或多行文字，其中，每行文字都是独立的对象，可对其进行重定位、调整格式或进行其他修改。

多行文字：是多行文字对象包含一个或多个文字段落，可作为单一对象处理。可以通过输入或导入文字创建多行文字对象。通常用于创建较长或复杂的内容。

下面以单行文字的创建过程来说明。

（1）命令的调用　在命令状态下，单击常用选项卡"注释"面板中的"单行文字"按钮 Ａ 或者选择菜单栏的"绘图"→"文字"→"单行文字"选项。

（2）命令的说明　如果选择的文字样式设置了文字的高度，则在创建单行文字时，命令行不再提示输入文字高度。如果文字样式中的文字高度为 0，则创建单行文字时命令行会提示"指定图纸高度 <2.5000>:"，用户可以输入高度数值，也可以单击另一个点，该点与起点之间的距离将定义为文字高度。

旋转的角度就是指以文字的起点为原点坐标，沿逆时针方向旋转的角度。

选择样式(S)：重新指定文字样式，即文字的外观。

选择对正(J)：命令行会提示选择文字对正的方式，包括对齐、调整、中心、中间、右、左上、中上、右上、左中、正中、右中、左下、中下、右下。

输入单行文字时，可通过输入控制代码创建特殊字符，常用特殊符号的输入形式:%%c 绘制圆直径标注符号(φ),%%d 绘制度符号（°），%%p 绘制正/负公差符号(±)。

第五节　AutoCAD 2014 的尺寸标注

在机械图样中，尺寸用来描述零部件的形状和相对位置大小，标注就是向图形中添加测量注释。AutoCAD 2014 提供了尺寸标注工具，用户可以为各种图形对象进行各个方向的标注。

一、设置标注样式

图纸中尺寸标注的格式和外观都有规范，如尺寸数字和箭头的大小等，这些都是由尺寸标注样式来控制的，所以进行尺寸标注之前要进行标注样式设置。

1）单击常用选项卡"注释"面板中的"标注样式"按钮，如图 10-28 所示，或者在菜单栏中选择"标注"→"标注样式"选项，系统将弹出"标注样式管理器"对话框，如图 10-30 所示。

2）单击"新建"按钮，打开"创建新标注样式"对话框，输入新样式的名称，默认为"副本 ISO-25"，如图 10-31 所示，单击"继续"按钮。

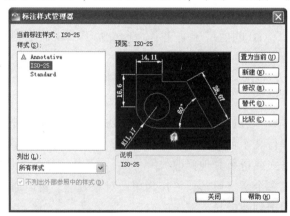

图 10-30　"标注样式管理器"对话框

图 10-31　"创建新标注样式"对话框

3）打开"新建标注样式：副本 ISO-25"对话框，如图 10-32 所示。各选项卡含义如下：

① 线：用于设置尺寸标注的尺寸线和尺寸界线。

② 符号和箭头：用于设置尺寸标注的箭头和圆心的格式和位置。

③ 文字：用于设置尺寸标注文字的外观、位置和对齐方式。

④ 调整：用于设置尺寸标注文字和尺寸线的管理规则。

⑤ 主单位：用于设置尺寸标注主单位的格式和精度。

⑥ 换算单位：用于设置尺寸标注换算单位的格式和精度。

⑦ 公差：用于设置尺寸标注公差的格式。

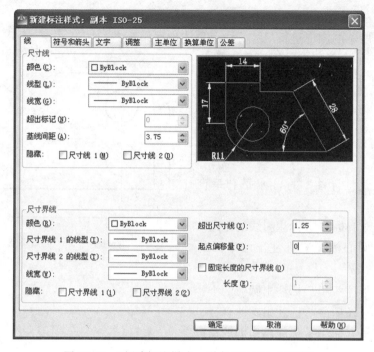

图 10-32 "新建标注样式：副本 ISO-25"对话框

二、创建标注尺寸

1. 尺寸标注的类型

标注样式设置完成后，即可通过菜单栏"标注"选项中的各种标注类型进行标注，尺寸标注的类型有很多，AutoCAD 2014 提供了多种标注用以测量设计对象，下面介绍主要常用的尺寸标注类型。

1）线性标注：用于标注两点之间的水平和垂直距离或旋转的尺寸。

2）对齐标注：用于创建与指定位置或对象平行的标注。在测量斜线长度或非水平、非垂直距离时可以使用。

3）弧长标注：用于测量圆弧或多段线圆弧段上的距离。为区别于线性标注和角度标注，弧长标注将显示一个圆弧符号"⌒"。

4）半径标注：用于测量圆和圆弧的半径尺寸。

5）直径标注：用于测量圆和圆弧的直径尺寸。

6）折弯的半径标注：当圆或圆弧的中心位于布局之外并且无法在其实际位置显示时，就需要创建折弯半径标注。

7）角度标注：用于测量标注两条直线或三个点之间的角度。

8）圆心标记：用于创建圆或圆弧的圆心标记或者是中心线。

9）连续标注：连续标注是指首尾相连的尺寸标注。

10）基线标注：从上一个标注或选定标注的基线处创建线性标注、角度标注或坐标标注。

11）快速标注：从选定对象快速创建一系列标注。创建系列基线或连续标注，或者为一系列圆或圆弧创建标注时，此命令特别有用。

2. 尺寸标注绘图示例

对图 10-33 所示的图形进行尺寸标注，具体步骤如下：

1）首先进行标注样式设置，把新建的标注样式设置如下：尺寸界线的"超出尺寸线"设为"1.25"，"起点偏移量"设为"0"，圆心标记位置选"无"，文字对齐方式选"ISO 标准"，主单位精度选"0"，其余为默认值。

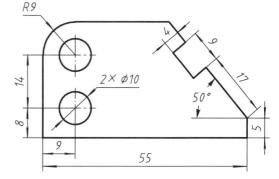

2）选择"线性标注"标注水平和垂直线段的距离。

3）选择"对齐标注"标注斜线的距离。

4）选择"圆心标记"标注出两个圆的中心线。

图 10-33　尺寸标注绘图示例

5）选择"半径标注"标注出圆弧的半径。

6）选择"直径标注"标注出圆的直径。

7）选择"角度标注"标注出斜面的角度。

第六节　AutoCAD 2014 的图层、块和面域

一、设置图层

图层是管理图形对象的工具，它相当于图纸绘图中使用的重叠图纸，每一张图纸可看作一个图层，在每一个图层上可以单独绘图和编辑，设置不同的特性而不影响其他的图纸，重叠在一起又成为一幅完整的图形。

图层是图形中使用的主要组织工具。可以将图形、文字、标注等对象分别放在不同的图层中，并根据每个图层中图形的类别设置不同的线型、颜色及其他属性，还可以设置每个图层的可见性、冻结、锁定以及是否打印等。

创建图层的步骤和方法如下：

1）在功能区"图层"面板中单击"图层特性"按钮 🔲，或者在菜单栏中选择"格式"→"图层"选项，打开"图层特性管理器"选项板，如图 10-34 所示。

2）单击"新建图层"按钮，在列表中即会自动生成一个名为"图层 1"的新图层，在新图层上可以设置图层的特性，如颜色、线型、线宽、打印等特性。

3）关闭"图层特性管理器"选项板，完成图层的定义。当需要在某个图层绘图时，在"图层"面板中单击图层的名称，即可把该图层设置为当前图层，其图层名称显示在列表最顶端。

二、创建图块

块是一个或多个对象的集合，一个块可以由多个对象构成，但 AutoCAD 把块当作单一的对象处理，即通过拾取块内的任何一个对象，就可以选中整个块，并对其进行诸如移动

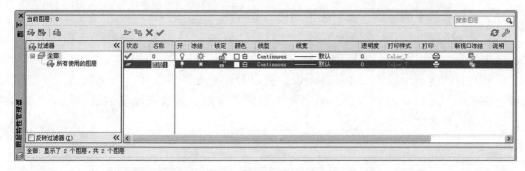

图 10-34　图层特性管理器

（MOVE）、复制（COPY）、镜像（MIRROR）等操作，这些操作与块的内部结构无关。

（1）定义块　首先绘制一个图形，如绘制一根
轴，然后把它定义为一个块。在常用选项卡"块"
面板上单击"创建"按钮，或者选择菜单栏命
令"绘图"中的"块/创建"选项，打开"块定
义"对话框，如图 10-35 所示。

在名称框中输入名称"轴"，在"对象"项目
下选择"转换为块"，单击"选择对象"按钮，
"块定义"对话框暂时消失，窗选所绘制轴的图形，
按回车键完成对象的选择。此时重新打开的"块定

图 10-35　"块定义"对话框

义"对话框，在"基点"项目下，单击"拾取点"按钮，"块定义"对话框暂时消失，命
令行提示"指定插入基点"，在轴图形上选择一个定位参考点作为基点（基点就是图块的插
入点），此时重新打开"块定义"对话框。单击"确定"按钮，即完成将选择的图形定义
为块。

（2）保存块　在命令行输入"Wblock"或快捷键"w"，把块保存成单独的文件，以便
在不同的图形文件调用，至此外部图块（轴）创建完毕。

（3）插入块　在"块"面板中单击"插入"按
钮，或者选择菜单栏命令"插入"中的"块"选
项，打开"插入"对话框，如图 10-36 所示。单击
名称右侧的下拉按钮，选择块名"轴"，单击"确
定"按钮后，命令行提示"指定插入点"，在视图中
单击一点作为插入点，轴块即可被放置在该点位置。

三、面域

面域是使用形成闭合环的对象创建的二维闭合

图 10-36　"插入"对话框

区域。环可以是直线、多段线、圆、圆弧、椭圆、椭圆弧和样条曲线的组合，组成环的对象
必须闭合或通过与其他对象共享端点而形成闭合的区域。

（1）创建面域　在常用选项卡"绘图"面板上单击"面域"按钮，或者选择菜单栏
命令"绘图"中的"面域"选项，命令行提示"选择对象"，单击一个或多个封闭的图形
对象，按〈Enter〉键，命令行提示已经创建了几个面域，选择的对象则转化为面域。

通过选择菜单栏的"视图"→"视图样式"→"概念"选项改变显示模式，会看到面

域是一个有色彩的平面实体，而封闭的图形只有边线。

（2）面域的布尔运算　通过选择菜单栏的"修改"→"实体编辑"选项中并集、差集、交集命令，可以将多个面域创建为一个新的组合面域。

面域是封闭区所形成的二维实体对象，可以看成一个平面实体区域。虽然从外观来说，面域和一般的封闭线框没有区别，但实际上面域就像是一张没有厚度的纸，除了包括边界外，还包括边界内的平面。

第七节　AutoCAD 2014 的图形打印

当用户绘制完图形之后，一般需要进行图纸输出，AutoCAD 2014 可以使用多种方法输出。可以将图形打印在图纸上，也可以创建成文件以供其他应用程序使用。以上两种情况都需要进行打印设置。

绘图窗口中包括模型空间和图纸空间，模型空间是完成绘图和设计工作的工作空间，图纸空间代表图纸，可以在上面布局图形，也就是最终打印出来的图纸。这两个空间都可以打印出图形，但打印之前都必须进行页面设置等，对于简单的图形，用户可以直接在模型空间打印，其具体步骤如下：

一、打印步骤

1）打开已有的图形文件或绘制完一幅新图之后，在界面左上角的快速访问工具栏中，单击打印按钮🖨，或在菜单栏中选择"文件"→"打印"选项，打开"打印-模型"对话框，单击右下角"更多"按钮⊙，展开全部内容，如图 10-37 所示。

图 10-37　"打印-模型"对话框

2）设置"打印-模型"对话框中的打印参数，如页面设置、打印机/绘图仪、图纸尺寸、打印区域、打印偏移、打印比例、打印选项及图形方向等。

3）设置完成后，可单击"打印-模型"对话框中的"预览"按钮，预览打印效果。

4）如果效果不满意，可单击"关闭预览窗口"按钮⊗，退出预览并返回到"打印-模型"对话框，重新设置打印参数；如果效果满意，单击"确定"按钮，即可完成图形的打印。

二、打印参数设置

（1）页面设置　显示当前页面设置的名称，使用页面设置为打印作业保存和重复使用设置，可以默认为"<无>"。

（2）打印机/绘图仪　打印图形前，必须选择打印机或绘图仪的类型，选择的设备会影响图形的可打印区域。在选择打印设备之后，单击右侧的"特性"按钮，可以查看有关设备名称和位置的详细信息。

（3）图纸尺寸　显示所选打印设备可用的标准图纸尺寸。当选择一个打印图纸尺寸之后，上面的局部预览图会精确显示图纸尺寸，其中的阴影区域是有效打印区域。

（4）打印区域　选择打印范围。包括显示、窗口、范围、图形界限等四个选项，各选项的功能如下：

1）显示：打印区域为当前绘图窗口中所显示的所有图形，没有显示的图形将不被打印。

2）窗口：打印指定的矩形区域内的图形。当选择"窗口"选项时，"窗口"按钮将成为可用按钮。单击"窗口"按钮以使用定点设备指定要打印区域的两个角点，或输入坐标值。

3）范围：打印当前空间内所有图形，即按图形最大范围输出。

4）图形界限：打印在图形界限内的图形。

（5）打印比例　控制图形单位与打印单位之间的相对尺寸。打印布局时，默认缩放比例设置为1∶1。从"模型"选项卡打印时，默认设置为"布满图纸"。

1）布满图纸：默认为勾选，此时系统将缩放打印图形以布满所选图纸尺寸。

2）比例：定义打印的精确比例。

（6）打印偏移　指定打印区域相对于可打印区域左下角或图纸边界的偏移。"打印-模型"对话框的"打印偏移"区域显示了包含在括号中的指定打印偏移选项。如果勾选"居中打印"，则系统将自动计算偏移值，在图纸上居中打印。

（7）图形方向　设置图纸的方向。图纸图标代表所选图纸的介质方向，字母图标代表图形在图纸上的方向。

第八节　AutoCAD 2014 的绘图实例

一、绘制平面图形

例1　按尺寸要求，绘制吊钩的平面图形（图10-38a）。

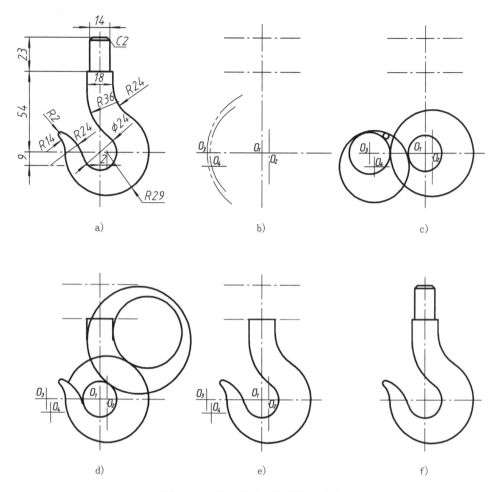

图 10-38 吊钩的平面图形绘图步骤

该图形是由圆和圆弧组成的，因此主要使用圆弧（ARC）命令中的"相切、相切、半径"选项画连接圆弧，再通过修剪（TRIM）命令裁剪掉多余的线段，即可完成图形的绘制。绘制圆弧的顺序与手工绘图一样，也是先画已知圆弧，再画中间圆弧，最后画连接圆弧。具体绘图步骤如下：

1）设置图层、文字标注样式、尺寸标注样式等。

2）在中心线图层绘制中心线。

绘制距水平中心线为 9 的水平定位基准线段和距垂直中心线为 2 的垂直定位基准线段（该线段与水平中心线的交点为 O_2），以中心线的交点 O_1 为圆心，以（24+12）为半径画出一个辅助圆，与距离为 9 的水平定位基准线相交，其交点即为 R24 的圆心 O_4，以 O_2 为圆心，以（14+29）为半径画出一个辅助圆，与水平中心线相交，其交点即为 R14 的圆心 O_3，如图 10-38b 所示。

3）在轮廓层上，以 O_1 为圆心，绘制 ϕ24 的圆，以 O_2 为圆心，绘制 R29 的圆，以 O_3 为圆心，绘制 R14 的圆，以 O_4 为圆心，绘制 R24 的圆。使用圆弧（ARC）命令中的"相切、相切、半径"选项，画出与 R14 外切、R24 内切，半径为 2 的圆（吊钩钩部），如图 10-38c 所示。

4）在距离水平中心线正上方 54 处画一长为 18 的水平线段，从线段的两个端点向下做垂线，使用圆弧（ARC）命令中的"相切、相切、半径"选项，画出分别与两垂线和 $\phi 24$ 和 $R29$ 相切的圆 $R36$、$R24$，如图 10-38d 所示。

5）使用修剪（TRIM）命令，裁剪掉多余的线段，如图 10-38e 所示。

6）画出吊钩上部的矩形，并作出 $C2$ 的倒角，即完成吊钩平面图形的绘制，如图 10-38f 所示。

二、绘制三视图

例 2 绘制图 10-39 所示的主、俯视图，并补画左视图。

从组合体的已知两视图可以看出，组合体上部八棱柱与矩形底板左右、前后对称，上下叠加，前后平齐。绘图步骤如图 10-40 所示。

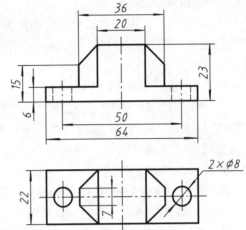

图 10-39　根据主、俯视图补画左视图

1）设置图层、文字标注样式、尺寸标注样式等，在中心线图层绘制中心线。

2）抄画已知视图（图 10-40a）。

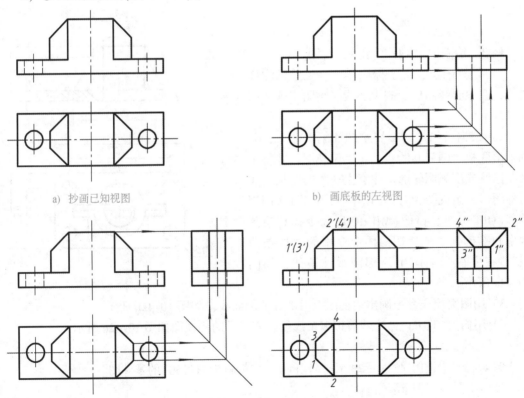

a）抄画已知视图　　　　　b）画底板的左视图

c）画八棱柱的左视图　　　　d）画正垂面截切八棱柱

图 10-40　根据主、俯视图补画左视图的绘图步骤

① 根据所给尺寸，先用直线命令画出主视图的左半部分，再以中心线为镜像线，镜像生成主视图的右半部分。

② 根据主、俯视图"长对正"的投影关系，在适当位置确定八棱柱和底板的俯视图的长度、底板圆孔的圆心位置，再根据俯视图所给宽度尺寸，画出八棱柱和底板及圆孔的俯视图。

3）画底板的左视图(图 10-40b)。

① 先用射线命令在合适位置画出 45°投影辅助线。

② 根据主、左视图"高平齐"和俯、左视图"宽相等"的投影关系，确定底板的左视图轮廓线，最后通过底板上的圆孔投影关系，用细虚线画出圆孔的左视图投影线，如图 10-40b 所示。

4）画八棱柱的左视图(图 10-40c)。

画出八棱柱的顶面、前后面及两侧棱线的左视图投影。

5）画正垂面截切八棱柱截交线的投影(图 10-40d)。

① 求 $1''$、$3''$。正垂面与八棱柱左侧面的截交线，其 H 面投影是 1243(等腰梯形)，V 面投影积聚为一条线。用直线(LINE)命令，开启对象捕捉和对象追踪功能，按"高平齐"的投影关系求出底边的 W 面投影 $1''$、$3''$。

② 用直线(LINE)命令连接 $1''2''$ 及 $3''4''$，最后用修剪(TRIM)命令裁剪掉多余线段，即完成左视图。

三、绘制剖视图

例3 绘制图 10-41 所示的剖视图。

1）设置图层、文字标注样式、尺寸标注样式等，在中心线图层绘制中心线。绘图步骤如图 10-42 所示。

2）根据所给尺寸，用绘图和编辑命令，分别画出底板、圆筒和肋板的主、俯视图，并将主视图修改成剖视图轮廓。注意主视图的肋板并非对称图形，俯视图为对称图形。画图时可多调用偏移(OFFSET)、镜像(MIRROR)命令提高绘图效率和准确性。最后用绘图命令中的"样条曲线"，在主视图上画出局部剖视波浪线，如图 10-42a 所示。

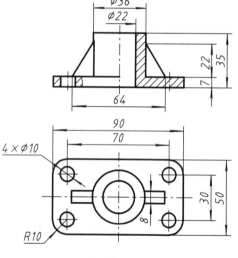

图 10-41 剖视图

3）用图案填充命令画出主视图上两部分的剖面线，如图 10-42b 所示。

4）用修剪(TRIM)命令裁剪掉多余线段，完成后的剖视图如图 10-42c 所示。

四、绘制零件图

例4 绘制图 10-43 所示轴承座(比例 1∶1，材料为 HT150)的零件图。

具体绘图步骤如下：

轴承座属于支架类零件，由支承轴的轴孔及其用以固定在其他零件上的底座组成。该零件用了三个图形来表达，主视图采用局部剖视图表达零件大部分外形和安装孔内形，左视图采用全剖视图表达零件的全部内形，俯视图采用视图表达零件的外形。

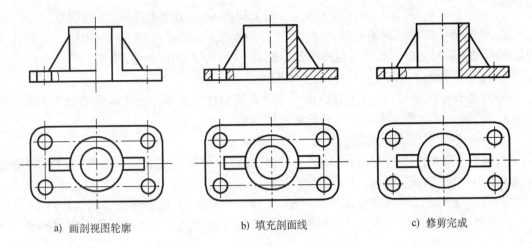

a) 画剖视图轮廓　　　　b) 填充剖面线　　　　c) 修剪完成

图 10-42　剖视图的绘制步骤

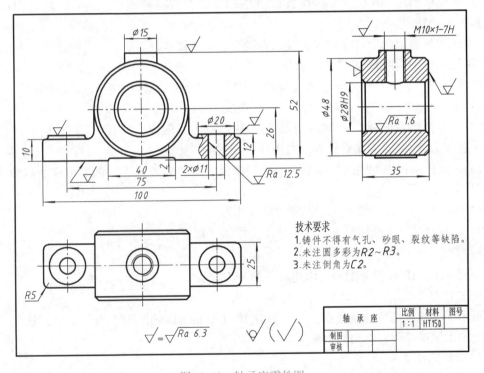

图 10-43　轴承座零件图

1) 设置图纸幅面、绘图比例、图层、文字标注样式、尺寸标注样式等。图层设有"辅助线层""中心线层""粗实线层""细实线层"等，每层设有不同的线型、线宽及颜色。

2) 画基准线。零件三个方向的主要基准分别是，长度基准和宽度基准为零件对称中心线，高度基准为零件下底面。

① 在"辅助线层"以正交的方式，用直线（LINE）命令画出主、左视图底板的底面线。

② 在"中心线层"，按图中所给尺寸绘制三个视图轴孔的中心线。

3) 画轴承座空心圆柱的三视图

① 在"粗实线层",用画圆命令在主视图上画出 $\phi48$、$\phi28$ 及倒角 C2 的同心圆。

② 根据 $\phi48$ 圆的三视图,按宽度"35",用直线(LINE)、偏移(OFFSET)命令画出俯视图和左视图的矩形框,要做到与俯视图"长对正",与主视图"高平齐"。

③ 根据主视图上 $\phi28$ 的圆,在左视图上画出 $\phi28$ 孔轮廓线。

④ 用编辑中的倒角(CHAMFER)命令中"距离(D)"选项,按技术要求中"未标注倒角为 C2",画出 $\phi48$ 矩形框和 $\phi28$ 孔轮廓线的倒角。

4)画轴承座底板的三视图

① 在"粗实线层",以长为"100"、宽为"25",用直线(LINE)、偏移(OFFSET)命令画出俯视图底板的矩形框。

② 在主视图上以底板的底面线为对象,以给定"10"为偏移距离,用偏移(OFFSET)命令画出底板的上面线。同样,以"12"和"2"为偏移距离,画出凸台的上面线和距离底板底面 2 的凹槽线。

③ 按图中给定的长度尺寸,用直线(LINE)命令连接两侧端点,最后用修剪(TRIM)命令裁剪掉多余线段。

④ 画出底板上两个 $\phi11$ 的通孔及凸台的主、俯视图。

⑤ 用编辑中的圆角(FILLET)命令中"半径(R)"选项,输入半径值"5",画出俯视图中的圆角。按技术要求中"未注圆角为 R2~R3",画出主、俯视图中的其余圆角。

5)画空心圆柱顶部凸台的三视图。

6)画左视图及俯视图上 M10×1 螺孔。用"起点、端点、半径"的圆弧(ARC)命令,输入半径值为"14",画出螺孔在左视图中的相贯线投影。

7)画底板主视图右侧的局部剖。用绘图命令中的"样条曲线"画出主视图右侧局部剖视波浪线。

8)画主视图右侧局部剖及左视图的剖面线。

9)注写尺寸、表面粗糙度代号、技术要求等,以完成全图。

五、绘制装配图

利用 AutoCAD 绘制装配图可以用以下两种方法:

1. 直接绘制法

对于一些比较简单的装配图,可以直接利用 AutoCAD 的绘图、编辑命令,按照手工绘制装配图的绘图步骤将其绘制出来。

2. 零件图块插入法

对于复杂的装配图,需要用零件图块插入法来绘制,即将组成部件或机器的各个零件图形先按零件图绘制好后,把每个零件图以图块的形式保存起来,然后再按零件间的相对位置关系,将零件图块逐个插入,最后经过删除、修剪等编辑,完成装配图的绘制。

下面以图 10-44 所示的装配图为例,介绍一下用零件图块插入法绘制装配图的步骤。

1)绘制零件图形。按绘制零件图的方法,分别绘制座体、轴、压盖、压盖螺母等零件图形(可不必标注尺寸),如图 10-45 所示。

2)创建零件图块。将绘制完的零件图形,用创建块(WBLOCK)命令定义为外部图块,供以后拼绘装配图时调用。为保证零件图块拼绘成装配图后各零件的相对位置和装配关系,各块应分别选择插入基点,以便于零件图的拼绘,如图 10-45 所示。

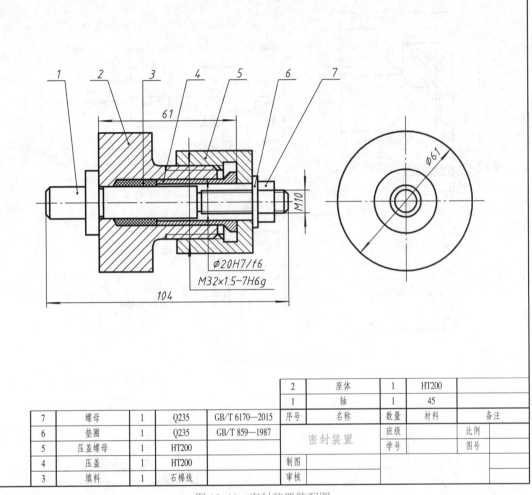

					2	座体	1	HT200	
					1	轴	1	45	
7	螺母	1	Q235	GB/T 6170—2015	序号	名称	数量	材料	备注
6	垫圈	1	Q235	GB/T 859—1987		密封装置	班级		比例
5	压盖螺母	1	HT200				学号		图号
4	压盖	1	HT200		制图				
3	填料	1	石棉线		审核				

图 10-44　密封装置装配图

3）拼绘装配图

① 设置图纸幅面、绘图比例、图层、文字标注样式、尺寸标注样式等。

② 插入块。打开座体图形，在"块"面板中单击"插入"按钮，或者选择菜单栏命令"插入"中的"块"选项，打开"插入"对话框，如图 10-36 所示。单击名称右侧的下拉按钮，选择块名"轴"，单击"确定"按钮后，命令行提示"指定插入点"，在座体图形中单击一点作为插入点，轴块即可被放置在该点位置。同样方法，按装配关系，选择正确的插入点，依次插入压盖、压盖螺母、垫圈、六角螺母等块，如图 10-46a～c 所示。

③ 用分解（EXPLODE）命令将插入的块炸开，然后删除、修剪多余的线段，完成装配图形的绘制，如图 10-46d 所示。

4）标注尺寸，编写序号，画标题栏、明细栏，注写技术要求，完成全图（图 10-44）。该密封装置的轴测图，如图 10-47 所示。

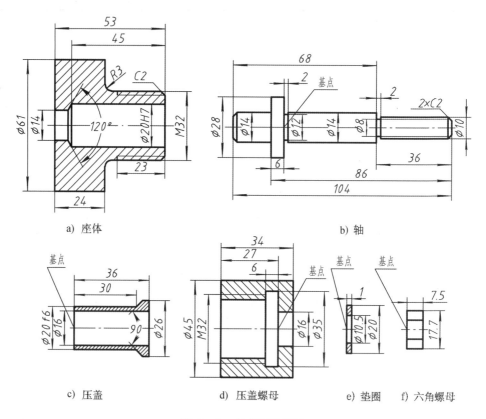

a) 座体　　　　　　　　　　　　b) 轴

c) 压盖　　　　　　d) 压盖螺母　　　　e) 垫圈　　f) 六角螺母

图 10-45　绘制零件图块

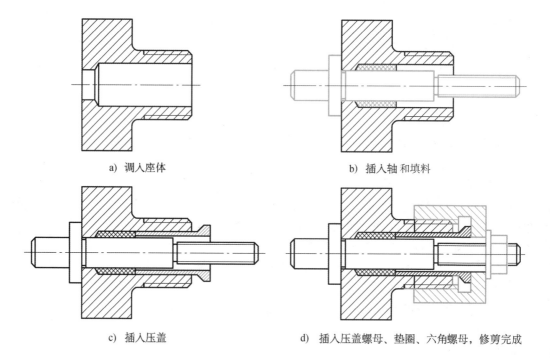

a) 调入座体　　　　　　　　　　　　b) 插入轴和填料

c) 插入压盖　　　　　　d) 插入压盖螺母、垫圈、六角螺母，修剪完成

图 10-46　装配图拼绘步骤

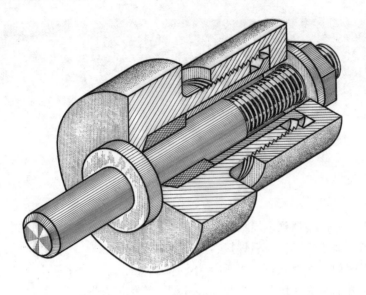

图 10-47　密封装置的轴测图

钣金展开图

工业生产中，经常会遇到金属板制件。这种制件在制造过程中必须先在金属板上画出展开图，然后下料、加工成形，最后焊接、咬接或铆接而成。

将制件的各表面，按其实际形状和大小，依次摊平在一个平面上，称为制件的表面展开。表达这种展开的平面图形，称为表面展开图，简称展开图。

图 11-1 所示为集粉筒上喇叭管的展开示例。

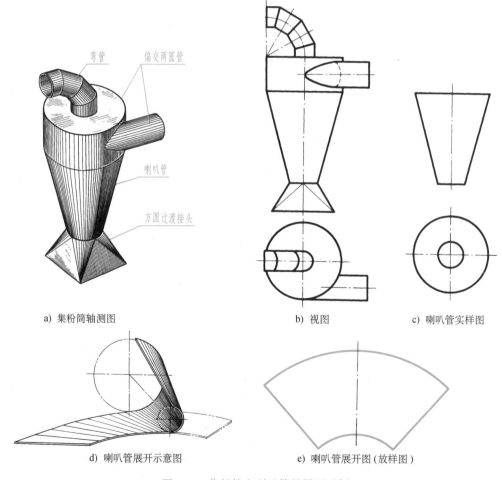

a) 集粉筒轴测图

b) 视图

c) 喇叭管实样图

d) 喇叭管展开示意图

e) 喇叭管展开图（放样图）

图 11-1　集粉筒上喇叭管的展开示例

生产中，有些立体表面能够在平面上展开它的实形，如平面立体(棱柱、棱锥等)和可展曲面立体(圆柱、圆锥等)；而有些立体的表面则不能在平面上展开它的实形，称为不可展曲面立体(圆球、圆环等)。对于不可展曲面立体，常用近似方法画出其表面展开图。

在生产中，绘制展开图的方法有两种：图解法和计算法，本章主要介绍图解法。

第一节　求作实长、实形的方法

绘制展开图经常会遇到求作线段实长和平面实形的问题。求作线段实长和平面实形的方法很多，常用的有直角三角形法和旋转法。

一、直角三角形法

图 11-2a 为一般位置线段投影的直观图。现分析空间线段和它的投影之间的关系，以寻找求线段实长的图解方法。

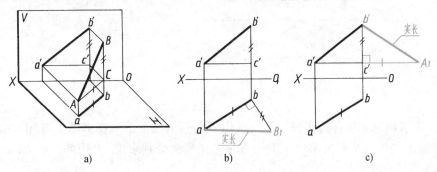

图 11-2　利用 Z 坐标差求线段的实长

过点 A 作 $AC /\!/ ab$，则在空间构成一直角三角形 ABC，其斜边 AB 是线段的实长，两直角边的长度可在投影图上量得：一直角边 AC 的长度等于水平投影 ab，另一直角边 BC 是线段两端点 A 和 B 距水平投影面的距离之差，即 A、B 两点的 Z 坐标差，其长度等于正面投影 $b'c'$。知道了直角三角形两直角边的长度，便可作出此三角形。

在投影图上的作图方法如图 11-2b 所示。以水平投影 ab 为一直角边，过 b 作 ab 的垂线为另一直角边，量取 $bB_1 = b'c'$，连 aB_1 即为空间线段 AB 的实长。

图 11-2c 是求线段 AB 实长的另一种作图方法。自 a' 作 X 轴的平行线 $a'A_1$，取 $c'A_1 = ab$，连 $b'A_1$ 即为所求 AB 线段的实长。

图 11-3a 是利用 Y 坐标差求一般位置线段 CD 实长的直观图。作线段 $ED /\!/ c'd'$，形成直角三角形 CED，其中 CD 为线段的实长，作图方法如图 11-3b 所示。以 $c'd'$ 为一直角边，过 c' 作 $c'd'$ 的垂线为另一直角边，量取 $c'C_1 = ce$，连 C_1d' 即为空间线段 CD 的实长。图 11-3c 为另一种作图方法。

现将直角三角形法的作图要领归结如下：

1）以线段某一投影(如水平投影)的长度为一直角边。

2）以线段另一投影两端点的坐标差(如 Z 坐标差,在正面投影中量得)为另一直角边。

3）所作直角三角形的斜边，即为线段的实长。

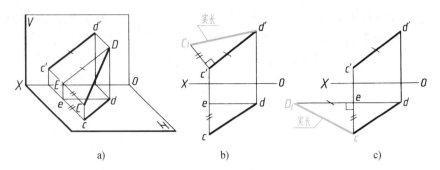

图 11-3　利用 Y 坐标差求线段的实长

例　已知△ABC 的两面投影，试求△ABC 的实形(图 11-4)。

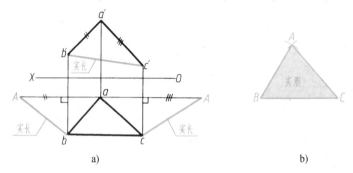

图 11-4　用直角三角形法求三角形实形

分析　先求出三角形各边实长，便可求出三角形的实形。从投影图上可知，BC 边为正平线，b'c'等于实长，不必另求；只需用直角三角形法分别求出 AB 边的实长 bA 和 AC 边的实长 cA，再用其三段实长线作出的△ABC 即为所求。

作图　作图方法如图 11-4a、b 所示，请读者自行分析。

二、旋转法

投影面保持不变，将空间几何元素绕某一定轴旋转到有利于解题的位置，再求出其旋转后的投影，这种方法称为旋转法。

求一般位置线段的实长，用旋转法较为方便，即将其旋转为投影面平行线即可。

如图 11-5a 所示，AB 为一般位置线段，过端点 A 取垂直于 H 面的直线 OO 为轴，将 AB 绕该轴旋转到正平线的位置 AB_1，则旋转后的正面投影 $a'b'_1$ 即反映实长。从图中可以得出点的旋转规律：

当一点绕垂直于投影面的轴旋转时，它的运动轨迹在该投影面上的投影为一圆，而在另一投影面上的投影为一平行于投影轴的直线。

作图步骤如图 11-5b 所示：

1) 以 a 为圆心，将 ab 旋转到与 OX 轴平行的位置 ab_1。

2) 过 b'作 OX 轴的平行线与过 b_1 作 OX 轴的垂线相交，得交点 b'_1。

3) 连接 $a'b'_1$，即为线段 AB 的实长。

在图 11-5a 中，如以过 A 点的正垂线为轴，则需将 AB 旋转为水平线，其实长的求法和作图过程如图 11-6 所示，顺时针或逆时针旋转结果都是一样的，即 $ab_1 = ab_2$。

求斜截圆锥表面素线的实长，采用旋转法最为方便，其作图过程如图 11-7 所示。

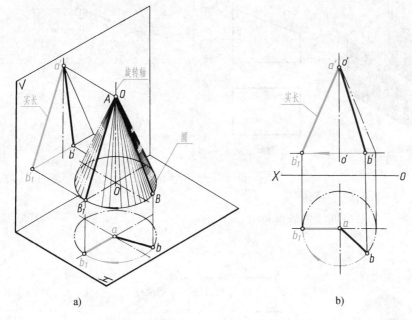

a)　　　　　　　　　　　　b)

图 11-5　用旋转法求一般位置线段的实长

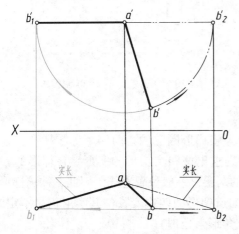

图 11-6　求实长可顺时针或逆时针旋转

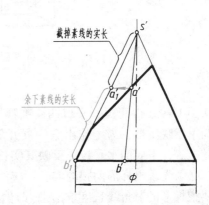

图 11-7　求斜截圆锥表面素线的实长

第二节　平面立体的表面展开

由于平面立体的表面都是平面，因此将平面立体各表面的实形求出后，依次排列在一个平面上，即可得到平面立体的表面展开图。

一、棱柱表面的展开图

图 11-8a、b 为一斜口四棱管。由于底边与水平面平行，水平投影反映各底边的实长；由于各棱线均与底面垂直，正面投影也都反映各棱线的实长。由此可直接画出展开图，如图 11-8c 所示。

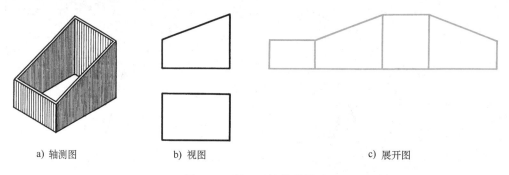

a) 轴测图　　　　　b) 视图　　　　　c) 展开图

图 11-8　斜口四棱管的展开

二、棱锥表面的展开图

图 11-9 所示为平口四棱锥管的展开。

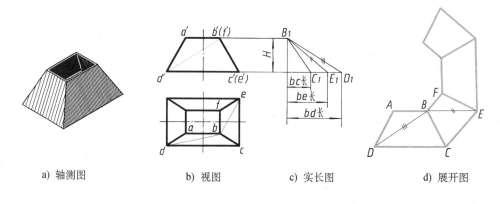

a) 轴测图　　　b) 视图　　　c) 实长图　　　d) 展开图

图 11-9　平口四棱锥管的展开

从图 11-9a、b 可见，平口四棱锥管是由四个等腰梯形围成的，而四个等腰梯形在投影图中均不反映实形。为了作出它的展开图，必须先求出这四个梯形的实形。在梯形的四边中，其上底、下底的水平投影反映其实长，梯形的两腰是一般位置直线。因此，欲求梯形的实形，必须先求出梯形两腰的实长。应注意，仅知道梯形的四边实长，其实形仍是不定的，还需要把梯形的对角线长度求出来(即化成两个三角形来处理)。

可见，将平口四棱锥管的各棱面分别化成两个三角形，求出三角形各边的实长(本例用直角三角形法求得)后，即可画出其展开图，如图 11-9c、d 所示。

第三节　可展曲面的展开

一、圆柱表面的展开图

1. 圆管的展开(图 11-10)

圆管的展开图为一矩形，展开图的长度等于圆管的周长 πD(D 为圆管直径)，展开图的高度等于管高 H，通过计算，即可对圆管进行展开。

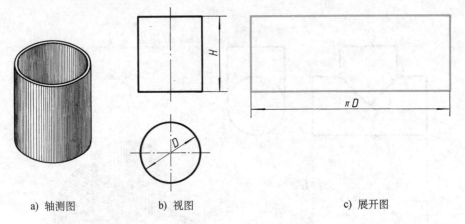

a) 轴测图　　　　　　b) 视图　　　　　　　　c) 展开图

图 11-10　圆管的展开

2. 斜口圆管的展开(图 11-11)

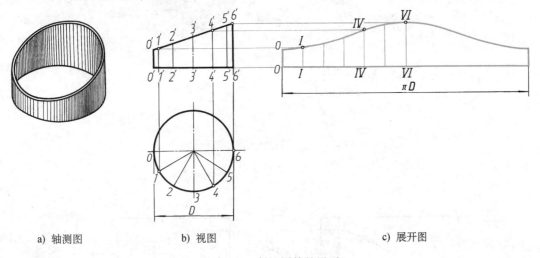

a) 轴测图　　　　　　b) 视图　　　　　　　　c) 展开图

图 11-11　斜口圆管的展开

斜口圆管和圆管的区别是圆管表面上的素线长短不等。为了画出斜口圆管的展开图,要在圆管表面上取若干素线,并找到它们的实长。在图示情况下,圆管素线是铅垂线,它们的正面投影反映实长。

画展开图时,将底圆展成直线,并找出直线上各等分点 Ⅰ 、Ⅱ 、Ⅲ⋯⋯所在的位置;然后过这些点作垂线,在这些垂线上截取在投影图中与之对应的素线的实长;最后,将各素线的端点连成圆滑的曲线即得。

3. 等径三通管的展开(图 11-12)

画等径三通管的展开图时,应以相贯线为界,分别画出两圆管的展开图。

由于两圆管轴线都平行于正面,其表面上素线的正面投影均反映实长,故可按图 11-12 的展开方法画出它们的展开图(如 A 部展开图)。画横管(B)的展开图时,首先将其展成一个矩形;然后从对称线开始,分别向两侧量取 $I_o\ II_o = \overline{1''2''}$、$II_o\ III_o = \overline{2''3''}$、$III_o\ IV_o = \overline{3''4''}$(以其弦长代替弧长)得等分点 I_o、II_o、III_o、IV_o,再过各等分点作水平线,与过 $1'$、$2'$、$3'$、$4'$ 各点向下所引的 OX 轴的垂线相交,将各交点圆滑地连接起来,即得横管的展开图。

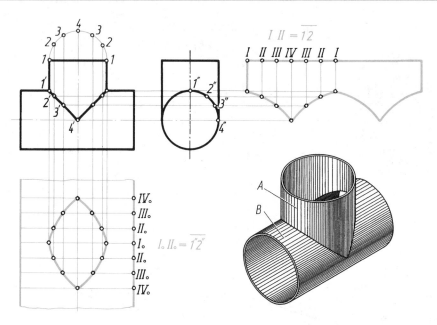

图 11-12　等径三通管的展开

4. 异径偏交管的展开(图 11-13)

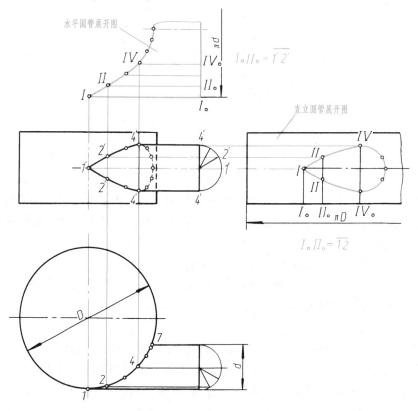

图 11-13　异径偏交管的展开

　　异径偏交管是由两个不同直径的圆管垂直偏交所构成的。根据它的视图作展开图时，必须先在视图上准确地求出相贯线的投影，然后按与图 11-12 相类似的展开画法分别画出横管、立管的展开图。

二、圆锥表面的展开图

1. 正圆锥表面的展开(图11-14)

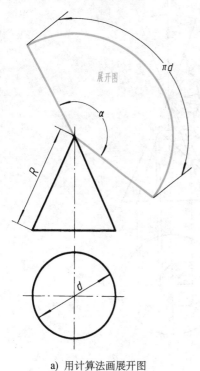

a) 用计算法画展开图

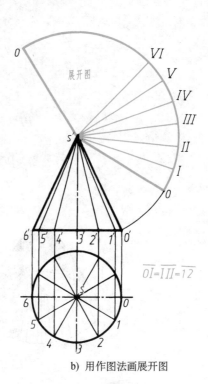

b) 用作图法画展开图

图 11-14　正圆锥表面的展开

正圆锥表面的展开图是一个扇形，扇形半径等于圆锥母线的长度，弧长等于圆锥底圆的周长，扇形角 $\alpha=\dfrac{180°d}{R}$，如图 11-14a 所示。

用作图法画正圆锥表面的展开图时，以内接正棱锥的三角形棱面代替相邻两素线间所夹的锥面，顺次展开，如图 11-14b 所示。

2. 斜口锥管的展开(图11-15)

由斜口锥管的视图可以看出，锥管轴线是铅垂线，因此，锥管的正面投影的轮廓线 $1'a'$ 和 $5'e'$，反映了锥管最左、最右素线的实长。其他位置素线的实长，从视图上不能直接得到，可用旋转法求出。画展开图时，可先画出完整锥管的扇形，然后画出锥管切顶后各素线余下部分的实长，如 $ⅡB$、$ⅢC$……最后将 A、B、C、D……诸点连接成圆滑曲线。

3. 方圆过渡接头的展开(图11-16)

方圆过渡接头是圆管过渡到方管的一个中间接头制件，从图中可以看出，它由四个全等的等腰三角形和四个相同的局部斜锥面所组成。将这些组成部分的实形顺次画在同一平面上，即得方圆过渡接头的展开图。

作图步骤如下：

1) 将圆口 1/4 圆弧的俯视图 $\overset{\frown}{14}$ 分成三等份，得点 2、3，图中 $a1$、$a2$、$a3$、$a4$ 即为斜

锥面上素线 A Ⅰ、A Ⅱ、A Ⅲ、A Ⅳ的水平投影。斜锥面素线的长度 A Ⅰ $=A$ Ⅳ、A Ⅱ $=A$ Ⅲ，用直角三角形法求出 A Ⅰ(A Ⅳ)和 A Ⅱ(A Ⅲ)的实长，分别为 L 和 M，如图 11-16b 所示。

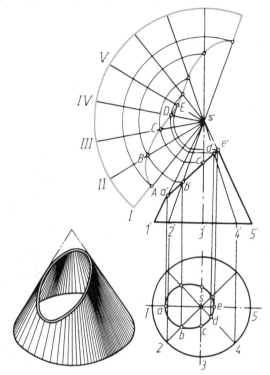

图 11-15　斜口锥管的展开

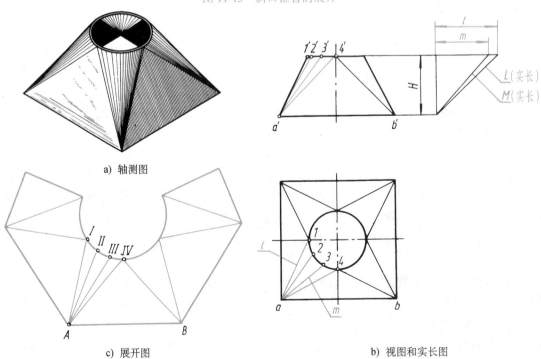

a) 轴测图

c) 展开图

b) 视图和实长图

图 11-16　方圆过渡接头的展开

2）在展开图上取 $AB=ab$，分别以 A、B 为圆心，L 为半径画弧，交于 Ⅳ 点，得三角形 ABⅣ；再以 Ⅳ 和 A 为圆心，分别以 $\overline{34}$ 和 M 为半径画弧，交于 Ⅲ 点，得三角形 AⅢⅣ。用同样的方法可依次作出各三角形 AⅡⅢ 和 AⅠⅡ。

3）圆滑地连接 Ⅰ、Ⅱ、Ⅲ、Ⅳ 等点，即得一个等腰三角形和一个局部斜锥面的展开图。

4）用同样的方法依次作出其他各组成部分的展开图，即可完成整个方圆过渡接头的展开，如图 11-16c 所示。

第四节　不可展曲面的近似展开

工程中有时要用环形弯管把两个直径相等、轴线垂直的管子连接起来。由于环形面是不可展曲面，因此在设计弯管时，一般都不采用圆环，而用几段圆柱管接在一起近似地代替环形弯管，如图 11-17a 所示。

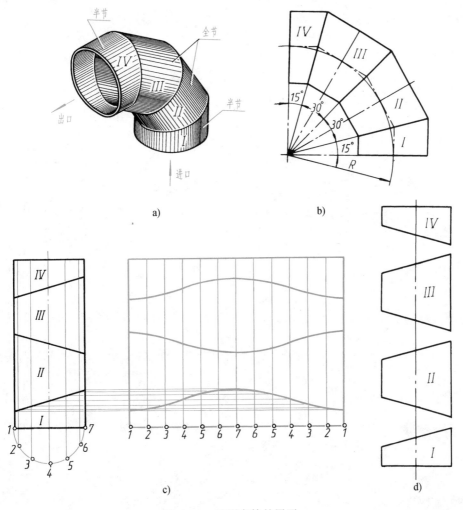

图 11-17　环形弯管的展开

从图 11-17b 可知，弯管两端管口平面相互垂直，并各为半节，中间是两个全节，实际上它由三个全节组成。四节都是斜口圆管。

为了简化作图和省料，可把四节斜口圆管拼成一个直圆管来展开(图 11-17c)，其作图方法与斜口圆管的展开(图 11-11)方法相同。

按展开曲线将各节切割分开后，卷制成斜口圆管，并将 Ⅱ、Ⅳ 两节绕轴线旋转 180°(图 11-17d)，按顺序将各节连接即可。

附　　录

附表1　普通螺纹牙型、直径与螺距（摘自 GB/T 192—2003, GB/T 193—2003）　　（单位：mm）

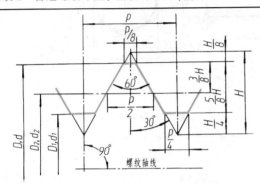

D——内螺纹的基本大径（公称直径）

d——外螺纹的基本大径（公称直径）

D_2——内螺纹的基本中径

d_2——外螺纹的基本中径

D_1——内螺纹的基本小径

d_1——外螺纹的基本小径

P——螺距

H——原始三角形高度

标记示例：

M10（粗牙普通外螺纹、公称直径 $d=10$、右旋、中径及顶径公差带均为6g、中等旋合长度）

M10×1-LH（细牙普通内螺纹、公称直径 $D=10$、螺距 $P=1$、左旋、中径及顶径公差带均为6H、中等旋合长度）

公称直径 D、d			螺　距　P			
第一系列	第二系列	第三系列	粗　牙	细　牙		
4			0.7	0.5		
5			0.8	0.5		
		5.5			0.5	
6			1			0.75
	7		1	0.75		
8			1.25		1、0.75	
		9	1.25			1、0.75
10			1.5	1.25、1、0.75		
		11	1.5		1.5、1、0.75	
12			1.75			1.25、1
	14		2	1.5、1.25、1		
		15			1.5、1	
16			2			1.5、1
		17		1.5、1		
	18		2.5		2、1.5、1	
20			2.5			2、1.5、1
	22		2.5	2、1.5、1		
24			3		2、1.5、1	
		25				2、1.5、1
		26		1.5		
	27		3		2、1.5、1	
		28				2、1.5、1
30			3.5	(3)、2、1.5、1		
		32			2、1.5	
	33		3.5			(3)、2、1.5

（续）

公称直径D、d			螺 距 P	
第一系列	第二系列	第三系列	粗 牙	细 牙
36		35		1.5
			4	3、2、1.5
		38		1.5
	39		4	3、2、1.5

注：M14×1.25 仅用于发动机的火花塞；M35×1.5 仅用于轴承的锁紧螺母。

附表 2　六角头螺栓　　　　　　　　　　　　（单位：mm）

六角头螺栓—C 级（摘自 GB/T 5780—2016）

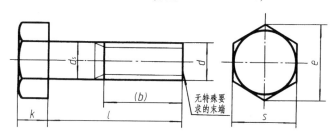

标记示例：

螺栓　GB/T 5780　M20×100

（螺纹规格 d=M20、公称长度 l=100、性能等级为 4.8 级、表面不经处理、杆身半螺纹、C 级的六角头螺栓）

六角头螺栓—全螺纹—C 级（摘自 GB/T 5781—2016）

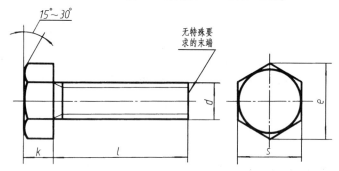

标记示例：

螺栓　GB/T 5781　M12×80

（螺纹规格 d=M12、公称长度 l=80、性能等级为 4.8 级、表面不经处理、全螺纹、C 级的六角头螺栓）

螺纹规格 d		M5	M6	M8	M10	M12	M16	M20	M24	M30	M36	M42	M48
b 参考	$l\leqslant125$	16	18	22	26	30	38	46	54	66	—	—	—
	$125<l\leqslant200$	22	24	28	32	36	44	52	60	72	84	96	108
	$l>200$	35	37	41	45	49	57	65	73	85	97	109	121
k 公称		3.5	4.0	5.3	6.4	7.5	10	12.5	15	18.7	22.5	26	30
s_{max}		8	10	13	16	18	24	30	36	46	55	65	75
e_{min}		8.6	10.9	14.2	17.6	19.9	26.2	33.0	39.6	50.9	60.8	71.3	82.6
d_{smax}		5.48	6.48	8.58	10.58	12.7	16.7	20.84	24.84	30.84	37.0	43.0	49.0
l 范围	GB/T 5780—2016	25~50	30~60	40~80	45~100	55~120	65~160	80~200	100~240	120~300	140~360	180~420	200~480
	GB/T 5781—2016	10~40	12~50	16~65	20~80	25~100	35~100	40~100	50~100	60~100	70~100	80~420	90~480
l 系列		10、12、16、20~50（5 进位）、（55）、60、（65）、70~160（10 进位）、180、220~500（20 进位）											

注：1. 括号内的规格尽可能不用。末端按 GB/T 2—2016 规定。

　　2. 螺纹公差：8g（GB/T 5780—2016），8g（GB/T 5781—2016）；机械性能等级：4.6 级、4.8 级；产品等级：C。

1 型六角螺母—A 和 B 级（摘自 GB/T 6170—2015）

1 型六角螺母—细牙—A 和 B 级（摘自 GB/T 6171—2016）

六角螺母—C 级（摘自 GB/T 41—2016）

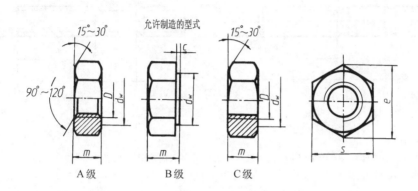

A 级　　　　　　　B 级　　　　　　　C 级

标记示例：

螺母　GB/T 41　M12

（螺纹规格 D＝M12、性能等级为 5 级、表面不经处理、C 级的 1 型六角螺母）

螺母　GB/T 6171　M24×2

（螺纹规格 D＝M24、螺距 P＝2、性能等级为 10 级、表面不经处理、B 级的 1 型细牙六角螺母）

螺纹规格	D	M4	M5	M6	M8	M10	M12	M16	M20	M24	M30	M36	M42	M48
	$D×P$	—	—	—	M8×1	M10×1	M12×15	M16×15	M20×2	M24×2	M30×2	M36×3	M42×3	M48×3
c		0.4	0.5				0.6			0.8			1	
s_{max}		7	8	10	13	16	18	24	30	36	46	55	65	75
e_{min}	A、B 级	7.66	8.79	11.05	14.38	17.77	20.03	26.75	32.95	39.95	50.85	60.79	72.02	82.6
	C 级	—	8.63	10.89	14.2	17.59	19.85	26.17						
m_{max}	A、B 级	3.2	4.7	5.2	6.8	8.4	10.8	14.8	18	21.5	25.6	31	34	38
	C 级	—	5.6	6.1	7.9	9.5	12.2	15.9	18.7	22.3	26.4	31.5	34.9	38.9
d_{wmin}	A、B 级	5.9	6.9	8.9	11.6	14.6	16.6	22.5	27.7	33.2	42.7	51.1	60.6	69.4
	C 级	—	6.9	8.7	11.5	14.5	16.5	22						

注：1. P——螺距。

2. A 级用于 D≤16 的螺母；B 级用于 D>16 的螺母；C 级用于 M5～M64 的螺母。

3. 螺纹公差：A、B 级为 6H，C 级为 7H；机械性能等级：A、B 级为 6、8、10 级，C 级为 4 级（M16～M39）或 5 级（≤M16）或按协议（>M39）。

附表 4　双头螺柱(摘自 GB/T 897~900—1988)　　　　　(单位:mm)

$b_m = 1d$(GB/T 897—1988);　　　$b_m = 1.25d$(GB/T 898—1988);

$b_m = 1.5d$(GB/T 899—1988);　　　$b_m = 2d$(GB/T 900—1988)

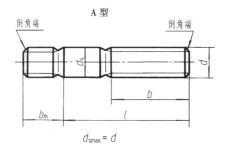
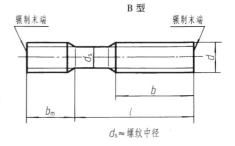

$d_{smax} = d$　　　　　　　　　　　　　　$d_s \approx$ 螺纹中径

标记示例:

螺柱　GB/T 900　M10×50

(两端均为粗牙普通螺纹、$d = 10$、$l = 50$、性能等级为 4.8 级、不经表面处理、B 型、$b_m = 2d$ 的双头螺柱)

螺柱　GB/T 900　AM10-M10×1×50

(旋入机体一端为粗牙普通螺纹、旋螺母一端为螺距 $P = 1$ 的细牙普通螺纹、$d = 10$、$l = 50$、性能等级为 4.8 级、不经表面处理、A 型、$b_m = 2d$ 的双头螺柱)

螺纹规格	b_m(旋入机体端长度)				l/b(螺柱长度/旋螺母端长度)				
d	GB/T 897	GB/T 898	GB/T 899	GB/T 900					
M4	—	—	6	8	$\frac{16 \sim 22}{8}$	$\frac{25 \sim 40}{14}$			
M5	5	6	8	10	$\frac{16 \sim 22}{10}$	$\frac{25 \sim 50}{16}$			
M6	6	8	10	12	$\frac{20 \sim 22}{10}$	$\frac{25 \sim 30}{14}$	$\frac{32 \sim 75}{18}$		
M8	8	10	12	16	$\frac{20 \sim 22}{12}$	$\frac{25 \sim 30}{16}$	$\frac{32 \sim 90}{22}$		
M10	10	12	15	20	$\frac{25 \sim 28}{14}$	$\frac{30 \sim 38}{16}$	$\frac{40 \sim 120}{26}$	$\frac{130}{32}$	
M12	12	15	18	24	$\frac{25 \sim 30}{16}$	$\frac{32 \sim 40}{20}$	$\frac{45 \sim 120}{30}$	$\frac{130 \sim 180}{36}$	
M16	16	20	24	32	$\frac{30 \sim 38}{20}$	$\frac{40 \sim 55}{30}$	$\frac{60 \sim 120}{38}$	$\frac{130 \sim 200}{44}$	
M20	20	25	30	40	$\frac{35 \sim 40}{25}$	$\frac{45 \sim 65}{35}$	$\frac{70 \sim 120}{46}$	$\frac{130 \sim 200}{52}$	
(M24)	24	30	36	48	$\frac{45 \sim 50}{30}$	$\frac{55 \sim 75}{45}$	$\frac{80 \sim 120}{54}$	$\frac{130 \sim 200}{60}$	
(M30)	30	38	45	60	$\frac{60 \sim 65}{40}$	$\frac{70 \sim 90}{50}$	$\frac{95 \sim 120}{66}$	$\frac{130 \sim 200}{72}$	$\frac{210 \sim 250}{85}$
M36	36	45	54	72	$\frac{65 \sim 75}{45}$	$\frac{80 \sim 110}{60}$	$\frac{120}{78}$	$\frac{130 \sim 200}{84}$	$\frac{210 \sim 300}{97}$
M42	42	52	63	84	$\frac{70 \sim 80}{50}$	$\frac{85 \sim 110}{70}$	$\frac{120}{90}$	$\frac{130 \sim 200}{96}$	$\frac{210 \sim 300}{109}$
M48	48	60	72	96	$\frac{80 \sim 90}{60}$	$\frac{95 \sim 110}{80}$	$\frac{120}{102}$	$\frac{130 \sim 200}{108}$	$\frac{210 \sim 300}{121}$
$l_{系列}$	12、(14)、16、(18)、20、(22)、25、(28)、30、(32)、35、(38)、40、45、50、(55)、60、(65)、70、(75)、80、(85)、90、(95)、100~260(10 进位)、280、300								

注:1. 尽可能不采用括号内的规格。末端按 GB/T 2—2016 规定。

2. $b_m = 1d$,一般用于钢对钢;$b_m = 1.25d$ 或 $1.5d$,一般用于钢对铸铁;$b_m = 2d$,一般用于钢对铝合金。

附表5　螺钉(一)　　　　　　　　　　　　　　　　　　（单位：mm）

开槽盘头螺钉　　　　　　　开槽沉头螺钉　　　　　　　开槽半沉头螺钉
（摘自 GB/T 67—2016）　　（摘自 GB/T 68—2016）　　（摘自 GB/T 69—2016）

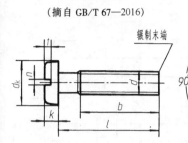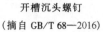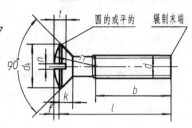

（无螺纹部分杆径≈中径或=螺纹大径）

标记示例：
螺钉　GB/T 67　M5×60
（螺纹规格 d=M5、l=60、性能等级为4.8级、表面不经处理的A级开槽盘头螺钉）

螺纹规格 d	P	b_{min}	n 公称	f	r_f	k_{max}		d_{kmax}		t_{min}			l 范围		全螺纹时最大长度	
				GB/T 69	GB/T 67	GB/T 67	GB/T 68 GB/T 69	GB/T 67	GB/T 68 GB/T 69	GB/T 67	GB/T 68	GB/T 69	GB/T 67	GB/T 68 GB/T 69	GB/T 67	GB/T 68 GB/T 69
M2	0.4	25	0.5	0.5	4	1.3	1.2	4	3.8	0.5	0.4	0.8	2.5~20	3~20	30	30
M3	0.5	25	0.8	0.7	6	1.8	1.65	5.6	5.5	0.7	0.6	1.2	4~30	5~30	30	30
M4	0.7	38	1.2	1	9.5	2.4	2.7	8	8.4	1	1	1.6	5~40	6~40	40	45
M5	0.8	38	1.2	1.2	9.5	3	2.7	9.5	9.3	1.2	1.1	2	6~50	8~50	40	45
M6	1	38	1.6	1.4	12	3.6	3.3	12	11.3	1.4	1.2	2.4	8~60	8~60	40	45
M8	1.25	38	2	2	16.5	4.8	4.65	16	15.8	1.9	1.8	3.2	10~80	10~80	40	45
M10	1.5	38	2.5	2.3	19.5	6	5	20	18.3	2.4	2	3.8	10~80	10~80	40	45
l 系列	2、2.5、3、4、5、6、8、10、12、(14)、16、20~50(5 进位)、(55)、60、(65)、70、(75)、80															

注：螺纹公差：6g；机械性能等级：4.8、5.8；产品等级：A。

附表6　螺钉(二)　　　　　　　　　　　　　　　　　　（单位：mm）

开槽锥端紧定螺钉　　　　　开槽平端紧定螺钉　　　　　开槽长圆柱端紧定螺钉
（摘自 GB/T 71—1985）　　（摘自 GB/T 73—2017）　　（摘自 GB/T 75—1985）

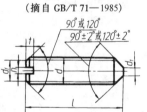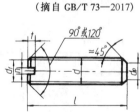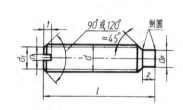

标记示例：
螺钉　GB/T 71　M5×20
（螺纹规格 d=M5、公称长度 l=20、性能等级为14H级、表面氧化的开槽锥端紧定螺钉）

螺纹规格 d	P	d_f	$d_{t\,max}$	$d_{p\,max}$	n 公称	t_{max}	z_{max}	l 范围		
								GB/T 71	GB/T 73	GB/T 75
M2	0.4	螺纹小径	0.2	1	0.25	0.84	1.25	3~10	2~10	3~10
M3	0.5		0.3	2	0.4	1.05	1.75	4~16	3~16	5~16
M4	0.7		0.4	2.5	0.6	1.42	2.25	6~20	4~20	6~20
M5	0.8		0.5	3.5	0.8	1.63	2.75	8~25	5~25	8~25
M6	1		1.5	4	1	2	3.25	8~30	6~30	8~30
M8	1.25		2	5.5	1.2	2.5	4.3	10~40	8~40	10~40
M10	1.5		2.5	7	1.6	3	5.3	12~50	10~50	12~50
M12	1.75		3	8.5	2	3.6	6.3	14~60	12~60	14~60
l 系列	2、2.5、3、4、5、6、8、10、12、(14)、16、20、25、30、35、40、45、50、(55)、60									

注：螺纹公差：6g；机械性能等级：14H；22H；产品等级：A。

附表 7　垫圈　　　　　　　　　　　　　　　　　　　　　　（单位：mm）

小垫圈——A 级（摘自 GB/T 848—2002）
平垫圈——A 级（摘自 GB/T 97.1—2002）
平垫圈　倒角型——A 级（摘自 GB/T 97.2—2002）
平垫圈——C 级（摘自 GB/T 95—2002）
大垫圈——A 级（摘自 GB/T 96.1—2002）
特大垫圈——C 级（摘自 GB/T 5287—2002）

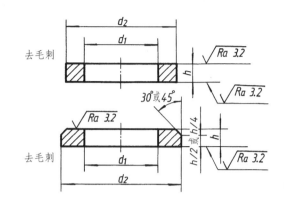

标记示例：

　垫圈　GB/T 95　8

（标准系列、公称尺寸 $d=8$、硬度等级为 100HV 级、不经表面处理、产品等级为 C 级的平垫圈）

　垫圈　GB/T 97.2　8

（标准系列、公称规格 8、由钢制造的硬度等级为 200HV 级、不经表面处理、产品等级为 A 级的倒角型平垫圈）

公称尺寸（螺纹规格）d	标准系列									特大系列			大系列			小系列		
	GB/T 95（C 级）			GB/T 97.1（A 级）			GB/T 97.2（A 级）			GB/T 5287（C 级）			GB/T 96.1（A 级）			GB/T 848（A 级）		
	d_{1min}	d_{2max}	h	d_{1min}	d_{2max}	h	d_{1min}	d_{2max}	h	d_{1min}	d_{2max}	h	d_{1min}	d_{2max}	h	d_{1min}	d_{2max}	h
4	—	—	—	4.3	9	0.8	—	—	—	—	—	—	4.3	12	1	4.3	8	0.5
5	5.5	10	1	5.3	10	1	5.3	10	1	5.5	18	2	5.3	15	1.2	5.3	9	1
6	6.6	12	1.6	6.4	12	1.6	6.4	12	1.6	6.6	22		6.4	18	1.6	6.4	11	1.6
8	9	16		8.4	16		8.4	16		9	28	3	8.4	24	2	8.4	15	
10	11	20	2	10.5	20	2	10.5	20	2	11	34		10.5	30	2.5	10.5	18	
12	13.5	24	2.5	13	24	2.5	13	24	2.5	13.5	44	4	13	37		13	20	2
14	15.5	28		15	28		15	28		15.5	50		15	44	3	15	24	2.5
16	17.5	30	3	17	30	3	17	30	3	17.5	56	5	17	50		17	28	
20	22	37		21	37		21	37		22	72		22	60	4	21	34	3
24	26	44	4	25	44	4	25	44		26	85	6	26	72	5	25	39	4
30	33	56		31	56		31	56		33	105		33	92	6	31	50	
36	39	66	5	37	66	5	37	66	5	39	125	8	39	110	8	37	60	5
42[1]	45	78	8	45	78	8	45	78	8	—	—		—	—		—	—	
48[1]	52	92		52	92		52	92		—	—		—	—		—	—	

注：1. A 级适用于精装配系列，C 级适用于中等装配系列。

　　2. C 级垫圈没有 $Ra3.2\mu m$ 和去毛刺的要求。

　　3. GB/T 848—2002 主要用于圆柱头螺钉，其他用于标准的六角螺栓、螺母和螺钉。

① 表示尚未列入相应产品标准的规格。

附表 8　标准型弹簧垫圈（摘自 GB/T 93—1987）　　（单位：mm）

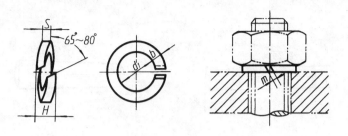

标记示例：

垫圈　GB/T 93　10

（规格 10、材料为 65Mn、表面氧化的标准型弹簧垫圈）

规格 （螺纹大径）	4	5	6	8	10	12	16	20	24	30	36	42	48
$d_{1\,min}$	4.1	5.1	6.1	8.1	10.2	12.2	16.2	20.2	24.5	30.5	36.5	42.5	48.5
$S=b_{公称}$	1.1	1.3	1.6	2.1	2.6	3.1	4.1	5	6	7.5	9	10.5	12
$m\leqslant$	0.55	0.65	0.8	1.05	1.3	1.55	2.05	2.5	3	3.75	4.5	5.25	6
H_{max}	2.75	3.25	4	5.25	6.5	7.75	10.25	12.5	15	18.75	22.5	26.25	30

注：m 应大于零。

附表 9　圆柱销（不淬硬钢和奥氏体不锈钢）（摘自 GB/T 119.1—2000）　（单位：mm）

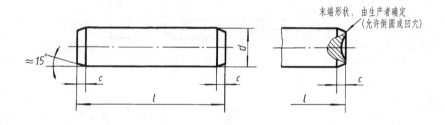

标记示例：

销　GB/T 119.1　6 m6×30

（公称直径 $d=6$、公差为 m6、公称长度 $l=30$、材料为钢、不经淬火、不经表面处理的圆柱销）

销　GB/T 119.1　10 m6×30-A1

（公称直径 $d=10$、公差为 m6、公称长度 $l=30$、材料为 A1 组奥氏体不锈钢、表面简单处理的圆柱销）

d（公称） m6/h8	2	3	4	5	6	8	10	12	16	20	25
$c\approx$	0.35	0.5	0.63	0.8	1.2	1.6	2	2.5	3	3.5	4
$l_{范围}$	6~20	8~30	8~40	10~50	12~60	14~80	18~95	22~140	26~180	35~200	50~220
$l_{系列}$ （公称）	2、3、4、5、6~32（2 进位）、35~100（5 进位）、120~≥200（按 20 递增）										

附表 10　圆锥销(摘自 GB/T 117—2000)　　　　　　　　　　　　(单位:mm)

A 型(磨削)　　　　　　　　　　　　　　　　B 型(切削或冷镦)

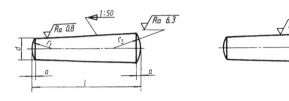

$$r_1 \approx d \qquad r_2 \approx \frac{a}{2} + d + \frac{0.021^2}{8a}$$

标记示例:

　销　GB/T 117　10×60

(公称直径 $d=10$、公称长度 $l=60$、材料为 35 钢、热处理硬度 28~38HRC、表面氧化处理的 A 型圆锥销)

$d_{公称}$	2	2.5	3	4	5	6	8	10	12	16	20	25
$a\approx$	0.25	0.3	0.4	0.5	0.63	0.8	1.0	1.2	1.6	2.0	2.5	3.0
$l_{范围}$	10~35	10~35	12~45	14~55	18~60	22~90	22~120	26~160	32~180	40~200	45~220	50~240
$l_{系列}$	2、3、4、5、6~32(2 进位)、35~100(5 进位)、120~≥200(20 进位)											

附表 11　开口销(摘自 GB/T 91—2000)　　　　　　　　　　　　(单位:mm)

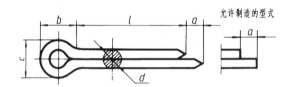

允许制造的型式

标记示例:

　销　GB/T 91　5×50

(公称规格为 5、公称长度 $l=50$、材料为低碳钢、不经表面处理的开口销)

	公称	0.8	1	1.2	1.6	2	2.5	3.2	4	5	6.3	8	10	13
d	max	0.7	0.9	1	1.4	1.8	2.3	2.9	3.7	4.6	5.9	7.5	9.5	12.4
	min	0.6	0.8	0.9	1.3	1.7	2.1	2.7	3.5	4.4	5.7	7.3	9.3	12.1
c_{max}		1.4	1.8	2	2.8	3.6	4.6	5.8	7.4	9.2	11.8	15	19	24.8
$b\approx$		2.4	3	3	3.2	4	5	6.4	8	10	12.6	16	20	26
a_{max}		1.6				2.5			3.2		4			6.3
$l_{范围}$		5~16	6~20	8~26	8~32	10~40	12~50	14~63	18~80	22~100	32~125	40~160	45~200	71~250
$l_{系列}$		4、5、6~22、25、28、32、36、40、45、50、56、63、71、80、90、100、112、125、140、160、180、200、224、250、280												

注:销孔的公称直径等于 $d_{公称}$,$d_{min} \leqslant$(销的直径)$\leqslant d_{max}$。

附表 12　普通型平键及键槽各部分尺寸（摘自 GB/T 1096—2003，GB/T 1095—2003）

（单位：mm）

普通平键键槽的剖面尺寸与公差（GB/T 1095—2003）

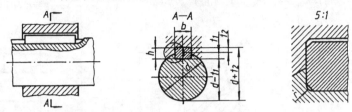

普通平键的型式与尺寸（GB/T 1096—2003）

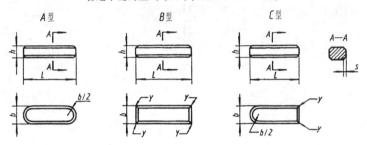

注：$y \leqslant s_{max}$。

标记示例：

GB/T 1096　键 16×10×100　（普通 A 型平键、$b=16$、$h=10$、$L=100$）

GB/T 1096　键 B16×10×100　（普通 B 型平键、$b=16$、$h=10$、$L=100$）

GB/T 1096　键 C16×10×100　（普通 C 型平键、$b=16$、$h=10$、$L=100$）

轴	键		键 槽										
公称直径 d	键尺寸 $b \times h$ (h8)(h11)	倒角或倒圆 s	宽 度 b						深 度				半径 r
			基本尺寸 b	极 限 偏 差					轴 t_1		毂 t_2		
				正常联结		紧密联结	松联结		基本尺寸	极限偏差	基本尺寸	极限偏差	
				轴 N9	毂 JS9	轴和毂 P9	轴 H9	毂 D10					min	max
>10~12	4×4	0.16~0.25	4	0 −0.030	±0.015	−0.012 −0.042	+0.030 0	+0.078 +0.030	2.5	+0.1 0	1.8	+0.1 0	0.08	0.16
>12~17	5×5	0.25~0.40	5						3.0		2.3		0.16	0.25
>17~22	6×6		6						3.5		2.8			
>22~30	8×7		8	0 −0.036	±0.018	−0.015 −0.051	+0.036 0	+0.098 +0.040	4.0		3.3			
>30~38	10×8		10						5.0		3.3			
>38~44	12×8	0.40~0.60	12	0 −0.043	±0.0215	−0.018 −0.061	+0.043 0	+0.120 +0.050	5.0		3.3		0.25	0.40
>44~50	14×9		14						5.5		3.8			
>50~58	16×10		16						6.0	+0.2 0	4.3	+0.2 0		
>58~65	18×11		18						7.0		4.4			
>65~75	20×12	0.60~0.80	20	0 −0.052	±0.026	−0.022 −0.074	+0.052 0	+0.149 +0.065	7.5		4.9		0.40	0.60
>75~85	22×14		22						9.0		5.4			
>85~95	25×14		25						9.0		5.4			
>95~110	28×16		28						10.0		6.4			

注：1. L 系列：6~22（2 进位）、25、28、32、36、40、45、50、56、63、70、80、90、100、110、125、140、160、180、200、220、250、280、320、360、400、450、500。

2. GB/T 1095—2003、GB/T 1096—2003 中无轴的公称直径一列，现列出仅供参考。

附表 13　滚动轴承

深沟球轴承	圆锥滚子轴承	推力球轴承
(摘自 GB/T 276—2013)	(摘自 GB/T 297—2015)	(摘自 GB/T 301—2015)

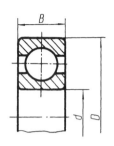 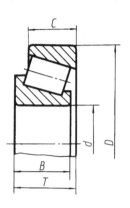 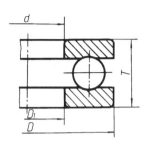

标记示例：　　　　　　　　　　标记示例：　　　　　　　　　标记示例：

滚动轴承　6310 GB/T 276　　滚动轴承　30212 GB/T 297　　滚动轴承　51305 GB/T 301

轴承	尺寸/mm			轴承	尺寸/mm					轴承	尺寸/mm			
型号	d	D	B	型号	d	D	B	C	T	型号	d	D	T	D_1
尺寸系列〔(0)2〕				尺寸系列〔02〕						尺寸系列〔12〕				
6202	15	35	11	30203	17	40	12	11	13.25	51202	15	32	12	17
6203	17	40	12	30204	20	47	14	12	15.25	51203	17	35	12	19
6204	20	47	14	30205	25	52	15	13	16.25	51204	20	40	14	22
6205	25	52	15	30206	30	62	16	14	17.25	51205	25	47	15	27
6206	30	62	16	30207	35	72	17	15	18.25	51206	30	52	16	32
6207	35	72	17	30208	40	80	18	16	19.75	51207	35	62	18	37
6208	40	80	18	30209	45	85	19	16	20.75	51208	40	68	19	42
6209	45	85	19	30210	50	90	20	17	21.75	51209	45	73	20	47
6210	50	90	20	30211	55	100	21	18	22.75	51210	50	78	22	52
6211	55	100	21	30212	60	110	22	19	23.75	51211	55	90	25	57
6212	60	110	22	30213	65	120	23	20	24.75	51212	60	95	26	62
尺寸系列〔(0)3〕				尺寸系列〔03〕						尺寸系列〔13〕				
6302	15	42	13	30302	15	42	13	11	14.25	51304	20	47	18	22
6303	17	47	14	30303	17	47	14	12	15.25	51305	25	52	18	27
6304	20	52	15	30304	20	52	15	13	16.25	51306	30	60	21	32
6305	25	62	17	30305	25	62	17	15	18.25	51307	35	68	24	37
6306	30	72	19	30306	30	72	19	16	20.75	51308	40	78	26	42
6307	35	80	21	30307	35	80	21	18	22.75	51309	45	85	28	47
6308	40	90	23	30308	40	90	23	20	25.25	51310	50	95	31	52
6309	45	100	25	30309	45	100	25	22	27.25	51311	55	105	35	57
6310	50	110	27	30310	50	110	27	23	29.25	51312	60	110	35	62
6311	55	120	29	30311	55	120	29	25	31.50	51313	65	115	36	67
6312	60	130	31	30312	60	130	31	26	33.50	51314	70	125	40	72

注：圆括号中的尺寸系列代号在轴承代号中省略。

附表 14 普通螺纹退刀槽和倒角（GB/T 3—1997）　　　　（单位:mm）

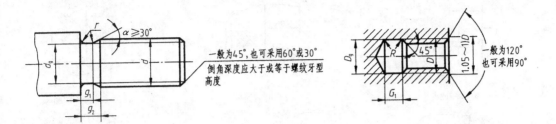

一般为45°，也可采用60°或30°
倒角深度应大于或等于螺纹牙型高度

一般为120°
也可采用90°

螺距 P	粗牙螺纹大径 d、D	外 螺 纹				内 螺 纹			
		g_2 max	g_1 min	d_g	$r \approx$	G_1		D_g	$R \approx$
						一般	短的		
0.5	3	1.5	0.8	$d-0.8$	0.2	2	1	D+0.3	0.2
0.6	3.5	1.8	0.9	$d-1$		2.4	1.2		0.3
0.7	4	2.1	1.1	$d-1.1$	0.4	2.8	1.4		0.4
0.75	4.5	2.25	1.2	$d-1.2$		3	1.5		
0.8	5	2.4	1.3	$d-1.3$		3.2	1.6		
1	6、7	3	1.6	$d-1.6$	0.6	4	2	D+0.5	0.5
1.25	8	3.75	2	$d-2$		5	2.5		0.6
1.5	10	4.5	2.5	$d-2.3$	0.8	6	3		0.8
1.75	12	5.25	3	$d-2.6$	1	7	3.5		0.9
2	14、16	6	3.4	$d-3$		8	4		1
2.5	18、20、22	7.5	4.4	$d-3.6$	1.2	10	5		1.2
3	24、27	9	5.2	$d-4.4$	1.6	12	6		1.5
3.5	30、33	10.5	6.2	$d-5$		14	7		1.8
4	36、39	12	7	$d-5.7$	2	16	8		2
4.5	42、45	13.5	8	$d-6.4$	2.5	18	9		2.2
5	48、52	15	9	$d-7$		20	10		2.5
5.5	56、60	17.5	11	$d-7.7$	3.2	22	11		2.8
6	64、68	18	11	$d-8.3$		24	12		3
参考值	—	$\approx 3P$	—	—	—	$=4P$	$=2P$	—	$\approx 0.5P$

注：1. d、D 为螺纹公称直径代号。

2. d_g 公差：d>3mm 时为 h13；d≤3mm 时为 h12。D_g 公差为 H13。

3. "短" 退刀槽仅在结构受限制时采用。

附表 15　砂轮越程槽(摘自 GB/T 6403.5—2008)　　　　(单位:mm)

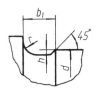

a) 磨外圆

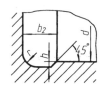

b) 磨内圆

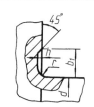

c) 磨外端面

d) 磨内端面

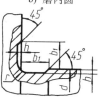

e) 磨外圆及端面

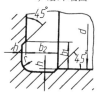

f) 磨内圆及端面

d	~10			>10~50		>50~100		>100	
b_1	0.6	1.0	1.6	2.0	3.0	4.0	5.0	8.0	10
b_2	2.0	3.0		4.0		5.0			
h	0.1	0.2		0.3		0.4		0.6	0.8	1.2
r	0.2	0.5		0.8		1.0		1.6	2.0	3.0

附表 16　倒角和倒圆(摘自 GB/T 6403.4—2008)　　　　(单位:mm)

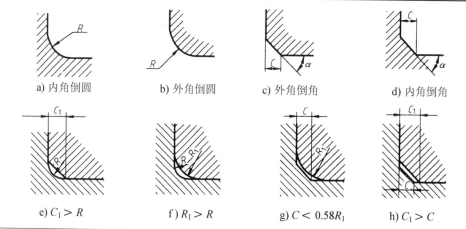

a) 内角倒圆　　b) 外角倒圆　　c) 外角倒角　　d) 内角倒角

e) $C_1 > R$　　f) $R_1 > R$　　g) $C < 0.58R_1$　　h) $C_1 > C$

直径 D		~3		>3~6		>6~10		>10~18	>18~30	>30~50		>50~80
C、R	R_1	0.1	0.2	0.3	0.4	0.5	0.6	0.8	1.0	1.2	1.6	2.0
$C_{max}(C<0.58R_1)$		—	0.1	0.1	0.2	0.2	0.3	0.4	0.5	0.6	0.8	1.0
直径 D		>80~ 120	>120~ 180	>180~ 250	>250~ 320	>320~ 400	>400~ 500	>500~ 630	>630~ 800	>800~ 1000	>1000~ 1250	>1250~ 1600
C、R	R_1	2.5	3.0	4.0	5.0	6.0	8.0	10	12	16	20	25
$C_{max}(C<0.58R_1)$		1.2	1.6	2.0	2.5	3.0	4.0	5.0	6.0	8.0	10	12

注:α 一般采用 45°,也可采用 30°或 60°。

附表 17　紧固件通孔（GB/T 5277—1985）及沉孔（GB/T 152.2—2014、
GB/T 152.3～152.4—1988）尺寸　　　　　（单位：mm）

螺纹直径 d			4	5	6	8	10	12	16	20	24	30	36
螺栓和螺钉通孔直径 d_1（GB/T 5277）		精装配	4.3	5.3	6.4	8.4	10.5	13	17	21	25	31	37
		中等装配	4.5	5.5	6.6	9	11	13.5	17.5	22	26	33	39
		粗装配	4.8	5.8	7	10	12	14.5	18.5	24	28	35	42
六角头螺栓和六角螺母用沉孔（GB/T 152.4）		d_2	10	11	13	18	22	26	33	40	48	61	71
		t	只要能制出与通孔 d_1 的轴线相垂直的圆平面即可（锪平为止）										
开槽圆柱头螺钉用沉孔（GB/T 152.3）		d_2	8	10	11	15	18	20	26	33	—	—	—
		t	3.2	4	4.7	6	7	8	10.5	12.5	—	—	—
内六角圆柱头螺钉用沉孔（GB/T 152.3）		d_2	8	10	11	15	18	20	26	33	40	48	57
		t	4.6	5.7	6.8	9	11	13	17.5	21.5	25.5	32	38
沉头螺钉用沉孔（GB/T 152.2）		d_2 max	9.6	10.65	12.85	17.55	20.3	—	—	—	—	—	—

代号 公称尺寸/mm		A	B	C	D	E	F	G	H 公　差					
大于	至	11	11	11	9	8	8	7	6	7	8	9	10	11
—	3	+330/+270	+200/+140	+120/+60	+45/+20	+28/+14	+20/+6	+12/+2	+6/0	+10/0	+14/0	+25/0	+40/0	+60/0
3	6	+345/+270	+215/+140	+145/+70	+60/+30	+38/+20	+28/+10	+16/+4	+8/0	+12/0	+18/0	+30/0	+48/0	+75/0
6	10	+370/+280	+240/+150	+170/+80	+76/+40	+47/+25	+35/+13	+20/+5	+9/0	+15/0	+22/0	+36/0	+58/0	+90/0
10	18	+400/+290	+260/+150	+205/+95	+93/+50	+59/+32	+43/+16	+24/+6	+11/0	+18/0	+27/0	+43/0	+70/0	+110/0
18	24	+430/+300	+290/+160	+240/+110	+117/+65	+73/+40	+53/+20	+28/+7	+13/0	+21/0	+33/0	+52/0	+84/0	+130/0
24	30	+430/+300	+290/+160	+240/+110	+117/+65	+73/+40	+53/+20	+28/+7	+13/0	+21/0	+33/0	+52/0	+84/0	+130/0
30	40	+470/+310	+330/+170	+280/+120	+142/+80	+89/+50	+64/+25	+34/+9	+16/0	+25/0	+39/0	+62/0	+100/0	+160/0
40	50	+480/+320	+340/+180	+290/+130	+142/+80	+89/+50	+64/+25	+34/+9	+16/0	+25/0	+39/0	+62/0	+100/0	+160/0
50	65	+530/+340	+380/+190	+330/+140	+174/+100	+106/+60	+76/+30	+40/+10	+19/0	+30/0	+46/0	+74/0	+120/0	+190/0
65	80	+550/+360	+390/+200	+340/+150	+174/+100	+106/+60	+76/+30	+40/+10	+19/0	+30/0	+46/0	+74/0	+120/0	+190/0
80	100	+600/+380	+440/+220	+390/+170	+207/+120	+125/+72	+90/+36	+47/+12	+22/0	+35/0	+54/0	+87/0	+140/0	+220/0
100	120	+630/+410	+460/+240	+400/+180	+207/+120	+125/+72	+90/+36	+47/+12	+22/0	+35/0	+54/0	+87/0	+140/0	+220/0
120	140	+710/+460	+510/+260	+450/+200	+245/+145	+148/+85	+106/+43	+54/+14	+25/0	+40/0	+63/0	+100/0	+160/0	+250/0
140	160	+770/+520	+530/+280	+460/+210	+245/+145	+148/+85	+106/+43	+54/+14	+25/0	+40/0	+63/0	+100/0	+160/0	+250/0
160	180	+830/+580	+560/+310	+480/+230	+245/+145	+148/+85	+106/+43	+54/+14	+25/0	+40/0	+63/0	+100/0	+160/0	+250/0
180	200	+950/+660	+630/+340	+530/+240	+285/+170	+172/+100	+122/+50	+61/+15	+29/0	+46/0	+72/0	+115/0	+185/0	+290/0
200	225	+1030/+740	+670/+380	+550/+260	+285/+170	+172/+100	+122/+50	+61/+15	+29/0	+46/0	+72/0	+115/0	+185/0	+290/0
225	250	+1110/+820	+710/+420	+570/+280	+285/+170	+172/+100	+122/+50	+61/+15	+29/0	+46/0	+72/0	+115/0	+185/0	+290/0
250	280	+1240/+920	+800/+480	+620/+300	+320/+190	+191/+110	+137/+56	+69/+17	+32/0	+52/0	+81/0	+130/0	+210/0	+320/0
280	315	+1370/+1050	+860/+540	+650/+330	+320/+190	+191/+110	+137/+56	+69/+17	+32/0	+52/0	+81/0	+130/0	+210/0	+320/0
315	355	+1560/+1200	+960/+600	+720/+360	+350/+210	+214/+125	+151/+62	+75/+18	+36/0	+57/0	+89/0	+140/0	+230/0	+360/0
355	400	+1710/+1350	+1040/+680	+760/+400	+350/+210	+214/+125	+151/+62	+75/+18	+36/0	+57/0	+89/0	+140/0	+230/0	+360/0
400	450	+1900/+1500	+1160/+760	+840/+440	+385/+230	+232/+135	+165/+68	+83/+20	+40/0	+63/0	+97/0	+155/0	+250/0	+400/0
450	500	+2050/+1650	+1240/+840	+880/+480	+385/+230	+232/+135	+165/+68	+83/+20	+40/0	+63/0	+97/0	+155/0	+250/0	+400/0

注：公称尺寸小于 1mm 时，各级的 A 和 B 均不采用。

极限偏差(摘自 GB/T 1800.2—2009) (单位:μm)

等级 12	JS 6	JS 7	K 6	K 7	K 8	M 7	N 6	N 7	P 6	P 7	R 7	S 7	T 7	U 7
+100 / 0	±3	±5	0 / −6	0 / −10	0 / −14	−2 / −12	−4 / −10	−4 / −14	−6 / −12	−6 / −16	−10 / −20	−14 / −24	—	−18 / −28
+120 / 0	±4	±6	+2 / −6	+3 / −9	+5 / −13	0 / −12	−5 / −13	−4 / −16	−9 / −17	−8 / −20	−11 / −23	−15 / −27	—	−19 / −31
+150 / 0	±4.5	±7	+2 / −7	+5 / −10	+6 / −16	0 / −15	−7 / −16	−4 / −19	−12 / −21	−9 / −24	−13 / −28	−17 / −32	—	−22 / −37
+180 / 0	±5.5	±9	+2 / −9	+6 / −12	+8 / −19	0 / −18	−9 / −20	−5 / −23	−15 / −26	−11 / −29	−16 / −34	−21 / −39	—	−26 / −44
+210 / 0	±6.5	±10	+2 / −11	+6 / −15	+10 / −23	0 / −21	−11 / −24	−7 / −28	−18 / −31	−14 / −35	−20 / −41	−27 / −48	—	−33 / −54
											−20 / −41	−27 / −48	−33 / −54	−40 / −61
+250 / 0	±8	±12	+3 / −13	+7 / −18	+12 / −27	0 / −25	−12 / −28	−8 / −33	−21 / −37	−17 / −42	−25 / −50	−34 / −59	−39 / −64	−51 / −76
											−25 / −50	−34 / −59	−45 / −70	−61 / −86
+300 / 0	±9.5	±15	+4 / −15	+9 / −21	+14 / −32	0 / −30	−14 / −33	−9 / −39	−26 / −45	−21 / −51	−30 / −60	−42 / −72	−55 / −85	−76 / −106
											−32 / −62	−48 / −78	−64 / −94	−91 / −121
+350 / 0	±11	±17	+4 / −18	+10 / −25	+16 / −38	0 / −35	−16 / −38	−10 / −45	−30 / −52	−24 / −59	−38 / −73	−58 / −93	−78 / −113	−111 / −146
											−41 / −76	−66 / −101	−91 / −126	−131 / −166
+400 / 0	±12.5	±20	+4 / −21	+12 / −28	+20 / −43	0 / −40	−20 / −45	−12 / −52	−36 / −61	−28 / −68	−48 / −88	−77 / −117	−107 / −147	−155 / −195
											−50 / −90	−85 / −125	−119 / −159	−175 / −215
											−53 / −93	−93 / −133	−131 / −171	−195 / −235
+460 / 0	±14.5	±23	+5 / −24	+13 / −33	+22 / −50	0 / −46	−22 / −51	−14 / −60	−41 / −70	−33 / −79	−60 / −106	−105 / −151	−149 / −195	−219 / −265
											−63 / −109	−113 / −159	−163 / −209	−241 / −287
											−67 / −113	−123 / −169	−179 / −225	−267 / −313
+520 / 0	±16	±26	+5 / −27	+16 / −36	+25 / −56	0 / −52	−25 / −57	−14 / −66	−47 / −79	−36 / −88	−74 / −126	−138 / −190	−198 / −250	−295 / −347
											−78 / −130	−150 / −202	−220 / −272	−330 / −382
+570 / 0	±18	±28	+7 / −29	+17 / −40	+28 / −61	0 / −57	−26 / −62	−16 / −73	−51 / −87	−41 / −98	−87 / −144	−169 / −226	−247 / −304	−369 / −426
											−93 / −150	−187 / −244	−273 / −330	−414 / −471
+630 / 0	±20	±31	+8 / −32	+18 / −45	+29 / −68	0 / −63	−27 / −67	−17 / −80	−55 / −95	−45 / −108	−103 / −166	−209 / −272	−307 / −370	−467 / −530
											−109 / −172	−229 / −292	−337 / −400	−517 / −580

附表 19　轴的极限

代号		a	b	c	d	e	f	g	h					
公称尺寸/mm													公	差
大于	至	11	11	11	9	8	7	6	5	6	7	8	9	10
—	3	-270 -330	-140 -200	-60 -120	-20 -45	-14 -28	-6 -16	-2 -8	0 -4	0 -6	0 -10	0 -14	0 -25	0 -40
3	6	-270 -345	-140 -215	-70 -145	-30 -60	-20 -38	-10 -22	-4 -12	0 -5	0 -8	0 -12	0 -18	0 -30	0 -48
6	10	-280 -370	-150 -240	-80 -170	-40 -76	-25 -47	-13 -28	-5 -14	0 -6	0 -9	0 -15	0 -22	0 -36	0 -58
10	18	-290 -400	-150 -260	-95 -205	-50 -93	-32 -59	-16 -34	-6 -17	0 -8	0 -11	0 -18	0 -27	0 -43	0 -70
18	30	-300 -430	-160 -290	-110 -240	-65 -117	-40 -73	-20 -41	-7 -20	0 -9	0 -13	0 -21	0 -33	0 -52	0 -84
30	40	-310 -470	-170 -330	-120 -280	-80 -142	-50 -89	-25 -50	-9 -25	0 -11	0 -16	0 -25	0 -39	0 -62	0 -100
40	50	-320 -480	-180 -340	-130 -290										
50	65	-340 -530	-190 -380	-140 -330	-100 -174	-60 -106	-30 -60	-10 -29	0 -13	0 -19	0 -30	0 -46	0 -74	0 -120
65	80	-360 -550	-200 -390	-150 -340										
80	100	-380 -600	-220 -440	-170 -390	-120 -207	-72 -126	-36 -71	-12 -34	0 -15	0 -22	0 -35	0 -54	0 -87	0 -140
100	120	-410 -630	-240 -460	-180 -400										
120	140	-460 -710	-260 -510	-200 -450	-145 -245	-85 -148	-43 -83	-14 -39	0 -18	0 -25	0 -40	0 -63	0 -100	0 -160
140	160	-520 -770	-280 -530	-210 -460										
160	180	-580 -830	-310 -560	-230 -480										
180	200	-660 -950	-340 -630	-240 -530	-170 -285	-100 -172	-50 -96	-15 -44	0 -20	0 -29	0 -46	0 -72	0 -115	0 -185
200	225	-740 -1030	-380 -670	-260 -550										
225	250	-820 -1110	-420 -710	-280 -570										
250	280	-920 -1240	-480 -800	-300 -620	-190 -320	-110 -191	-56 -108	-17 -49	0 -23	0 -32	0 -52	0 -81	0 -130	0 -210
280	315	-1050 -1370	-540 -860	-330 -650										
315	355	-1200 -1560	-600 -960	-360 -720	-210 -350	-125 -214	-62 -119	-18 -54	0 -25	0 -36	0 -57	0 -89	0 -140	0 -230
355	400	-1350 -1710	-680 -1040	-400 -760										
400	450	-1500 -1900	-760 -1160	-440 -840	-230 -385	-135 -232	-68 -131	-20 -60	0 -27	0 -40	0 -63	0 -97	0 -155	0 -250
450	500	-1650 -2050	-840 -1240	-480 -880										

注：公称尺寸小于 1mm 时，各级的 a 和 b 均不采用。

偏差(摘自 GB/T 1800. 2—2009) (单位:μm)

等级

	11	12	js 6	k 6	m 6	n 6	p 6	r 6	s 6	t 6	u 6	v 6	x 6	y 6	z 6
	0/−60	0/−100	±3	+6/0	+8/+2	+10/+4	+12/+6	+16/+10	+20/+14	—	+24/+18	—	+26/+20	—	+32/+26
	0/−75	0/−120	±4	+9/+1	+12/+4	+16/+8	+20/+12	+23/+15	+27/+19	—	+31/+23	—	+36/+28	—	+43/+35
	0/−90	0/−150	±4.5	+10/+1	+15/+6	+19/+10	+24/+15	+28/+19	+32/+23	—	+37/+28	—	+43/+34	—	+51/+42
	0/−110	0/−180	±5.5	+12/+1	+18/+7	+23/+12	+29/+18	+34/+23	+39/+28	— —	+44/+33	— +50/+39	+51/+40 +56/+45	—	+61/+50 +71/+60
	0/−130	0/−210	±6.5	+15/+2	+21/+8	+28/+15	+35/+22	+41/+28	+48/+35	— +54/+41	+54/+41 +61/+48	+60/+47 +68/+55	+67/+54 +77/+64	+76/+63 +88/+75	+86/+73 +101/+88
	0/−160	0/−250	±8	+18/+2	+25/+9	+33/+17	+42/+26	+50/+34	+59/+43	+64/+48 +70/+54	+76/+60 +86/+70	+84/+68 +97/+81	+96/+80 +113/+97	+110/+94 +130/+114	+128/+112 +152/+136
	0/−190	0/−300	±9.5	+21/+2	+30/+11	+39/+20	+51/+32	+60/+41 +62/+43	+72/+53 +78/+59	+85/+66 +94/+75	+106/+87 +121/+102	+121/+102 +139/+120	+141/+122 +165/+146	+163/+144 +193/+174	+191/+172 +229/+210
	0/−220	0/−350	±11	+25/+3	+35/+13	+45/+23	+59/+37	+73/+51 +76/+54	+93/+71 +101/+79	+113/+91 +126/+104	+146/+124 +166/+144	+168/+146 +194/+172	+200/+178 +232/+210	+236/+214 +276/+254	+280/+258 +332/+310
	0/−250	0/−400	±12.5	+28/+3	+40/+15	+52/+27	+68/+43	+88/+63 +90/+65 +93/+68	+117/+92 +125/+100 +133/+108	+147/+122 +159/+134 +171/+146	+195/+170 +215/+190 +235/+210	+227/+202 +253/+228 +277/+252	+273/+248 +305/+280 +335/+310	+325/+300 +365/+340 +405/+380	+390/+365 +440/+415 +490/+465
	0/−290	0/−460	±14.5	+33/+4	+46/+17	+60/+31	+79/+50	+106/+77 +109/+80 +113/+84	+151/+122 +159/+130 +169/+140	+195/+166 +209/+180 +225/+196	+265/+236 +287/+258 +313/+284	+313/+284 +339/+310 +369/+340	+379/+350 +414/+385 +454/+425	+454/+425 +499/+470 +549/+520	+549/+520 +604/+575 +669/+640
	0/−320	0/−520	±16	+36/+4	+52/+20	+66/+34	+88/+56	+126/+94 +130/+98	+190/+158 +202/+170	+250/+218 +272/+240	+347/+315 +382/+350	+417/+385 +457/+425	+507/+475 +557/+525	+612/+580 +682/+650	+742/+710 +822/+790
	0/−360	0/−570	±18	+40/+4	+57/+21	+73/+37	+98/+62	+144/+108 +150/+114	+226/+190 +244/+208	+304/+268 +330/+294	+426/+390 +471/+435	+511/+475 +566/+530	+626/+590 +696/+660	+766/+730 +856/+820	+936/+900 +1036/+1000
	0/−400	0/−630	±20	+45/+5	+63/+23	+80/+40	+108/+68	+166/+126 +172/+132	+272/+232 +292/+252	+370/+330 +400/+360	+530/+490 +580/+540	+635/+595 +700/+660	+780/+740 +860/+820	+960/+920 +1040/+1000	+1140/+1100 +1290/+1250

参 考 文 献

[1] 国家技术监督局. 技术制图与机械制图[M]. 北京：中国标准出版社，1996.

[2] 国家质量监督检验检疫总局. 机械制图[M]. 北京：中国标准出版社，2004.

[3] 机械设计手册编委会. 机械设计手册[M]. 新版. 北京：机械工业出版社，2008.

[4] 华中工学院等九院校. 机械制图[M]. 北京：人民教育出版社，1981.

[5] 徐炳松，张秀艳，张茵麦. 画法几何及机械制图[M]. 2 版. 北京：高等教育出版社，1999.

[6] 金大鹰. 绘制识读机械图 250 例[M]. 3 版. 北京：机械工业出版社，2013.